中等职业教育-应用本科教育贯通培养教材

无 机 化 学

WUJI HUAXUE

中职阶段

常光萍　主编
师　帆　周义锋　副主编
周祖新　主审

化学工业出版社

·北京·

《无机化学》(中职阶段)根据上海市教委关于培养适应经济社会发展需要的高素质技术技能型人才,中等职业教育–应用本科教育贯通培养(简称"中本贯通")制药、化工、食品、材料等专业试点项目要求而编写。《无机化学》(中职阶段)与《无机化学》(本科阶段)进行了一体化设计,由中职校与大学教师组成一个团队来编写,且互为主编、主审。

本书体现"重基础、重能力、重素质"的原则,兼顾对化学兴趣和科学思维能力的培养,从而为学生后续课程学习及职业生涯发展打下必备基础;同时力求反映化学与生活、环境、健康及社会的联系,反映现代化学研究的成果和发展趋势。内容共分8章,分别为:化学与物理量、物质与能量、原子与元素、化合物与化学键、化学反应、溶液、酸和碱、常见元素及化合物。

《无机化学》(中职阶段)可作为中职、五年一贯制及中职–高职贯通培养医药卫生、食品、化工、材料及轻工类无机化学或基础化学教材,以及大学药学及相关专业预科化学教材,也可作为参考资料供相关工厂、企业技术人员及自学者使用。

图书在版编目(CIP)数据

无机化学:中职阶段/常光萍主编.—北京:化学工业出版社,2020.7(2025.5重印)
中等职业教育–应用本科教育贯通培养教材
ISBN 978-7-122-36513-2

Ⅰ.①无… Ⅱ.①常… Ⅲ.①无机化学–职业高中–教材 Ⅳ.①O61

中国版本图书馆CIP数据核字(2020)第050504号

责任编辑:刘俊之 文字编辑:刘志茹
责任校对:杜杏然 装帧设计:韩 飞

出版发行:化学工业出版社(北京市东城区青年湖南街13号 邮政编码100011)
印　　装:涿州市般润文化传播有限公司
787mm×1092mm 1/16 印张22$\frac{1}{2}$ 字数453千字 2025年5月北京第1版第4次印刷

购书咨询:010-64518888 售后服务:010-64518899
网　　址:http://www.cip.com.cn
凡购买本书,如有缺损质量问题,本社销售中心负责调换。

定　价:78.00元 版权所有 违者必究

《无机化学》（中职阶段）编写审定人员

主　编：常光萍

副主编：师　帆　周义锋

主　审：周祖新

前言 PREFACE

中等职业教育-应用本科教育贯通培养（简称"中本贯通"）模式试点，是近年来上海市为贯彻《国务院关于加快发展现代职业教育的决定》以及国家和上海市中长期教育改革和发展规划纲要而开展的综合教育改革项目，旨在推动中等和高等职业教育紧密衔接，构建课程培养模式和学制贯通"立交桥"，加快培养适应经济社会发展需要的优秀一线技术人才。在该培养模式框架下，中职生完成三年中等专业学习后通过"转段考"直接进入相关专业的本科阶段学习。全国还有类似的中职高职贯通、中职高校直通车等形式，这已成为培养应用型技术技能人才的重要途径。

本系列教材根据上海市教委批准的"中本贯通"制药、化工、食品、材料等专业试点项目的要求而编写。基于"中本贯通"项目中职及大学阶段人才培养方案应进行一体化设计的思路，我们成立了《无机化学》教材编写组，对《无机化学》（中职阶段）与《无机化学》（本科阶段）两本教材进行了一体化设计，且互为主编、主审。

《无机化学》（中职阶段）以铺垫学生的化学基础、提高其科学素养为宗旨，着眼于学生未来的发展，对接贯通培养阶段各专业基础及专业课的学习需求，体现"重基础、重能力、重素质"的原则，使学生在学习化学基础理论、基本知识和基本技能的同时，兼顾培养其化学兴趣和科学思维方法。针对学生在应用化学语言方面存在的不足和障碍，就常见化合物的命名及书写、科学记数法等基础知识作了较为详细的讨论，而且注重其应用，比如，在"常见元素及化合物"一章中涉及大量的物质，编写时有意将其物质名称与化学式并存出现。教材内容还力求反映化学与生活、环境、健康的联系，力求反映现代化学研究的成果和发展趋势。

本教材共分八章，包括：化学与物理量，物质与能量，原子与元素，化合物与化学键，化学反应，溶液，酸和碱，常见元素及化合物。从编写内容及结构来讲，本教材具有如下特点：

（1）**图文并茂，助力阅读**。充分考虑中职学生的年龄特点和学习习惯，在编排上，通过图文并茂及页面留白等，使生涩的知识以直观、形象、有趣的形式呈现出来，帮助学生更好地理解和记忆相关内容。

（2）**对接生活，激发兴趣**。每一章节的开篇及有关定义等的引出和表达尽量从学生熟知的生活中的一些现象开始，以此来激发学生的学习兴趣，并使有关概念、原理易于理解。另外，通过化学与生活的关联，引导学生形成健康、环保的生活方式。

（3）**关联专业，夯实基础**。无机化学作为制药、化工、食品、材料等专业的基础课，在很多方面与专业关联密切。在教材编写中，通过"链接"板块及举例等把化学与相关专业有机结合起来，有助于激发学生学习热情，夯实基础，拓宽视野。

建议本教材使用教学课时64～80（不包括实验），可根据具体情况作适当增减。本书"链接"部分可根据不同的教学要求作适当取舍，也可作为学生开阔视野、增长知识、激发学习兴趣之用。每节后的练习题主要用于巩固本节的基础知识，每章后的习题分为基础知识部分和综合应用部分。这些练习和习题可用于课堂练习和课后作业，建议布置学生足量的课后作业。

本教材由常光萍正高级讲师担任主编，师帆讲师、周义锋副教授担任副主编，周祖新副教授主审。参加编写的还有牛佳讲师。感谢上海市医药学校及上海应用技术大学化学与环境工程学院的领导和老师们给予我们全方位的支持，感谢我们的家人在资料搜集及文本整理工作中给予的帮助，感谢上海市医药学校-上海应用技术大学中本贯通培养项目班施臻瑜等同学就教材试用的反馈意见，感谢化学工业出版社编辑的辛勤工作。

由于编者水平所限，书中不当之处在所难免，诚望广大读者指正。

编者于上海市医药学校
2020年07月

CONTENTS 目 录

1	第1章 化学与物理量
3	1.1 化学及化学物质
5	1.2 如何学好化学
6	1.3 物理量和单位
9	链接 追溯历史
11	1.4 科学记数法
13	1.5 测量数据与有效数字
17	1.6 有效数字的运算
19	本章小结
21	习题

25	第2章 物质与能量
26	2.1 物质的分类
28	链接 化学与健康——潜水与水肺
30	2.2 物质的状态与性质
33	2.3 能量与营养
35	链接 化学与健康——能量的摄入与消耗
37	2.4 物态变化
43	本章小结
45	习题

| 49 | 第3章 原子与元素 |

50	3.1 原子的构成与同位素
55	3.2 原子核外电子的运动状态和排布
57	链接 化学与环境——节能荧光灯
59	3.3 元素周期表
65	3.4 元素周期律
72	本章小结
74	习题

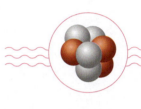

| 79 | 第4章 化合物与化学键 |

80	4.1 八隅律与离子
83	链接 化学与健康——人体的重要离子
85	4.2 离子化合物
89	4.3 离子化合物的命名和离子化学式的书写
94	4.4 多原子离子
96	链接 化学与健康——石膏绷带使用原理
97	4.5 共价化合物
102	4.6 电负性及键的极性
105	4.7 分子的形状和极性
108	4.8 分子间吸引力
114	本章小结
117	习题

| 125 | 第5章 化学反应 |

126	5.1 化学反应方程式
132	5.2 化学反应类型
135	链接 化学与健康——烟雾和健康困扰
137	5.3 氧化还原反应
144	链接 化学与环境——燃料电池：未来的清洁能源

147	5.4	物质的量
149	链接	化学名人堂——阿伏伽德罗与阿伏伽德罗定律
151	5.5	摩尔质量
156	5.6	化学反应中的相关计算
161	5.7	化学反应中的能量
165	5.8	化学反应速率
168	链接	化学与医药——酶的催化
170	5.9	化学平衡
175	链接	化学与医药——高压氧舱治疗
177	本章小结	
180	习题	

189　第6章　溶液

190	6.1	溶液的组成和类型
192	链接	化学与健康——人体水分的摄入与流失
195	6.2	电解质和电离
200	6.3	溶解性
202	链接	化学与健康——痛风和肾结石
206	6.4	溶液的浓度
213	6.5	溶液稀释与配制
219	6.6	分散系及胶体的性质
224	链接	化学与健康——血液透析
225	6.7	渗透与渗透压
227	链接	化学与生活——反渗透净水
230	本章小结	
232	习题	

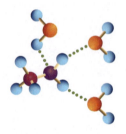

241　第7章　酸和碱

242	7.1	认识酸碱
246	链接	化学名人堂——路易斯与路易斯酸碱理论

248	7.2	酸碱的强弱
255	7.3	水的电离和溶液的pH
260	链接	化学与健康——人体体液与健康pH
263	7.4	离子反应和盐类水解
269	7.5	缓冲溶液
274	本章小结	
276	习题	

285　第8章　常见元素及其化合物

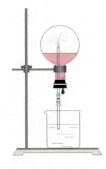

286	8.1	碱金属
291	链接	化学名人堂——侯德榜与侯氏联合制碱法
294	8.2	碱土金属
298	链接	化学与环境——硬水与软水
301	8.3	铝和铁
306	链接	化学与健康——铁与人体健康
308	8.4	卤族元素
315	链接	化学与健康——氟与龋齿
318	8.5	氧族元素
329	链接	化学与环境——空气污染与酸雨
331	8.6	氮族元素
337	链接	化学与环境——化学肥料
339	本章小结	
343	习题	

348　附录　常见盐类的溶解情况表

349　参考文献

350　元素周期表

无 机 化 学
（中职阶段）

第 1 章
化 学 与 物 理 量

内容提要

1.1 化学及化学物质
1.2 如何学好化学
1.3 物理量和单位
1.4 科学记数法
1.5 测量数据与有效数字
1.6 有效数字的运算

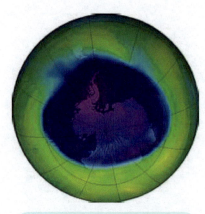

图1.1　1984年，英国科学家首次发现南极上空出现臭氧空洞

化学反应、化学现象无处不在，你有过关心我们身边与化学有关的问题吗？或许，你有过疑问：汽车尾气中排放了哪些物质而成为城市空气污染的第一大污染源？是什么破坏了地球生物的保护伞——臭氧层（见图1.1）？阿司匹林为什么能够缓解头痛？通过化学工作者的探究，以上问题均已有了答案，比如：

科学分析表明，汽车尾气中含有上百种化合物，其中的污染物有固体悬浮微粒、一氧化碳、二氧化碳、碳氢化合物、氮氧化合物、铅及硫氧化合物等。一辆轿车一年排出的有害废气的质量是其自身质量的3倍。汽车尾气成分氮氧化合物主要是一氧化氮（NO）和二氧化氮（NO_2），一氧化氮（NO）源于在高温的汽车发动机中氮气（N_2）与氧气（O_2）发生了如下反应：$N_2+O_2 \longrightarrow 2NO$，产生的一氧化氮（NO）又进而与空气中的氧气（$O_2$）反应生成二氧化氮（$NO_2$）。一氧化氮（NO）和二氧化氮（$NO_2$）都是对人体有害的气体，特别是对呼吸系统有危害。如果我们在二氧化氮（NO_2）浓度为9.4毫克/立方米（mg/m^3）的空气中暴露10分钟（min），就会出现呼吸系统功能的失调。

了解了汽车尾气氮氧化合物的形成及危害，你是否会更坚定地选择绿色出行，以减少车辆排放带来的空气污染？

化学工作者会定量地评估或描述化学物质对我们生活和环境的影响。比如，通过测量空气、土壤以及水中有毒有害物质的量确定其毒害等级，定量的描述有助于我们了解房间里的氡污染、全球变暖、反式脂肪酸等等，进而帮助我们确定自己的生活方式。

我们普通人的日常生活其实也少不了测量（见图1.2），或许你会担心日渐发胖而每天早晨称体重，强迫自己每日喝下八杯水，量一杯米和两杯水来煮饭，偶尔感觉头晕发热会去量体温。测量更是护理、药物生产和质量控制、化验室等医药工作者工作的重要组成部分，护士会每天根据医嘱为病人发放或推注一定量的药物并详细记录，药物质量控制人员会通过测量样品中的有关成分来判断产品是否合格，化验室工作人员通过测量病人的血样、尿样中的葡萄糖、尿素、pH、蛋白质等，帮

上网查阅

通过上网查阅，回答以下问题：

1. 汽车尾气中一氧化碳、二氧化碳的形成原因和危害。
2. 臭氧层破坏的原因和危害。

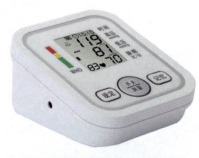

图1.2　家用血压计的应用使得血压测量更便捷

助医生判断病人病情。你将会通过学习测量的方法，在培养自己的操作技能和解决问题能力的同时，学会如何与他人一起工作。

1.1 化学及化学物质

化学是研究物质的组成、结构、性质和变化规律的一门学科。这里的物质是指构成我们生存世界的物质，但不包括电磁波、电磁场、引力场等。或许你会以为化学只与在实验室穿着实验服、戴着防护眼镜的化学工作者有关，但实际上化学无所不在，它就在你的日常生活中。当你烹饪食物、在游泳池加氯或把泡腾片放入水中（见图1.3），就是在做与化学有关的事情；植物生长就是基于二氧化碳（CO_2）和水（H_2O）在光照和叶绿素的作用下产生有用的物质；当你消化食物时就发生了化学反应，正是这些化学反应把食物转化成了我们生命需要的能量。

1.1.1 化学分支学科

传统上，根据研究对象和方法的不同一般将化学分为5个分支学科，即无机化学、有机化学、分析化学、物理化学及高分子化学。如今，化学与其他学科交叉融合而形成诸如环境化学、地球化学、生物化学及材料化学等。无机化学是研究无机化合物的性质及反应的化学分支。无机化合物包括除碳链和碳环化合物之外的所有化合物，因此无机化合物种类众多、内容丰富。

1.1.2 化学物质

化学研究的是化学物质。你所看到的周围的所有东西都是由一种或几种化学物质构成的。**每一种化学物质都有其特定的组成和性质。**化学物质的生产发生在化学实验室、工厂、药品研发实验室（见图1.4），也发生在自然界和我们体内。当我们在描述一个具体物质时，"化学物质（chemicals）"其实就是这个"物质（substance）"的代名词。

学习目标

- 能理解化学、无机化学的含义。
- 能理解化学物质的特征。

第1章 化学与物理量

图1.3 泡腾片投入水中即发生化学反应

图1.4 药物分析实验室

图 1.5 口香糖中含有大量化学物质

你在日常生活中用到的物品常常会含有由化学家在实验室合成的化学物质。例如肥皂和洗发精中的化学物质可以去除皮肤和头发的油污；牙膏中的化学物质可以清洁牙齿、防止牙菌斑的形成以及预防蛀牙；口香糖中也含有多种化学物质（见图1.5和表1.1），在你享受口香糖带来清新口气的同时，其实也吃下去了不少化学物质呢！

表1.1 口香糖中常见的化学物质

化学物质	作用
砂糖	甜味剂
葡萄糖	甜味剂
甜菜糖	甜味剂
乳胶	口香糖载体（胶姆基）的主要成分
甘油	乳化剂，使口香糖松软
卵磷脂	乳化剂，使口香糖松软
菜油	乳化剂，使口香糖松软
柠檬醛	香精，矫味剂
柠檬酸	酸味剂，抗氧化剂
赤藓红	色素
碳酸钙	抑制口香糖的弹性和黏着性
微晶石蜡	增加口香糖的柔软性和润滑性
二氧化钛	增白剂

在化妆品和洗护用品中，一些化学物质用于保湿、防腐、抗菌及增稠等；你的衣服面料可能是天然的棉质、丝质品，也可能是合成的尼龙、聚酯纤维；或许你还戴着由金、银、铂金或合金做的手表；你早餐的麦片可能是强化了铁、钙及磷，你喝的牛奶也可能加了维生素A和维生素D；你吃的牛奶和麦片有可能含有抗氧化剂等化学物质，以阻止其变质。

思考与练习

1.1 下列各项，属于化学物质的有哪些？
　　a.铁　　b.银　　c.温度　　d.水
1.2 空气和阳光是化学物质吗？为什么？
1.3 查看复合维生素的成分表，列举其中4种化学物质。

1.4 查看食用醋的成分表，列举其中的4种化学物质。

1.5 查看碳酸饮料——可乐的成分表，列举其所含的化学物质。

1.6 某洗发水声称"不含化学物质（chemical-free）"，其主要成分包括水、椰油酰胺、甘油和柠檬酸。那么，该洗发水是"不含化学物质"吗？

1.7 所谓"不含化学物质"的某防晒霜含有二氧化钛、维生素E及维生素C，请问它果真是"不含化学物质"吗？

1.8 仔细观察你家的厨房，罗列厨房用到的化学物质。

1.2 如何学好化学

学习目标

- 能理解主动学习的重要性，力求成为一个主动学习者。
- 能制定一份课程学习计划。

其实，你在上初中的时候就开始学习化学了，匆忙中，你学习的感受可能是轻松愉快的，也可能是沉闷晦涩的。希望我给予你的如下建议能助力你学习成功：

唤起自己的学习动力。我们常常在学习或做事的时候不能达成目标，是因为我们没去做必须要做的事情。这就很可悲，不是因为我们不知道如何去做而是不去做，才导致了我们不能达成目标，进而失去一个又一个成功的机会。正所谓"千里之行，始于足下"，行动，有策略有方法的行动是我们迈向成功的第一步。

成为一个积极主动的学习者。主动学习是学习自觉的表现，主动学习可以大大提高学习效率，主动学习是一种良好的学习态度和习惯。只有主动学习，才能事半功倍地学好功课。那么，在化学课上如何培养我们主动学习的习惯呢？

① 仔细阅读每一节的学习目标。

② 带着问题去阅读。即在你阅读之前首先基于标题或副标题形成你的问题，然后在阅读的过程中找寻答案。

③ 积极主动参与课堂教学，遇到问题及时请教。

④ 通过例题及课堂练习及时检查自己的学习效果。

⑤ 及时复习当天所学内容，发现问题及时解决，不留任何"夹生饭"。

⑥ 认真完成课后练习，及时订正错题。

⑦ 选择同伴合作学习，通过讨论、争辩、认知冲突、倾听等提升学习能力和学习效果。

 思考与练习

1.9 你认为要学好化学这门课，该怎么做？请至少列举4条。

1.10 你认为难以学好化学的主要原因是什么？请至少列举4条。

1.11 如果请你给出学习化学这门课的建议，你会给出如下哪些建议？

  a.选择学习同伴，或成立一个学习小组

  b.翘课

  c.请教老师

  d.课后不需要看书，只完成作业就够了

  e.不按时完成作业，来不及就照抄同学的作业

  f.平时不需要按部就班地学习，考前临时突击一下就行了

1.12 如果请你给出学习化学这门课的建议，你会给出如下哪些建议？

  a.按时上课，且积极参与课堂教学

  b.课前做好预习

  c.复习课无关紧要，可以翘课

  d.独立完成作业，并及时做好错题订正

  e.根据课表安排，订出自己的学习时间表

  f.不用关注和理解学习目标

1.13 请仔细分析自己的学习习惯，看看是否还需要做哪些调整或修正，以使自己成为一个积极主动的学习者。

1.14 请仔细考量，制定自己的周学习时间表。

 **学习目标**

- 能写出在公制、国际单位制中长度、体积、质量、温度和时间的物理量及单位名称和符号。

1.3 物理量和单位

在化学领域中常常会用到物理量。表示物理量时一定得在数字后面加上单位，假如你与人约好一段时间后

见面，你可能说5分钟后见、5小时后见、5天后见，而不会单纯给出一个数字"5"而不说出单位，因为单纯一个数字"5"是无法传递你想表达的信息的。还有，"5"后面的单位不同时，其时间跨度也完全不同，可见一个物理量之准确、具体的单位多么重要。

国际单位制（International system of units）是国际计量大会（CGPM）采纳和推荐的一种一贯单位制，SI（源于法语Système International）是国际单位制通用的缩写符号。在国际单位制中，将单位分成三类：基本单位、导出单位和辅助单位。7个严格定义的基本单位是长度（米）、质量（千克）、时间（秒）、热力学温度（开尔文）、物质的量（摩尔）、电流（安培）及发光强度（坎德拉）。在化学中，我们会用到前面的5个基本单位，"物质的量"会在后续章节中专门学习，本节暂不涉及。

在化学中，还常常会用**公制**单位（Metric units），表1.2是公制单位与国际单位制单位对比。

表1.2 公制单位与国际单位制单位对比

物理量名称/符号	公制单位名称/符号	国际单位制单位名称/符号
长度/L	米/m	米/m
体积/V	升/L	立方米/m^3
质量/m	克/g	千克/kg
温度/T	摄氏温度/℃	热力学温度/K
时间/t	秒/s	秒/s

在日常生活中也会用到以上物理量，你能举出一些例子来吗？

1.3.1 长度

长度单位是丈量空间距离的基本单元。长度单位有多种类型，包括国际单位、我国传统的长度单位及英制单位等。

长度的国际单位是米（符号"m"），另外还有常用单位毫米（mm）、厘米（cm）、分米（dm）、千米（km）、微米（μm）、纳米（nm），它们之间的换算关系如下：

1km=1000m

1m=10dm=100cm=1000mm=10^6μm=10^9nm

我国传统的长度单位有里、丈、尺、寸等，它们之间的换算关系如下：

1 里=150 丈=500 米

1 丈=10 尺=100 寸

以英国和美国为主的少数欧美国家使用英制单位。英制长度单位主要有英里（mile）、码（yd）、英尺（ft）、英寸（in）等，它们之间的换算关系如下：

1 英里（mile）=1760 码（yd）=5280 英尺（ft）

1 码=3 英尺

1 英尺=12 英寸

不同类型的单位之间也有换算关系，比如：

1 千米=2 里，1 米=3 尺，

1 米=39.4 英寸，1 英寸=2.54 厘米

1.3.2 体积

体积是指物质或物体所占空间的大小。体积的国际单位制是立方米，但由于其单位较大，所以在实验室或医院会常用较小的公制单位，即"升（L）""毫升（mL）"表示体积的大小。其换算关系为：

1L=1000mL

1L=1dm^3

1mL=1cm^3

在化学实验室，常常用量筒、移液管等量取液体的体积。

1.3.3 质量

物体含有物质的多少叫**质量**，质量不随物体形状、状态、空间位置的改变而改变，是物质的基本属性。通常用 m 表示，在国际单位制中的单位为千克（kg），在公制中的单位为克（g），另外还有常用单位毫克（mg）、微克（μg）及英制单位磅（lb）等。它们之间的换算关系为：

1kg=1000g，1g=1000mg，1mg=1000μg

1kg=2.2lb

在化学实验室，常用天平来称量物质的质量。

1.3.4 温度

温度是表示物体冷热程度的物理量，微观上来讲是表示物体分子热运动的剧烈程度。温度只能通过物体随温度变化的某些特性来间接测量，用来量度物体温度数值的标尺叫温标。它规定了温度的读数起点（零点）和测量温度的基本单位。温度在国际单位制中的单位为热力学温标，也称开尔文温标或开氏温标（K）；在公制中的单位为摄氏温标（℃），这是我们所熟悉的；还有一种美国和一些英语国家常用的单位是华氏温标（℉）。

我们知道，在1个大气压下，水的冰点是0℃，沸点是100℃，相应地其华氏温标分别为水的冰点32 ℉、沸点212 ℉，开氏温标分别为水的冰点273.15K、沸点373.15K。

它们之间的换算关系如下：

$$T_K = T_C + 273.15, \quad T_C = \frac{5}{9}(T_F - 32)$$

1.3.5 时间

我们用年、月、天、小时、分钟以及秒来描述时间的长短，其中，秒（s）是国际单位制及公制中时间的单位。

1小时=60分钟

1分钟=60秒

 上网查阅

1. 国际计量大会是如何定义质量单位——千克的？
2. 质量和重量的区别。

 **链接**

追溯历史

汉朝以前，"时"指季节，"一时"相当于现在的一季。一年有四季，所以一年又叫"四时"。

汉朝以后，"时"不再表示季节，而是用来表示计算时

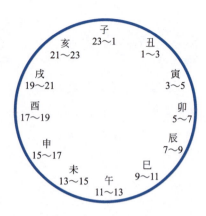

间的单位了。当时，人们把一天平均分成12个"时"，"一时"等于现在的两个小时，人们习惯把这个"时"称为"时辰"。在一些古典书籍中，我们也经常会看到"时辰"这两个字，有不少人误认为一个时辰就是现在的一个小时，其实这是不正确的。像古代表示夜间时间的"一更天""二更天"的"更"就是指时辰，一更到二更，二更到三更都是相隔两个小时。

后来，人们又把一天平均分成24份，每份仍用"时"来表示。这时的"一时"就是现在的一个小时，只相当于过去（汉朝以后）"一时"或"一个时辰"的一半，所指的时间缩短了。接着，人们又把一小时分成60等份，每份的时间叫1分，把1分又分成60等份，每份的时间叫1秒。这样，时、分、秒就确定下来了。

 思考与练习

1.15 写出以下单位的符号，并确定其在公制中对应的物理量及其符号。

单位	单位符号	物理量	物理量符号
克			
升			
厘米			
摄氏度			
千克			
毫升			
毫克			
秒			

1.16 就下列各项，你会用什么单位？猜想一下，如果是一名英国人又会用什么单位呢？

a. 你的体重　　　　　b. 你的身高
c. 你的体温　　　　　d. 小轿车加油

1.17 以下描述令人费解，为什么？试用公制单位修正这些描述。

a. 我今天骑小黄车骑了20的路程

b. 我家小狗重 15　　　c. 今天很热，30

d. 通过运动，我一周减重 1

1.18 请给出以下各项单位的名称及物理量类型。

a. 1.8m　　b. 400g　　c. 1.5mL　　d. 480s

e. 50mg　　f. 37℃　　g. 50L　　h. 65kg

1.19 请分别阅读一种药品、碳酸饮料、复合调味料及复合维生素的标签，回答以下问题：

（1）标签描述内容用的是国际单位制还是公制单位？

（2）成分含量或有关说明所属的物理量类型（如质量、体积等）。

1.4 科学记数法

学习目标

- 能用科学记数法表示数据。

我们常常需要标记或计算一个很大或很小的数字。比如，我们可能会测量一个像头发丝直径（约 0.00 0008m）那么小的东西，也可能要对一个像我们头发（人均约 10 0000 根，见图 1.6）那么多的庞大数字进行记数。我们在记录、计算这些数字时，很担心会多一个或少一个"0"，因为这是极易发生的，为了便于"盯牢"数字位数，我们会在每四个数字间加一个空格来把一长串数字切割分组。其实，有比这更简单、方便的书写方法，那就是科学记数法。

内容	常规表达	科学记数
头发直径	0.00 0008m	8×10^{-6}m
头发总量	10 0000 根	1×10^5 根

科学记数法是指把一个数字表示成 $a\times 10^n$ 的形式，其中 $1\leqslant |a|<10$，n 为整数且不等于 0。也就是说，一个物理量用科学记数法表示时包括 3 个部分：系数 a、10 的 n 次幂及单位，例如，2400m 可表示为 2.4×10^3m，2.4 为系数，3 为 10 的次幂，m 是物理量的单位。系数要小于 10 大于等于 1，由从右向左移动小数点而得，接下来，小数点移了几位数那么 n 就是几，因为我们把小数点向左移了三位，所以 n 为 3，得 10^3。

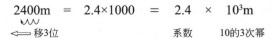

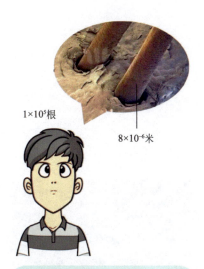

图 1.6 每个人的头发多少不一，人均约 1×10^5 根，每根头发直径约 8×10^{-6} 米

如果**小于1**的数字，用科学记数法表示，那么10的次幂n为**负数**。例如，0.00086g，把小数点**向右移**4位，得系数8.6，10的次幂n为-4，表示为10^{-4}。再比如，1个金黄色葡萄球菌的直径大约是0.0000008m（见图1.7），可表示为8×10^{-7}m。

$$0.00086 \text{ g} = \frac{8.6}{10000} = \frac{8.6}{10 \times 10 \times 10 \times 10} = 8.6 \times 10^{-4} \text{ g}$$

在用科学记数法表示一个数值时，最容易出错的地方是10的n次幂中的n值。关于n值，有两个问题要注意。第一，**n的正负**。n的正负取决于小数点移动的方向，小数点向右移是负值，向左移是正值，或者说要用科学记数法表示的这个数字的绝对值小于1，则n是负值；这个数字的绝对值大于10，则n是正值。第二，**n的绝对值**。n的绝对值的大小与小数点移动的位数相同。表1.3和表1.4分别就10的幂次方及物理量用科学记数法表示的一些例子。

表1.3　10的幂次方

数值	10的倍数	科学记数
10000	$10 \times 10 \times 10 \times 10$	1×10^4
1000	$10 \times 10 \times 10$	1×10^3
100	10×10	1×10^2
10	10	1×10^1
1	0	1×10^0
0.1	$\frac{1}{10}$	1×10^{-1}
0.01	$\frac{1}{10} \times \frac{1}{10} = \frac{1}{100}$	1×10^{-2}
0.001	$\frac{1}{10} \times \frac{1}{10} \times \frac{1}{10} = \frac{1}{1000}$	1×10^{-3}
0.0001	$\frac{1}{10} \times \frac{1}{10} \times \frac{1}{10} \times \frac{1}{10} = \frac{1}{10000}$	1×10^{-4}

表1.4　科学记数法表示物理量举例

内容	数值	科学记数
人脑每秒产生的化学反应	1000 00次	1×10^5次
人脑的神经细胞	1400 0000 000个	1.4×10^{10}个
人体皮肤毛囊	5000 000个	5×10^6个
支原体的质量	0.0000 0000 0000 0000 001千克	1×10^{-19}千克
水痘病毒的直径	0.0000 003米	3×10^{-7}米

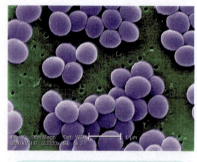

图1.7　电子显微镜下的金黄色葡萄球菌（经染色）

思考与练习

1.20 用科学记数法表示下列各物理量：
a.5500 00m　　　　b.480g
c.0.0000 05cm　　　d.0.0000 14s
e.0.0072L　　　　　f.6700 00kg

1.21 用科学记数法表示下列各物理量：
a.1800 0000g　　　b.0.0000 6m
c.750℃　　　　　　d.0.15mL
e.0.024s　　　　　　f.1500cm

1.22 比较下列每组两个量之间的大小：
a.5.2×10^3cm 与 6.2×10^2cm
b.8.5×10^{-4}kg 与 3.5×10^{-3}kg
c.1×10^2L 与 1×10^{-2}L
d.2.5×10^{-4}m 与 2.5×10^{-2}m

1.23 下列每组两个量哪个更大？
a.0.0000 04m 与 5×10^2m
b.0.0002m 与 2.5×10^{-2}m
c.500g 与 3.5×10^3g
d.0.025L 与 2.5×10^2L

1.5　测量数据与有效数字

你常常会通过使用一些测量工具来获得数据。比如，你可能会用刻度尺量出你的身高，用体温计测出你的体温，用体重秤称出你的体重。由此，你所获得的诸如身高、体重、体温这些数据，就称为**测量数据**。

学习目标

● 能辨识一个数据是测量数据还是准确数；
● 能确定一个测量数据的有效数字位数。

1.5.1　测量数据

假如你用最小刻度分别是1cm和0.1cm的两种刻度尺测量一个物体的长度（见图1.8），结果会怎么样呢？在图1.8（a）中，物体的端点落在4cm至5cm之间，也就是说这个物体比4cm长，比5cm短。具体应该是4cm+估计值，因为估计值是靠个人经验观察判断的，而不是

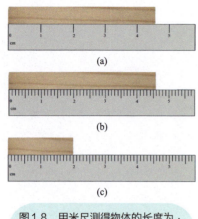

图1.8 用米尺测得物体的长度为：（a）4.5cm，（b）4.55cm，（c）3.0cm

直接读刻度值的，所以不同的人估计值可能会有些不同，你可能会觉得端点正好落在了4和5的中间，所以你的估计值是0.5，那么结果就是4.5cm，而别人的结果可能是4.4cm或4.6cm。总之，测量值的最后一个数字是估计的，不同测量者的结果可能会不同。

再来看看图1.8（b）。由于此图中你用了最小刻度为0.1cm的刻度尺，你观察到物体的端点落在4.5cm至4.6cm之间，你的测量结果可能是4.55cm，而别人的测量结果可能是4.56cm或者4.54cm。同样地，测量数据的最后一个数字是估计的。

在图1.8（c）中，物体的端点落在了3cm处，因为用的刻度尺的最小刻度是0.1cm，你可能看到的物体的端头刚刚落在3cm的刻度线上，估计值是0，所以你的测量结果就是3.0cm。

1.5.2 有效数字

有效数字又称为有意义的数字，是指在工作中实际能够测量到的数字。能够测量到的是包括最后一位估计的、不确定的数字。我们把通过直读获得的准确数字叫做可靠数字；把通过估计得到的那部分数字叫做存疑数字。把测量结果中能够反映被测量大小的带有一位存疑数字的全部数字叫有效数字，如图1.8（a）中测得的物体的长度4.5cm或4.4cm等。数学中，有效数字是指在一个数中，从该数的第一个非零数字起，直到末尾数字止的数字称为有效数字。

如0.645的有效数字有三个，分别是6，4，5。0是否为有效数字，取决于它在一个数值中的位置。表1.5给出了有效数字的确定规则及示例。

另外，对一个末尾有一个或几个0的整数，如12000g和10000m中的0就很难说它们是否为有效数字，这时最好用科学记数法来表示，其有效数字就非常清楚：如果$1.2×10^4$g，则有效数字为2位；$10.0×10^3$m，则有效数字为3位。我们不能因为变换单位而改变有效数字的位数。比如，0.0321g是三位有效数字，用毫克表示时应为32.1mg，用微克表示时应写成$3.21×10^4$μg，但

表1.5 测量数据中的有效数字

规则	测量数据	有效数字位数
1.所有非0数字是有效数字	4.5cm	2
2.0在数字中间和末尾，是有效数字	205m	3
	5.082kg	4
	50mL	2
	50.0mL	3
	50.00mL	4
3.0在数字前不是有效数字	0.0048m	2
	0.00480m	3
4.科学记数法的数字，按系数确定有效数字，10的n次幂不是有效数字	4.8×10^{-3}m	2
	4.80×10^{-3}m	3
	3.019×10^{5}g	4
5.对数的有效数字为小数点后的全部数字	$\lg x$=1.35	2
	$\log_{10} x$=2.045	3
6.不能因为变换单位而改变其有效数字的位数	0.0345g=34.5mg	3
	=3.45×10^{4}μg	3

不能写成32100μg，因为这样表示比较模糊，有效数字位数不确定。

1.5.3 准确数

准确数是指一个能表示原来物体或事件的实际数量的数，与近似数相对。准确数一般通过"数"物体（事项）或者有关定义（在同一体系的单位换算）得来的，比如我问你一周几节课？你们班多少人？你回答这些问题时不需要任何测量工具，而只需要数数；再比如我问你1小时是多少分钟？同样不需要任何测量工具，你只需要有关时间单位换算的定义（1小时是60分钟）就能得出答案。准确数不是测量得到的，也就是说它不是测量数据，不用有效数字来表达。

试想想以下数字哪些是测量数据？哪些是准确数？测量数据的有效数字位数是几位？

（1）42.2g

（2）3个鸡蛋

（3）5.0×10^{-3} cm

（4）450000 km

（5）1米含的厘米数

思考与练习

1.24 确认以下数字是测量数据还是准确数：
a. 病人体重60kg b. 给病人2片药
c. 1kg等于1000g d. 杭州距上海175km

1.25 确认以下数字是测量数据还是准确数：
a. 实验室有12名学生
b. 这块鳕鱼中含70mg胆固醇
c. 体检报告显示你的总胆固醇值为5.5mmol/L
d. 1罐（355mL）可乐含糖量35g

1.26 指出下列各数据中的0是否为有效数字：
a. 0.0055m b. 408g
c. 5.0×10^{-2} L d. 8.5×10^{5} s
e. 720mL f. 67.02kg

1.27 指出下列各数据中的0是否为有效数字：
a. 20.05℃ b. 5.00m c. 0.000002g d. 1200000s

1.28 以下各数据含有几位有效数字？
a. 11.005g b. 0.00032kg
c. 1.80×10^{4} kg d. 0.8250g

1.29 以下各数据含有几位有效数字？
a. 20.60mL b. 1036.480kg
c. 0.8250L d. 30.0℃

1.30 在下列各对数据中，哪对数据含有的有效数字位数相同？

a. 5.20×10^{3} m 与 6.2×10^{3} m

b. 11.0kg 与 11.00kg

c. 405K 与 504.0K

d. 2.55×10^{4} m 与 25500m

e. 0.000705kg 与 7.05×10^{2} mg

f. 0.0002m 与 2.0×10^{-4} m

g. $\lg x = 2.30$ 与 $\lg x = 3.10$

h. 0.234g 与 2.34×10^{2} mg

1.31　比较图 1.8（a）与图 1.8（b）测量物体的长度值，试说明刻度尺的最小刻度值与测量结果之间的关系。

1.6　有效数字的运算

学习目标

- 能应用有关规则进行有效数字的修约和运算。

在科学实验中，我们常常要测量一些数据，通过分析、运用这些数据得出科学结论。也就是说，数据的测量是离不开数据的记录与计算的。接下来，我们就学习如何正确记录和运算有效数字。

1.6.1　有效数字的修约规则

在处理数据过程中，涉及的各测量数据的有效数字位数可能不同，需要将有些数据后面多余的数字舍弃。舍弃这些数字的基本原则是，既不因保留过多的位数使计算复杂，也不因舍掉任何位数使准确度受损。舍弃多余数字的过程称为**数字修约**，其规则为："**四舍六入五成双**"。

"四舍六入五成双"规则规定，当测量数据中被修约的数字小于等于 4 时，该数字舍去；等于或大于 6 时，进位；等于 5 时，要看 5 前面的数字，若是奇数则进位，若是偶数则将 5 舍掉，即修约后末尾数字都成为偶数；若 5 的后面还有不是 0 的任何数，则此时无论 5 的前面是奇数还是偶数，均应进位。根据这一规则，将下列测量数据修约为四位有效数字时，结果应为：

$$0.23574 \Longrightarrow 0.2357$$
$$0.23575 \Longrightarrow 0.2358$$
$$0.23576 \Longrightarrow 0.2358$$
$$0.23585 \Longrightarrow 0.2358$$
$$0.235851 \Longrightarrow 0.2359$$

修约数字时，只允许对原测量数据一次修约到所要求的位数，不能分几次修约。例如将 0.2749 修约为两位有效数字，不能先修约为 0.275，再修约为 0.28，而应一次修约为 0.27。

1.6.2 运算规则

不同位数的几个有效数字进行运算时，所得结果应保留几位有效数字与运算的类型有关。

（1）加减法

几个数据相加或相减时，有效数字位数的保留，应以小数点后位数最少的数据为准，其他数据均修约到这一位，然后再计算。例如

$$0.0121+25.64+1.05782=?$$

应以小数点后位数最少的 25.64 为准，将其他两个数先修约至保留两位小数，再计算。即

$$0.01+25.64+1.06=26.71$$

（2）乘除法

几个数据相乘除时，有效数字的位数应以几个数中有效数字位数最少的那个数据为准。同样是先修约再计算。例如

$$0.0121 \times 25.64 \times 1.05782=?$$

应以有效数字位数最少的 0.0121 为准，将其他两个数先修约至保留三位有效数字，再计算，计算结果仍保留三位有效数字。即

$$0.0121 \times 25.6 \times 1.06=0.328$$

思考与练习

1.32 修约以下数据至保留三位有效数字：
  a.1.254kg   b.88.2038L
  c.0.004728365m   d.8807km
  e.1.8351×10^4s

1.33 修约以下数据至保留两位有效数字：
  a.5080L   b.37400g
  c.104720mL   d.0.00025082g

1.34 按照有效数字运算规则，完成下列计算：
  a.25.48cm+5.057cm
  b.23.45g+104.1g+0.025g

c.125.675mL–24.2mL

d.1.08L–0.285L

e.2.08mg+15.1mg

f.85.66mL+102.10mL+0.0251mL

g.0.2654L–0.2585L

1.35 按照有效数字运算规则，完成下列计算：

a.25.7×0.024

b.0.00032×5

c.24.56÷1.25

d.（18.97×2.05）÷1.32

e.（3.5×0.264）÷（2.24×30.0）

f.0.325×3.6×5.55

g.0.38×0.45×2

1.36 以下各数据含有几位有效数字？

a.20.60mL　　　　b.1036.480kg

c.0.8250L　　　　d.30.0℃

1.37 为什么我们在用计算器进行计算时，有时要在其计算结果后面加0？比如

14.5mL–2.5mL=12.0mL

本章小结

1.1 化学及化学物质

学习目标：能理解化学、无机化学含义，能理解化学物质特征。

化学是研究物质组成、结构、性质和变化规律的。化学物质的特征是具有特定的组成和性质。

1.2 如何学好化学

学习目标：能理解主动学习的重要性，力求成为一个主动学习者；能制定一份课程学习计划。

化学是医药等很多专业重要的基础课，学好化学是学好后续专业课的前提保障。要唤起自己的学习动力，努力成为积极主动的学习者。制定一份学习计

划,不仅有助于你完成该课程的学习任务,而且有助于培养你良好的学习习惯。

1.3 物理量和单位

学习目标:能写出在公制、国际单位制中长度、体积、质量、温度和时间的物理量及单位名称和符号。

化学中会涉及很多物理量。在描述一个物理量时其数值和单位同等重要,没有单位的数值毫无意义。

物理量(符号)	常用单位(符号)
质量(m)	千克(kg)、克(g)、毫克(mg)、微克(μg)
体积(V)	升(L)、毫升(mL)
长度(L)	米(m)、厘米(cm)、毫米(mm)
温度(T)	摄氏温标(℃)、开氏温标(K)
时间(t)	秒(s)

1.4 科学记数法

学习目标:能用科学记数法表示数据。

当一个数字很大或很小时,用科学记数法表示会更简便更不易出错,也能更准确地表达有效数字的位数。一个物理量用科学记数法表示时,包括大于等于1小于10的系数、10的n次幂及单位,n的大小取决于小数点移动的位数和方向。

1.5 测量数据与有效数字

学习目标:能辨识一个数据是测量数据还是准确数;能确定一个测量数据的有效数字位数。

应用测量工具得到的数据为测量数据,准确数的获得不需要测量工具,而是从数数或定义得到的。为了便于处理测量数据,提出有效数字的概念。1~9均为有效数字;而0在数字前面是定位用的无效数字,在整数的末尾难以确定是否为有效数字(所以应该用科学记数法表示),其余位置都是有效数字。有效数字的最后一位是测量数据时估计读出的。实验中的数字即测量数据与数学中的数字是不一样的，数学的6.35=6.350=6.3500，而实验的6.35≠6.350≠6.3500。

1.6 有效数字的运算

学习目标：能应用有关规则进行有效数字的修约和运算。

有效数字的修约遵守"四舍六入五成双"的规则。有效数字的运算为，加减法：按小数点后位数最少的那个数保留，各数字先修约后加减；乘除法：按有效数字位数最少的那个数保留，各数字先修约后乘除。

概念及应用题

1.38 以下哪组数据含有相同的有效数字位数？
   a.1.0500m 与 0.0105m
   b.300K 与 30K
   c.0.00075s 与 75000s
   d.3.240L 与 3.240×10^2L

1.39 以下哪组数据含有相同的有效数字位数？
   a.2.14×10^2g 与 0.0244g
   b.0.0036L 与 3.6×10^2L
   c.$\lg x = 1.35$ 与 $\lg x = 2.8$
   d.2.56×10^3L 与 2.560×10^3L

1.40 测量右图（a）、（b）、（c）中物体的长度，并指出测量数据的有效数字位数及估计读出的数字。

1.41 对下列数字进行修约，使其保留三位有效数字。
   a.0.0000 1258L   b.3.528×10^2g
   c.1245 11m   d.58.703kg
   e.3×10^{-3}s   f.0.010746g

1.42 乙醇的密度 ρ 是 0.79g/mL，请问1.50kg的乙

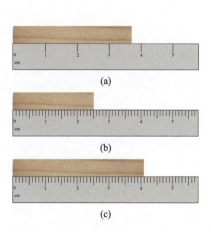

醇是多少升？

1.43 如果一个甜品含香草冰激凌137.25g，奶油沙司84g，果仁43.7g，那么这个甜品的总质量是多少？

1.44 测量以下长方形的长、宽，并回答以下问题。
a. 长、宽分别是多少厘米？
b. 长、宽分别是多少毫米？
c. 长、宽测量值分别是几位有效数字？
d. 这个长方形的面积是多少平方厘米？计算结果应保留几位有效数字？

1.45 下图中固体物块的密度ρ是多少？

1.46 已知铝、金、银的密度分别为
$\rho_{铝}=2.70g/cm^3$
$\rho_{金}=19.3g/cm^3$
$\rho_{银}=10.5g/cm^3$
如果三种金属分别为10g，那么如下图所示的A、B、C分别为哪种金属？

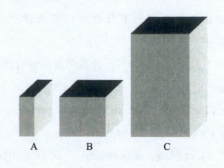

拓展题

1.47 如果你用一个可以称量至0.001g的天平称量一个30克左右的物体,那么你将会把称量结果记录为30g、32.5g、31.25g、31.075g,或者30.00g中的哪个?为什么?

1.48 三名学生用同样的米尺测量一个回形针的长度,他们测得结果分别是5.8cm、5.75cm及5.76cm。如果这个米尺有毫米刻度,那么出现这几种不同测量结果可能的原因是什么?

1.49 如果把一个50g的金块和50g的银块一起放在盛有75.5mL水的量筒中,则量筒中的水位线将上升至多少?

1.50 一种防晒霜含有2.50%(质量分数)的邻羟基苯甲酸苄酯。如果一支防晒霜为60g,那么生产325支防晒霜需要邻羟基苯甲酸苄酯多少千克?

1.51 a.一名运动员只含有3.0%的体脂,如果他的体重为65kg,那么他体内的脂肪为多少磅?

b.一名肥胖症患者在医院进行抽脂,他的体脂密度为0.94g/mL。如果抽提出去3L脂肪,则他减重多少磅?

1.52 一条18K金项链的组成为含金75%、银16%和铜9.0%。如果已知该项链含银7.2×10^3mg,请问

a.该项链的质量为多少克?

b.含铜多少克?

c.如果18K金的密度为15.5g/cm³,则该项链的体积为多少立方厘米?

1.53 如果一瓶200mL的漱口水含乙醇21.6%(质量分数),密度为0.876g/mL,那么180瓶的漱口水中含有乙醇多少千克?

无 机 化 学
（中职阶段）

第 2 章
物质与能量

内容提要

2.1 物质的分类
2.2 物质的状态与性质
2.3 能量与营养
2.4 物态变化

我们的日常生活中充斥着五光十色、形态各异的物品、材料。对科学家来说，所有的这些物品、材料统称为物质，比如我们喝的水、饮料，吃的蔬菜、面包以及装面包用的塑料袋，我们的牙膏、牙刷，我们吸入的氧气（O_2）及呼出的二氧化碳（CO_2）等，都是以不同形态存在的物质。的确，物质无处不在，从大地、河流到食品、棉布，从煤炭、钢铁到纤维、塑料，我们所处的世界是由物质组成的，人体本身也是如此。

我们做的每一件事几乎都涉及能量。比如，我们走路、打球、学习乃至呼吸时都会消耗能量，我们煮饭、开灯、洗衣、用电脑、开车时会消耗能量。当然，消耗的这些能量必须来源于某处，比如，食物为我们的身体提供了能量，汽油为汽车提供了能量。

当我们仔细观察身边的物质时，我们会发现物质其实有固体、液体和气体三种形态。比如水在常温下是液态，遇冷可形成固态的冰块或雪片，遇热时可形成蒸汽。把固态的冰转化为液态的水以及把液态的水转化为气态的水蒸气需要吸收能量，相反的过程，即气态的水蒸气转化为液态的水及液态的水转化为固态的冰则会释放能量。

学习目标

- 能够按照物质的组成进行分类，理解纯净物和混合物的含义及特性。

2.1 物质的分类

物质的特点是有一定的质量和体积。依据物质组成情况的不同，可以将其分为纯净物和混合物。

2.1.1 纯净物

纯净物是指由一种物质组成的物质，具有固定的组成，固定的物理性质和化学性质，有专门的化学符号，能用一个化学式表示。纯净物又可分为**单质**和**化合物**。**单质**是由同种元素组成的纯净物，比如，氧气（O_2）、氮气（N_2）、铁（Fe）、金（Au）等都是单质。元素以单质存在时称为元素的游离态。一种元素可能有几种单质，比如由氧元素组成的氧气（O_2）、臭氧（O_3）、四聚氧（O_4）、红氧（O_8），都是氧的单质。例如我们熟知的钻石以及铅笔中的石墨就是碳元素的两种不同形式的单质（见图2.1），你还能找出两种碳元素的单质吗？

由两种或两种以上元素组成的纯净物叫做**化合物**。元素以化合物形态存在时称为元素的化合态，在化合物中，不同元素的原子（或离子）间彼此吸引形成具有固定比例的"小团体"（称为分子或离子化合物）。也就是说，组成化合物的不同原子间必以一定比例存在，换言之，化合物不论来源如何，都有一定组成。如图2.2，一个水分子（H_2O）由2个氢原子与1个氧原子组成，而同样由氢、氧两种元素组成的过氧化氢（H_2O_2）则由2个氢原子与2个氧原子组成。水和过氧化氢是两种完全不同的物质，组成不同，性质也完全不同。

2.1.2 混合物

我们身边的大多数物质是混合物。**混合物**是由两种或两种以上的物质混合而成的物质。比如，我们呼吸的空气含有氧气（O_2）、氮气（N_2）、稀有气体、二氧化碳（CO_2）、其他气体及杂质（见图2.3），建筑用的钢材就是铁（Fe）、镍、碳和铬等组成的混合物。混合物没有固定的化学式，无固定组成和性质，组成混合物的各种物质之间没有发生化学反应，保持着各自本来的性质。比如，常常用来做门把手的黄铜就是铜锌混合物，铜锌的比例不同可形成颜色和硬度等性质不同的合金；再比如，两杯看起来一样的糖水，吃起来甜度不同也反映出糖水混合物的含糖量不同，即组成不同。

混合物可以用物理方法将所含物质加以分离，在此过程中混合物中组分间没有发生化学反应。就像我们可以按大小把壹元、伍角及壹角的硬币分开，用磁铁把混有砂子的铁屑分离，用漏勺把水与面条分离（见图2.4）。

总之，单质和化合物都属于纯净物。判断物质是单质还是化合物，首先看物质是否为纯净物，只有属于纯净物才有可能属于单质或化合物。不能认为由同种元素组成的物质一定就是单质，也不能认为由不同种元素组成的物质一定是化合物。比如氧气和臭氧，虽然都由氧元素组成，但它们不属于同一种物质，它们混合后属于

图2.1 钻石与铅笔中的石墨是碳的两种单质

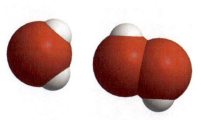

图2.2 水分子和过氧化氢分子示意图

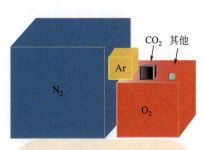

图2.3 空气中约含78%的氮气，21%的氧气，1%的其他气体，所以空气是混合物

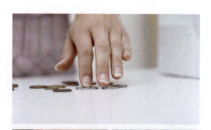

图2.4 物理方法分离混合物

混合物,不属于纯净物。又如空气由多种元素组成,包括氧元素、氢元素、碳元素、氮元素、稀有气体元素等,它属于混合物,不属于纯净物,更不是化合物。

混合物按照形态可分为液体混合物、固体混合物和气体混合物。按照混合物中组分分布是否均匀,可将混合物分为**均匀混合物**(又称为**均相混合物**)和**非均匀混合物**(又称为**非均相混合物**)。比如,空气、氯化钠溶液等属于均相混合物,泥浆及一些油水互不相溶的混合物属于非均相混合物。

在化学实验室,有多种方法把混合物中的各组分进行分离。通过过滤可将固体从液体中分离(图2.5),用色谱法可将混合溶液中的不同组分进行分离。

链接

化学与健康——潜水与水肺

潜水已成为一项时尚运动,你有过潜水吗?我们通常可以自由地呼吸空气,空气的主要成分是氧气(O_2,约占21%)和氮气(N_2,约占78%)。那么潜水时我们依靠什么来呼吸呢?你听说过水肺吗?

水肺(SCUBA,self-contained underwater breathing apparatus)是潜水员自行携带的水下呼吸系统,其呼吸用均相混合物的组成不同于空气,而且根据下潜的水深不同其组成也不同,通常分为三个级别。① 高氧(Nitrox)呼吸气体,其氧气的含量达到32%,而氮气的含量只有68%,含氮气较低的呼吸用混合物降低了在潜水时出现氮醉的风险;② 氦氧(Heliox)呼吸用混合物,是氧气和氦气,主要用于200英尺(ft)以下的潜水,潜水越深,氮醉的风险就越大,因此用氦气代替氮气就可以化解氮醉的风险。但是当潜水达300ft以下时,氦气会引起严重的颤抖和体温下降;③ 氦氮氧(Trimix)呼吸气体,当潜水到400ft以下应该使用该类呼吸气体,它含有氧气、氦气及少量氮气,加入氮气减轻了因吸入氦气而带来的颤抖的问题。值得注意的是,第二类(Heliox)和第三类(Trimix)只适用于商业及工业工程的专业作业人员。

图2.5 固-液混合物可以用过滤的方法分离

思考与练习

2.1 指出以下物质哪些属于纯净物，哪些属于混合物。

  a. 铜线中的铜（Cu）

  b. 冰（H_2O）

  c. 烘焙用小苏打（$NaHCO_3$）

  d. 胆矾（$CuSO_4 \cdot 5H_2O$）

  e. 巧克力薄脆

  f. 金刚石（C）

  g. 含氧气（O_2）与臭氧（O_3）的气体

2.2 指出以下物质哪些属于纯净物，哪些属于混合物。

  a. 碳酸饮料　　　　b. 乙炔（C_2H_2）

  c. 芝士蛋糕　　　　d. 铁钉

  e. 低钠盐　　　　　f. 自来水

2.3 指出以下纯净物中哪些属于单质，哪些属于化合物。

  a. 硅（Si）片　　　b. 过氧化氢（H_2O_2）

  c. 氧气（O_2）　　　d. 铁锈（Fe_2O_3）

  e. 天然气中的甲烷（CH_4）

2.4 指出以下纯净物中哪些属于单质，哪些属于化合物。

  a. 氖气（Ne）

  b. 甲醇（CH_3OH）

  c. 温度计中的汞（Hg）

  d. 蔗糖（$C_{12}H_{22}O_{11}$）

2.5 指出以下混合物中哪些属于均相混合物，哪些属于非均相混合物。

  a. 鸡蛋汤　　　　　b. 蔬菜色拉

  c. 茶水　　　　　　d. 海水

  e. 加冰及柠檬片的茶水

  f. 70%的乙醇（C_2H_5OH）溶液

2.6 指出以下混合物中哪些属于均相混合物，哪些属于非均相混合物。

  a. 脱脂牛奶　　　　b. 月饼

  c. 汽油　　　　　　d. 橙汁

  e. 复方甘草口服溶液

  f. 巧克力碎冰激凌

Chapter 2
第2章
物质与能量

学习目标

- 能识别物质的状态，以及物质的物理性质、化学性质。

2.2 物质的状态与性质

在自然界，物质通常会呈现出三种状态（也称形态）：固态、液态和气态。另外，物质还有"等离子态""超临界态""超固态"以及"中子态"等，这些不常见的物质状态在本课中不涉及。固态物质即**固体**的鲜明特点是具有固定的形状和体积，比如书本、铅笔、鼠标等都属于固体。在固体中，微粒（可能是原子、分子或离子）间距很小，结合力很大，这些微粒有规则地周期性排列，就像我们做操时人与人之间等距离排列一样。每个人的活动范围很小，只在一定位置上运动，就像组成固体的微粒在各自固定位置上振动一样。也正因为这样的刚性结构，使大多数固体成为如图2.6所示的具有一定光泽及固定熔化温度的晶体。

不同于固体，液态物质即**液体**具有固定的体积却没有固定的形状，因为液体有流动性，把它放在什么形状的容器中就有什么形状。在液体中，微粒做无规则的运动，但微粒间的吸引力还是比较大，使它们不会分散远离，于是液体仍有自己特定的体积。

气态物质即**气体**，既没有固定的形状，又没有固定的体积。在气体中，微粒之间作用力很小，彼此远离，各自做无规则的高速运动，这就导致了气体具有很大的流动性，能自动充满任何容器，也容易被压缩（见图2.7）。

固体、液体和气体的特性比较见表2.1。

图2.6 紫水晶，石英（SiO_2）的紫色晶体

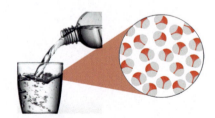

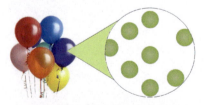

图2.7 水的形状与其盛器的形状相同，气体的体积与气球的大小相同

表2.1 固体、液体和气体的特性比较

特性	固体	液体	气体
形状	有固定的形状	无固定形状	无固定形状
体积	有固定的体积	有固定体积	无固定的体积
粒子排列	固定，距离很近	不固定，距离近	不固定，距离远
粒子间的作用力	很强	强	很弱
粒子运动	很慢	中等	很快
举例	冰，盐，铁	水，油，醋	水蒸气，氦气，空气

2.2.1 物理性质与物理变化

我们常常会通过观察一种物质的性质特征来描述这种物质。比如说，要你描述一下进口水果"牛油果"，你是不是会通过列举它的颜色、形状、气味等来描述它呢？

物理性质是指在物质不发生化学变化所表现出的性质，比如，物质的颜色、气味、状态、熔点、沸点、硬度、导电性、溶解性、密度等等。物理性质通常用观察法、测量法或计算而获得，如可以观察物质的颜色、状态和溶解性等，可以测量物质的熔点、沸点、导电性、硬度、挥发性等，基于实验数据通过计算可获得物质的密度、溶解性等。物理性质属于统计物理学范畴，即物理性质是大量粒子（分子、原子或离子）聚集在一起表现出的性质，不是单个粒子所具有的。

物理变化是指物质的状态或外观发生了变化，但物质本身的组成成分却没有改变。比如液态的水变为固态的冰、雪，或变为水蒸气，其外观及状态发生了变化，但组成未变，都是由水分子（H_2O）组成（见图2.8）。

除了物态变化会导致物质的外观发生变化之外，还有其他的方式会使物质的外观发生变化及发生物理变化。比如，把食盐（NaCl）溶于水，它的外观发生了变化，但当我们通过加热把水蒸发掉后，又可得到固体NaCl，没有新物质产生，所以这个过程属于物理变化。表2.2和图2.9列举了一些物理变化的例子。

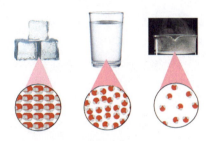

图2.8 水的固、液、气三态

表2.2 物理变化举例

物理变化类型	举例
状态改变	水沸腾变为水蒸气
	水冷却变为冰
外观改变	糖溶于水
形状改变	金块锻打为金箔
	铜块拉成铜线
尺寸改变	纸剪成纸屑
	胡椒、珍珠等研磨成粉

（a）金可以通过物理变化变成很薄的金箔，做成工艺品

（b）珍珠可以通过物理变化变成很细的珍珠粉，供药用

图2.9 物理变化举例

2.2.2 化学性质与化学变化

化学性质是物质在一定条件下转变为新的物质所表现出来的性质，这种由一种物质转化为另一种或多种新物质的过程称为**化学变化**。化学性质与化学变化是物质所固有的特性，比如，天然气能燃烧是因为其中的甲烷（CH_4）有可燃性，甲烷（CH_4）与空气中的氧气（O_2）发生化学反应后生成了两种新物质：水（H_2O）和二氧化碳（CO_2）。表2.3和图2.10列举了一些化学变化的例子。

（a）甲烷燃烧是因为发生化学变化，与氧气发生剧烈的氧化反应

（b）铁的生锈是因为发生化学变化，被氧化了

图2.10 化学变化举例

表2.3 化学变化举例

化学变化	变化过程
银失去光泽	具有金属光泽的银与空气中有关成分反应，在其表面形成一层颗粒状发黑的新物质
甲烷燃烧	甲烷燃烧形成明亮的火焰，生产水蒸气和二氧化碳
糖焦糖化	在高温下，白色的蔗糖晶体转化成光滑的琥珀色物质
铁生锈	灰白色具有金属光泽的铁与空气中的氧气反应形成橘红色的铁锈

思考与练习

2.7 根据以下叙述，确定各物质是固体、液体还是气体。
　　a.没有固定的体积，也没有固定的形状
　　b.组成物质的微粒间几乎没有相互作用
　　c.组成物质的微粒排列在一个刚性结构中

2.8 根据以下叙述，确定各物质可能的状态。
　　a.其体积不随容器的变化而变化
　　b.其形状取决于容器的形状
　　c.有固定的形状与体积

2.9 根据以下叙述，确定各物质是固体、液体还是气体。
　　a.有固定的体积，但其形状随容器的形状而变化
　　b.组成物质的微粒彼此间距离很远
　　c.会充满整个容器

2.10 判断以下各项属于物理性质还是化学性质。

a. 铬（Cr）是一种青灰色固体

b. 氢气（H_2）易与氧气（O_2）发生反应

c. 氮气（N_2）的冰点是 $-210℃$

d. 在室温下牛奶会变质

e. 打火机里的丁烷（C_4H_{10}）在氧气中燃烧

f. 汽油有刺激性气味

2.11 判断以下各项属于物理性质还是化学性质。

a. 在室温下氖气（Ne）是无色气体

b. 切开的苹果在空气中放置呈褐色

c. 白磷在空气中自燃

d. 汞（Hg）在室温下是液体

e. 丙烷（C_3H_8）气体压缩成液体以便储存

2.12 判断以下各项是化学变化还是物理变化。

a. 水汽凝结形成雨

b. 一种酶分解牛奶中的乳糖

c. 铯（Cs）与水发生爆炸性反应

d. 金（Au）在1064℃熔融

e. 糖溶解于水

2.13 以下是单质氟气（F_2）的性质，它们分别是化学性质还是物理性质？

a. 很活泼

b. 淡黄色

c. 在室温下是气体

d. 遇氢气会爆炸

2.14 以下是单质锆（Zr）的性质，它们分别是化学性质还是物理性质？

a. 熔点1852℃   b. 抗腐蚀

c. 呈浅灰色   d. 有光泽

e. 在空气中切割成小块时会自燃

第2章 物质与能量

2.3 能量与营养

我们摄入的食物为我们提供了生长发育及细胞修复更新需要的能量。碳水化合物（含碳、氢、氧三种元素，

学习目标

● 能利用碳水化合物、脂肪及蛋白质的能量值，计算食物的热量。

图2.11 人类的所有运动都需要能量

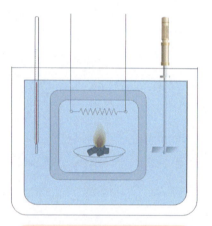

图2.12 量热计测量食物燃烧释放的热量

氢与氧的比例为2∶1）是我们体内的主要供能物质，当其消耗殆尽时，脂肪和蛋白质会参与提供能量（见图2.11）。

2.3.1 食物能量的单位

长期以来，营养学领域习惯于用卡（卡路里，calorie）或千卡（kilocalorie）来表示食物的能量。我们常说的营养值单位大卡是1000卡（cal）或1千卡（kcal）。随着国际单位制的推行，营养值单位千焦（kJ）已经越来越流行。比如，一个烤土豆有100千卡的能量，也就是说它在体内会产生热量100kcal或420kJ。我们一天摄入的食物通常提供1500千卡即1500kcal，约6300kJ的热量。

食物的卡路里值可以用量热计测量（见图2.12）。把食物放在内层的钢桶里，内层钢桶里面充满氧气，外面由一定量的水包围。当食物通过点火线点着后燃烧释放的热量带动水温升高，依食物和水的质量以及水温的升高值，即可计算出食物的能量即卡路里值。

例如，55g的肉酱面在量热计中燃烧，释放出220kcal的热量，那么肉酱面的能量值（kcal/g）可以计算如下：

$$\frac{220\text{kcal}}{55\text{g}}=4.0\text{kcal/g}$$

2.3.2 食物的能量值

食物的能量（卡路里）值是指燃烧1g碳水化合物、脂肪或蛋白质所产生的热量，以千卡或千焦为单位。具体见表2.4。

表2.4 三类食物的热量值

食物类型	kJ/g	kcal/g
碳水化合物	17	4
脂肪	38	9
蛋白质	17	4

应用表2.4中所列的三类食物的能量（热量）值，我们可以计算一份饮食的能量。表2.5是常见食品的基本组

成及其热量。

表2.5 一些食品的基本组成和热量[①]

食品	碳水化合物/g	脂肪/g	蛋白质/g	热量[①]
香蕉，1个	26	0	1	460kJ（110kcal）
牛肉酱，90g	0	14	22	920kJ（220kcal）
生胡萝卜汁，250mL	11	0	1	210kJ（50kcal）
剔皮鸡肉，90g	0	3	20	460kJ（110kcal）
鸡蛋，1个	0	6	6	340kJ（80kcal）
牛奶，4%脂肪，250mL	12	9	9	710kJ（170kcal）
脱脂牛奶，250mL	12	0	9	380kJ（90kcal）
烤土豆，1个	23	0	3	420kJ（100kcal）
三文鱼，90g	0	5	16	460kJ（110kcal）
牛排，90g	0	27	19	1350kJ（320kcal）

① 热量值精确到十位。

【例题2.1】

快餐店里，1个汉堡含37g碳水化合物、19g脂肪及24g蛋白质。请问1个汉堡的热量是多少千卡？计算精确到十位数。

解：应用表2.4中三类食物的热量值：碳水化合物4kcal/g，脂肪9kcal/g，蛋白质4kcal/g，则

1个汉堡的热量为：

37g×4kcal/g+19g×9kcal/g+24g×4kcal/g=420kcal

答：该快餐店里1个汉堡的热量为420千卡。

链接

化学与健康——能量的摄入与消耗

我们的饮食是机体进行正常生理活动所需能量的来源。我们每天需要食物提供多少卡路里的能量与我们的性别、

年龄及体力活动有关。

一个人吃多少是由其下丘脑的饥饿中心控制的,其食物的摄入量通常与体内储存的营养成分有关。如果营养成分少,就会感觉饥饿。相反,如果营养成分多,就没有饥饿感。当食物的摄入量多于能量的消耗,体重会增加;当食物的摄入量少于能量的消耗,体重就会减少。很多减肥食品中含有纤维素,纤维素不会为我们提供营养素,但会在胃肠中占据较大的空间而使我们有饱腹感。一些减肥药品通过兴奋饱食中枢产生厌食反应,同时会带来失眠、心悸、血压升高及成瘾性等副作用,所以一定要慎用。因为肌肉运动是消耗能量的重要途径,所以每天运动会促进我们减轻体重。表2.6和图2.13列出了一些活动所消耗的能量。

图2.13　游泳1小时可以消耗能量2100千焦

表2.6　70kg体重成人的能量消耗

活动	能量/(kcal/h)	能量/(kJ/h)
睡觉	60	250
坐立	100	420
行走	200	840
游泳	500	2100
跑步	750	3100

思考与练习

2.15 计算以下食物在量热计中燃烧时放出了多少千卡的热量。已知水的比热容C_p为1cal/(g·℃)。

a. 一把芹菜燃烧放出的热量使505g水从25.2℃升温至35.7℃

b. 一份华夫饼燃烧放出的热量使4980g水从20.6℃升温至62.4℃

2.16 应用三类食物的热能值(见表2.4),回答下列问题(计算能量时以千卡或千焦为单位,精确到十位数)。

a. 一杯橙汁含26g碳水化合物、2g蛋白质,不含脂肪。这杯橙汁的能量是多少千焦?

b. 1个苹果不含脂肪也不含蛋白质，能提供72cal的能量。这个苹果的质量是几克？

c. 一勺植物油含14g脂肪，不含碳水化合物和蛋白质，其能量是多少？

d. 一份午餐有68g的碳水化合物、150g蛋白质以及9g脂肪。这份午餐能提供多少千卡的热量？

e. 一罐可乐有140千卡能量，不含脂肪也不含蛋白质。它含多少克糖（碳水化合物）？

f. 一个牛油果有405kcal能量，含13g碳水化合物，5g蛋白质。它含有几克脂肪？

2.17 一份蛤蜊浓汤含9g蛋白质、12g脂肪及16g碳水化合物。试计算这份浓汤有多少千卡、多少千焦的能量（精确到十位数）。

2.18 一份高蛋白美餐含70g碳水化合物、150g蛋白质及5g脂肪。试计算这份餐食能提供多少千卡、多少千焦的热量（精确到十位数）。

2.4 物态变化

水无常形，变化万千。冬天河里的冰在天气变暖时融化，地上的水时间长了会消失，变成水蒸气；天气变冷时，水又会结成冰。形态各异的水告诉我们，水可以在三种状态之间变化，这种物质从一种状态转化为另一种状态，称为**物态变化**，也叫**相变**。

2.4.1 熔化和凝固

当固体受热时，其粒子会振动得更剧烈。当加热的温度达到**熔点**（mp）时，从微观上来说，固体粒子获得了足够的能量挣脱彼此吸引的束缚，由原来有序的排列变为无序的运动。从宏观上来说，也就是我们所看到的：固体逐渐转变为液体。这种物质由固态转变为液态的现象称为**熔化或熔融**。

当液体冷却时，粒子运动速度减慢，彼此之间的吸引力使它们越来越靠近，直至变成固体，这种物质从液态变成固态的现象称为**凝固**。熔化与凝固是物质固态与

学习目标

- 能描述物质固态、液态、气态之间的相互转化，并计算其吸收或放出的热量。

液态间转化的两个互逆过程，液态转化成固态时的温度称为凝固点（fp），其值与熔点（mp）一致（见图2.14）。

固体分为晶体（如冰、食盐、铁、铜等）和非晶体（如玻璃、沥青、蜡烛等），晶体在熔化时温度保持不变，非晶体在熔化时温度升高。本章中所说的固体，在没有特别说明时均指晶体。每种物质有其自身的熔点（凝固点），比如，在标准大气压下，水的凝固点为0℃，金的熔点为1064℃，氮气的凝固点为-210℃。

（1）熔化热

固体在熔化时需要吸收能量以克服粒子间的作用。**熔化热**是指单位质量的固体在熔化时变成同温度的液态物质所需吸收的热量。也等于单位质量的同种物质，在相同压强下的熔点时由液态变成固态所放出的热量。常用单位为焦/克（J/g）、卡/克（cal/g）。水的熔化热为80cal/g或334J/g，也就是说1g水当其在0℃结冰时会释放出80cal或者334J的热量，这就让我们不难理解，为什么果农会在气温低于0℃时在果园喷洒水，以防水果受冻。

图2.14 水的凝固与熔化时的能量变化

（2）熔化热的计算

【例题2.2】

把0℃、26g的冰块放入一杯汽水中。请问：

a. 这块冰在0℃时需要吸收多少热量才能全部熔化？

b. 这杯汽水的温度发生了什么变化？为什么？

解：a. 已知冰的熔化热 q=80cal/g，则26g冰在熔化时吸收的热量 Q 为：

$$Q=mq=26g\times 80cal/g=2080cal$$

答：这块冰在0℃时需要吸收2080cal的热量才能全部熔化。

b. 这杯汽水的温度会降低，因为其中的冰熔化吸收了大量的热量。

为什么100℃的水蒸气造成的烫伤比100℃的水更严重？

2.4.2 汽化与液化

物质从液态变成气态的过程称为**汽化**。汽化有两种方式：蒸发和沸腾。当液体受热达到一定温度时，大量的气泡在液体中翻滚逸出，这种剧烈的汽化方式叫**沸腾**。液体沸腾时的温度叫**沸点**。在任何温度下都能发生的汽化现象叫作**蒸发**。蒸发是发生在液体表面的缓慢汽化现象，液体表面的一些分子获得足够能量时，挣脱液体分子之间的束缚，离开液面而进入气相。沸腾是在液体表面和内部同时发生的激烈汽化现象。不同液体的沸点不同，比如在标准大气压下，水的沸点为100℃，液态铁的沸点为2750℃，液态氮的沸点为–196℃。

相反，物质从气态变成液态的现象称为**液化**。当气体的温度降低到沸点时，气体分子运动减缓，彼此间的距离更近，作用更强，气体就会液化为液体。比如，当你洗完热水澡后，会发现浴室的镜子上凝结了很多小水珠（见图2.15）。

图2.15 水的液化和汽化时的能量变化

（1）汽化热

一定质量的液体在沸腾时温度不变，但要吸收热量以克服粒子间的作用力。**汽化热**是指单位质量的液体全部变成相同温度的气体所需吸收的热量。汽化热会随着温度的变化而变化。常用单位为焦/克（J/g）、卡/克（cal/g）。水的汽化热为540cal/g或2260J/g，也就是说1g水当其在100℃沸腾时要吸收540cal或者2260J的热量成为水蒸气。液体的汽化是一个吸热过程，气体的液化则是一个放热过程。在相同条件下，物质的汽化热与液化热值相等，即1g水蒸气在100℃时凝结为水会放出540cal或者2260J的热量。

（2）汽化热的计算

【例题2.3】

在桑拿房，有122g水在100℃时全部转化为水蒸气，需要多少千焦的热量？

解：100℃时水的汽化热r=2260J/g=2.26kJ/g，

则122g水转化为水蒸气需要的热量Q为：

$$Q=mr=122g \times 2.26kJ/g=276kJ$$

答：在100℃时122g水全部转化为水蒸气需要的热量为276kJ。

2.4.3 升华与凝华

物质直接从固态变成气态的现象称为升华。相反，物质直接从气态变成固态的现象称为凝华。比如，干冰（固体二氧化碳）在室温下会迅速升华为二氧化碳（CO_2）气体，可以用在舞台上呈现出"烟雾缭绕"的效果（见图2.16）。这里"干"的含义是指它受热时未转化成液体。再比如，在极寒冷地区，雪不融化成水但会直接升华为水蒸气。水的升华热为620cal/g或者2590J/g。

利用水升华的原理，把食品快速冻结，然后真空冰状脱水，形成冻干食品（见图2.17）。由于其最大限度地保持了原新鲜食品的色香味及营养成分、外观形状，而且成品质量轻、在常温下保存时间长，使其不仅成为航天员、登山及滑雪爱好者的食品，而且悄然进入我们的日常生活，成为旅游休闲的方便食品，图2.18所示为冷冻干燥的过程。

类似地，升华与凝华是两个互逆过程（见图2.16）。

得益于冷冻干燥技术，人们可以将很多不耐热的药物从水溶液中分离出来，制得干燥的药物粉末，等需要使用时再加入注射用水予以溶解，图2.19所示为冻干机及经过冷冻干燥后装入西林瓶的药品。

固体受热时，其温度不断升高，当温度达到熔点时，固体开始熔化。在熔化过程中，继续吸收热量但温度保持不变，直至固体全部熔化为液体。

液体继续受热，其温度又不断攀升，当温度达到沸点时，液体开始沸腾转化为气体。液体在汽化时，吸热但温度保持不变，直至液体全部转化为气体。气体继续受热，温度又继续升高。

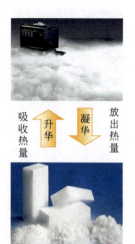

图2.16 干冰的升华和凝华

图2.17 冻干食品

图2.18 冷冻干燥的过程
（冷冻-升华-干燥）

练一练

试画出以冷却时间为横坐标，温度为纵坐标，反映物态变化的曲线。

图2.19 冻干机及经过冷冻干燥后装入西林瓶的药品

在水的物态-温度曲线（见图2.20）中，我们可以看出熔点（或凝固点）代表的状态是固液共存的状态，此时继续加热，温度不再升高，直至固体全部转化为液体。接下来，随着加热液体的温度不断升高，直至沸腾。实验室内常用提勒管（见图2.21），或者用自动熔点仪（见图2.22）测量物质的熔点。

图 2.21　提勒管测熔点

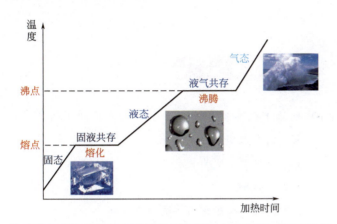

图 2.20　水的物态-温度曲线

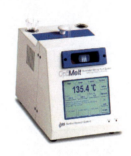

图 2.22　自动熔点仪测熔点

2.4.4　能量计算

上面的物态-温度曲线告诉我们，物质在吸收热量时往往伴随着温度的升高以及达到一定温度时状态的变化；相反，物质在放出热量时则伴随着温度的降低以及在一定温度时状态的变化。那么在整个过程中，物质吸收或放出的总热量应该怎么计算呢？现通过例题说明如下。

【例题2.4】

把15.0g 25.0℃的液体乙醇加热至沸点78.0℃，并在此温度下全部转化为气体，试计算总共需要吸收多少焦耳的热量。已知乙醇的比热容C_p为2.46J/(g·℃)，在沸点时的汽化热为841J/g。

解： 根据题意，液体乙醇吸热分为两段。

第一阶段，液体乙醇的温度从25.0℃上升至78.0℃，吸收的热量

$$Q_1 = mC_p \cdot \Delta T$$
$$= 15.0\text{g} \times 2.46\text{J/(g·℃)} \times (78.0-25.0)℃ = 1960\text{J}$$

第二阶段，液体乙醇在78.0℃时由液体转化为气体，吸收的热量

$$Q_2=mr=15.0g×841J/g=12600J$$

则吸收的总热量为 $Q=Q_1+Q_2=1960J+12600J≈1.46×10^4J$

答：在此过程中15g乙醇共需吸收$1.46×10^4J$的热量。

思考与练习

2.19 确认下列各项分别属于哪种物态变化（熔化、凝固、升华及凝华）的结果。

a. 物质由固态变为液态

b. 冻干咖啡

c. 街道的水在寒冷的冬夜结成了冰

d. 在冷冻的玉米包装外面形成了一层薄冰

2.20 确认下列各项分别属于哪种现象（熔化、凝固、升华及凝华）的物态变化。

a. 放在冰激凌盒子里的干冰不见了

b. 街道上的雪化成了水

c. 125g水在0℃放出热量

d. 冰箱冷冻室内壁有一层霜

2.21 计算在0℃时下列各项需要的热量，并指出是吸收还是放出热量。

a. 冷冻35g水（以cal为单位）

b. 熔化17g冰（以J为单位）

c. 冷冻275g水（以kcal为单位）

d. 熔化5.00kg冰（以kJ为单位）

2.22 确认下列各项分别属于哪种物态变化（汽化、沸腾、液化）的结果。

a. 云中的水蒸气转化为雨

b. 湿衣服晾干

c. 壶口瀑布湍流急下，激起大量水汽

d. 在寒冷的早晨，汽车车窗起雾

2.23 计算在100℃时下列各项需要的热量，并指出是吸

收还是放出热量。

  a. 10g 水汽化（以 cal 为单位）
  b. 7.6g 水蒸气液化（以 J 为单位）
  c. 44g 水汽化（以 kcal 为单位）
  d. 8.0kg 水蒸气液化（以 kJ 为单位）

2.24 试画出水蒸气从 110 至 −10℃ 的冷却曲线，并标注以下各段。

  a. 固体 b. 凝固 c. 液体 d. 液化 e. 气体

2.25 应用水的熔化热、比热容及汽化热，完成下列各项的计算。

  a. 在 0℃ 时熔化 50.0g 冰，然后加热至 65.0℃。需要多少焦耳热量？

  b. 在 100℃ 时把 15.0g 水蒸气冷凝成水，然后再降温至 0℃。总共放出多少千卡热量？

  c. 在 0℃ 时熔化 24.0g 冰，然后把水加热至 100℃ 并使其汽化。需要多少焦耳热量？

本章小结

2.1 物质的分类

  学习目标：能够按照物质的组成进行分类，理解纯净物和混合物的含义及特性。

  物质分为纯净物和混合物。纯净物包括单质和化合物。从概念上看，单质是由一种元素组成的纯净物，而化合物由两种或两种以上的元素组成的纯净物；从微观范围看，单质由同种原子构成，化合物由不同种原子构成；从性质上看，单质不能发生分解反应，化合物可以发生分解反应。纯净物有固定的组成，因此有特定的熔（沸）点；混合物没有固定的组成，根据其组分间的相溶性，又分为均相和非均相物质。根据混合物组分的特性，可以采用针对性方法对其分离。

2.2 物质的状态与性质

  学习目标：能识别物质的状态，以及物质的物理性质、化学性质。

物质通常有固态、液态及气态三种状态。物理性质是指物质不发生化学变化所表现出的性质，可通过观察、测量及计算获得。物理变化是指物质的状态或外观发生了变化，但物质本身的组成成分没有改变，即没有新物质产生。化学性质是物质在一定条件下转变为新的物质所表现出来的性质，这种由一种物质转化为另一种或多种新物质的过程称为化学变化。物理变化与化学变化的根本区别在于化学变化有新物质产生，而物理变化没有。

2.3 能量与营养

学习目标：能利用碳水化合物、脂肪及蛋白质的能量值，计算食物的热量。

食物的营养可以用其能量（或释放的热量）来表示。其能量单位包括卡（cal）、千卡（kcal）、焦耳（J）、千焦（kJ）。我们通常所说的大卡（Cal）与千卡（kcal）相同。一份食物的能量是其所含碳水化合物、脂肪及蛋白质能量的总和。

2.4 物态变化

学习目标：能描述物质固态、液态、气态之间的相互转化，并计算其吸收或放出的热量。

熔化是指由固体转化为液体的现象；熔化热是指单位质量的固体在熔化时变成同温度的液态物质所吸收的热量。熔化与凝固是互为可逆的两个过程。物质从液态变为气态的现象称为汽化，汽化有两种方式：沸腾和蒸发。在沸点时液体的汽化现象称为沸腾；在任何温度都能发生的汽化现象称为蒸发。汽化热是指单位质量的液体全部变成相同温度的气体所需吸收的热量。汽化与液化是互为可逆的两个过程。固体不经液体而直接变为气体的现象称为升华，相反的过程称为凝华。物态-温度曲线揭示了物质随着吸收或放出热量其温度及状态的变化，曲线中与横轴平行的线段表示物质吸收或放出热量，但温度保持不变，即物质处于相变阶段。

概念及应用题

2.26 下列图示分别形象地表示单质、化合物及混合物，试匹配图示与概念。

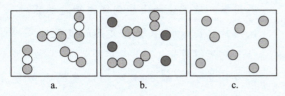

2.27 以下各图形象地表示均相混合物及非均相混合物，试匹配图示与概念。

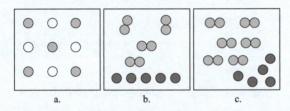

2.28 试判断以下各项哪些是均相混合物，哪些是非均相混合物？

    a. 柠檬味凉水   b. 蛋花汤

    c. 鸡蛋   d. 眼药水

2.29 50.0kg 的水在 20.0℃ 时吸收 $8.40×10^3$kJ 的热量，其温度上升多少摄氏度？[水的比热容 C_p 为 4.184J/（g·℃）]

2.30 一位体重 70.0kg 的先生到快餐店点了一份午餐：一个芝士三明治、一份薯条及一杯巧克力热饮。应用表2.4数据，计算这份午餐的总热量为多少千卡（精确到十位数）。

食物	蛋白质/g	脂肪/g	碳水化合物/g
三明治	31	29	34
薯条	3	11	26
巧克力饮料	11	9	60

2.31 应用表2.6数据及题2.30中数据，回答下列问题：

    a. 这位先生需要睡多少小时才可以"燃烧掉"

第2章 物质与能量

这份午餐提供的热量？

b. 这位先生需要跑步多少小时才可以"燃烧掉"这份午餐提供的热量？

2.32 请你用物态变化的有关知识，解释下列现象：

a. 为什么复方氯乙烷（C_2H_5Cl）喷雾剂可以用来处理足球场上受到轻伤的运动员？

b. 为什么晾晒的衣服在炎热的夏天比寒冷的冬天干得更快？

c. 为什么广口瓶的水比细口瓶的水蒸发得更快？

2.33 下图是氯仿（$CHCl_3$）的加热曲线，请问：

a. 氯仿的熔点大约是多少？

b. 氯仿的沸点大约是多少？

c. A、B、C、D、E各线段分别表示什么状态或过程？

d. 在以下温度时，氯仿是固体、液体还是气体？
 −80℃，−40℃，25℃，80℃，

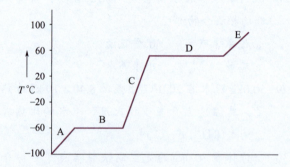

2.34 确定下列各物质是单质、化合物还是混合物？

a. 铅笔中的碳芯

b. 橙汁

c. 我们呼出的二氧化碳

d. 霓虹灯中充填的氖气

2.35 确定下列各项属于化学性质还是物理性质。

a. 金是闪亮的

b. 金在1064℃熔化

c. 金是电的良导体

d. 金与黄色的硫黄反应，形成黑色硫化物

e. 蜡烛燃烧

f. 铜管与空气作用，形成"铜绿"

2.36 在炎热的夏天，海滩的沙子有些发烫，但海水依然有些凉，你认为沙子的比热容是比水的大还是小？为什么？

2.37 1/2杯的冰激凌含18g碳水化合物、11g脂肪及4g蛋白质。试计算该冰激凌有多少千卡的能量。

2.38 一瓶725g的热水（65℃），用于热敷因运动过度而致酸痛的肌肉。当其温度降至体温（37℃）时，有多少千卡的热量传递给了肌肉？

2.39 苯（C_6H_6）的凝固点是5.5℃，沸点是80.1℃。试画出苯（C_6H_6）从0℃至100℃的吸热曲线并回答以下问题。

    a. 苯（C_6H_6）在15℃时的状态？

    b. 5.5℃时有什么现象？

    c. 苯（C_6H_6）在63℃时的状态？

    d. 苯（C_6H_6）在98℃时的状态？

    e. 苯（C_6H_6）气液共存时的温度？

拓展题

2.40 75g 100℃的水蒸气转化成0℃的冰，共释放出多少热量？

2.41 一份0.50g的植物油样品在量热计中燃烧，放出18.9kJ的热量。试问该植物油的热量值是多少kcal/g？

2.42 在一个写字楼，由燃油蒸汽发生器为楼宇供热。如果燃烧1磅（lb）油可供$2.4×10^7$J的热量，则

    a. 把150kg的水从22℃加热至100℃，需要多少千克的油？

    b. 把150kg 100℃的水转化成100℃的水蒸气，需要多少千克的油？

2.43 试解释为什么水蒸气烫伤比开水烫伤严重得多。

2.44 试解释为什么暴雨来临前往往很闷热。

无 机 化 学
（中职阶段）

第 3 章
原子与元素

内容提要

3.1 原子的构成与同位素
3.2 原子核外电子的运动状态和排布
3.3 元素周期表
3.4 元素周期律

物质的形态多种多样,它的构成却"万变不离其宗",都离不开原子。有的物质直接由原子构成,比如金刚石、石墨、石英等;有的物质由分子构成,而分子又由原子构成,分子有大有小,小的分子只有很少几个原子,如二氧化碳(CO_2),大的分子则由几十万个原子组成,如一些高分子、生物大分子;有的物质由离子组成,比如食盐是由钠离子(Na^+)和氯离子(Cl^-)构成的,但钠离子(Na^+)、氯离子(Cl^-)分别源于钠原子(Na)和氯原子(Cl)。因此,要了解物质,首先要了解原子。

3.1 原子的构成与同位素

3.1.1 原子的构成

学习目标

- 能描述质子、中子、电子在原子中的位置及电性。
- 能说明原子、元素、同位素之间的联系与区别,以及元素原子量的含义。
- 能根据原子的核电荷数及质量数,确定该原子的质子数、中子数及核外电子数。

原子是构成物质的一种微粒。原子是否可以再分?它又是由哪些微粒构成?这些微粒间又有怎样的关联?

原子由位于原子中心的原子核和核外电子构成。原子很小,原子核更小。原子核直径在$10^{-15} \sim 10^{-14}$m之间,是原子的万分之一,其体积是原子体积的几千亿分之一。原子核由质子和中子构成,质子和中子之间的巨大吸引力能克服质子之间所带正电荷的斥力而结合成原子核,使原子在化学反应中原子核不发生分裂。图3.1以锂为例形象地表达了原子的构成。

原子核中的质子带正电荷,一个质子带一个单位正电荷,中子不带电荷,所以质子数决定了原子核所带的

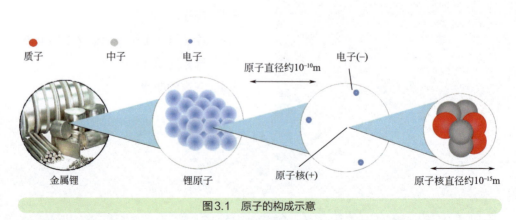

图3.1 原子的构成示意

原子核中的质子和中子占据了很小的空间却集中了原子几乎全部的质量,围绕着原子核的电子占据了很大的空间但其质量非常小

正电荷数即**核电荷数**Z。按核电荷数由小到大的顺序给元素编号,所得的序号称为该元素的**原子序数**。由于整个原子是电中性的,所以原子核所带的正电荷数(质子数)等于核外电子所带的负电荷数(电子数)。即对一个原子存在如下关系:

原子序数 = 核电荷数(Z)= 核内质子数 = 核外电子数

例如碳原子,原子核内有6个质子,其核电荷数为6,核外电子数亦为6。

3.1.2 原子的质量

与我们看得见的物质相比,原子的质量太小了。构成原子核的质子质量是1.6726×10^{-27}kg,中子质量是1.6748×10^{-27}kg;而原子核外的电子质量更小,为9.1095×10^{-31}kg,是质子或中子质量的1/1836。表3.1列出了构成原子的微粒及其性质。

从表3.1可以看出,质子和中子的相对质量都约等于1,而电子的质量太小了,以至于可以忽略不计,因此原子的质量主要集中在原子核。将原子核内所有的质子和中子相对质量取近似整数值,加起来所得的数值,叫做**质量数**,用符号A表示。即质量数(A)与质子数(Z)、中子数(N)之间有如下关系:

$$质量数(A)= 质子数(Z)+ 中子数(N)$$

表3.1 构成原子的微粒和性质

构成原子的微粒	电子	原子核	
		质子	中子
质量	9.1095×10^{-31}kg	1.6726×10^{-27}kg	1.6748×10^{-27}kg
相对质量	$\dfrac{1}{1836}$	1.007	1.008
电性和电荷量	带1个单位负电荷	带1个单位正电荷	不显电性

构成一个原子的微粒之间的关系可表示为:

$$原子 \begin{cases} 原子核 \begin{cases} 质子Z个 \\ 中子N = A-Z个 \end{cases} \\ 核外电子Z个 \end{cases}$$

常在元素符号的左上角标注原子的质量数，左下角标注原子的质子数。例如，$^{23}_{11}Na$表示钠原子（Na）的质量数为23，质子数为11，所以其中子数为23−11=12，核外电子数为11。当钠原子（Na）失去1个电子变为+1价的阳离子钠离子（Na^+）时，钠离子（Na^+）的质量数为23，质子数为11，中子数为12，核外电子数为10。钠原子（Na）和钠离子（Na^+）的区别在于核外电子数的不同。

你能类似地表达$^{37}_{17}Cl$及Cl^-的质量数和微观粒子数吗？

3.1.3 同位素

我们知道，具有相同核电荷数（即质子数）的同一类原子称为**元素**。也就是说，同种元素的质子数是相同的，那么，它们的中子数是否相同呢？科学研究证明，它们不一定相同。

例如，我们发现自然界中有三种不同的氢原子：氕（^1_1H）、氘（^2_1H）、氚（^3_1H）。这三种原子的核内都只有1个质子，核外都只有1个电子，不同的是核内所含的中子数不一样：氕原子核内没有中子，氘原子核内有1个中子，氚原子核内有2个中子。因此，氕、氘、氚的质量数也不同，分别为1、2、3。我们可用化学符号^1_1H、^2_1H、^3_1H来表示氕、氘、氚这三种不同的氢原子。

氕、氘、氚的原子核所带的核电荷数一样，它们属于同一种元素——氢元素，它们原子核内的质子数相同，但中子数不同，原子的质量数也不同，所以不属于同一种原子。像这种具有相同质子数和不同中子数的同一种元素的原子互称为**同位素**。

大多数天然元素都有同位素。上述^1_1H、^2_1H、^3_1H是氢的三种同位素，其中^2_1H和^3_1H是制造氢弹的原料。碳元素有$^{12}_6C$、$^{13}_6C$、$^{14}_6C$三种同位素，其中$^{12}_6C$是作为原子量基准的碳原子，通常也叫碳-12；基于碳-14的放射性和长半衰期，科学家发明了碳-14年代测定法，广泛用于考古研究。碘也有多种同位素，其中碘-125、碘-131广泛用于医学检查及治疗中。

由于同位素不同原子的核电荷数（质子数）相同，即它们的核外电子数也相同。而决定元素化学性质的主要因素是核外电子数，故同一元素各同位素的化学性质几乎完全相同。

3.1.4 元素的原子量

由于原子的质量很小，用千克、克或毫克等表示很不方便，所以化学家提出了用原子质量单位的概念，以一个碳-12（含有6个质子和6个中子的碳原子）原子质量的1/12为单位，来表示原子的质量。也就是说任何一个原子的真实质量跟一个碳-12原子质量的 $\frac{1}{12}$ 的比值，称为该**原子的原子量**。例如，一个碳-12原子的质量是 1.993×10^{-23} g，它的 $\frac{1}{12}$ 是 1.661×10^{-24} g，而一个氧原子 $^{16}_{8}O$ 的质量是 2.656×10^{-23} g，所以，一个氧原子 $^{16}_{8}O$ 的原子量是

$$\frac{2.656 \times 10^{-23} \text{ g}}{1.661 \times 10^{-24} \text{ g}} = 15.990 \approx 16$$

以上是一个原子原子量的计算，但是同种元素常常会有互称为同位素的不同原子，而每种同位素原子又有不同的质量，那么，某元素的原子量又该如何获得呢？答案是通过"加权平均"即按照元素不同同位素在自然界的质量占比（称为原子百分率）来取平均值，具体是：

元素的原子量是它的各种同位素的原子量，根据其所占的原子百分率（即同位素丰度）计算而得的平均值。例如，元素氯（Cl）在自然界含75.76%的 $^{35}_{17}Cl$ 原子和24.24%的 $^{37}_{17}Cl$ 原子，则氯元素的原子量为：

$^{35}_{17}Cl$ 的原子量 × 75.76% + $^{37}_{17}Cl$ 的原子量 × 24.24%

$= 34.97 \times \frac{75.76}{100} + 36.97 \times \frac{24.24}{100} = 35.45$

以上的计算举例有助于你更好地理解元素的原子量的概念。在进行化学计算时，我们会直接通过"元素周期表"或"元素原子量表"查得元素的原子量。如果一

上网查阅

通过上网查阅，回答以下问题：

汞被联合国环境规划署列为全球性污染物（见图3.2），是除了温室气体外唯一一种对全球范围产生影响的化学物质。试评价汞的"功"与"过"，并提出生产生活中使用汞时的注意事项。

图3.2　日本水俣病的慰灵碑提醒人们重金属汞污染水体带来的恶果

种元素有两种或两种以上的天然同位素（事实上大多数元素如此），则元素的原子量是各同位素原子量的加权平均值，不同于任何一个同位素原子的原子量，但会接近于原子百分率最大的那个同位素原子的原子量。

 思考与练习

3.1　试判断以下描述是否正确。
　　a. 质子比电子更重
　　b. 电子非常小，不带电荷
　　c. 原子核包含其所有的质子和中子
　　d. 中子不带电荷
　　e. 1个原子的质量主要集中在原子核

3.2　填表并说明编号为c、d的原子是什么关系。

编号	原子	核电荷数	电子数	中子数
a.	$_6^{12}C$			
b.			10	12
c.	$_{92}^{234}U$			
d.			92	143

3.3　举例说明为什么原子的种类远比元素的种类多。

3.4　以下微粒互为同位素的是：
　　a. $_1^2H_2O$ 和 H_2O　　　　b. $_1^2H_2$ 和 H_2
　　c. $_1^1H$ 和 $_1^3H$　　　　　d. Q_2 和 O_3
　　e. $_{12}^{26}Mg$ 和 $_{12}^{24}Mg$　　f. $_{17}^{35}Cl$ 和 $_{17}^{35}Cl_2$

3.5　指出以下原子的质子数、中子数和电子数。
　　a. $_{13}^{27}Al$　　　　　　　b. $_{24}^{52}Cr$
　　c. $_{16}^{34}S$　　　　　　　d. $_{35}^{81}Br$
　　e. $_{14}^{26}Si$　　　　　　　f. $_{30}^{70}Zn$

3.6　元素周期表上查得碳（C）是12.01，这是指碳的：
　　a. 质量数　　　　　　b. 原子量
　　c. 同位素原子量　　　d. 平均原子量

3.7　根据构成原子的各种微粒之间的关系，求质量数为19、核电荷数为9的氟原子的核外电子数、质子数和中子数。

3.2 原子核外电子的运动状态和排布

电子是一种微观粒子，在原子核外微小的空间内做高速运动，其运动规律与宏观物体不同，没有确定的方向和轨道。量子力学理论表明，我们不可能同时准确地测定出电子在某一时刻所处的位置和运动速度，也不能描画出它的运动轨迹。它具有自己特殊的运动规律。现代科学采用统计的方法，对一个电子多次的行为和多个电子的一次行为作总的研究，可以统计出电子在核外空间单位体积中出现概率的大小。为了形象化，科学家用疏密的小黑点表示电子在核外空间各区域单位体积内出现的概率，密处表示电子出现的概率密度大，疏处表示电子出现的概率密度小。电子在核外空间的一定范围能经常出现，就犹如一团带负电的云笼罩在原子核的周围，人们形象地称之为电子云。电子云其实就是一种概率云。图3.3是在通常情况下氢原子的电子云示意图。

学习目标

- 能写（画）出第1～20号元素的原子结构示意图及电子式。
- 能列举原子核外电子的排布规律。
- 能运用元素的原子电子层结构与元素性质的关系。

3.2.1 电子能级

每个在原子核外的电子都有自己的能量，由于电子处于不同区域或状态时能量不同，也就是说其能量大小不是连续而是呈阶梯式变化的，所以每一个能量状态成为一个能级，具有相同能量的电子会处于同一能级。电子离核越近，能量越低；相反，离核越远，能量就越高。电子的能级依次用$n=1$，$n=2$，$\cdots$，$n=7$，或依次用K，L，M，N……表示，n值越大，电子离核越远，能级越高；反之亦然。即$n=1$（或K层），称为第1电子层，电子离核最近，能级最低；$n=2$（或L层），称为第2电子层，以此类推。

原子核外电子的能级状态可以打比方，如图3.4所示的书架一样。第一层能量最低，接下来是第二层，以此类推。当我们往书架上放书时第一层需要的能量最少，接下来是第二层，依次往上，需要的能量越来越大。同时，我们不可能把书放在两层之间，类似地，核外电子的能量也是有层级的，不可能有两个能级之间的任何能量状态。但不像书架各层高低基本一致，核外电子在第一和第二能级之间相差很大，离核越远能级越高，级差

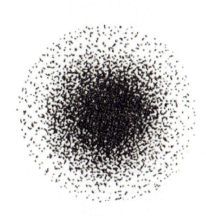

图3.3 氢原子的电子云示意图

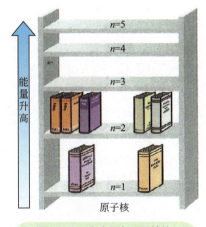

图3.4 一个电子在原子核外只能处于某一能级

会越来越小。另一个不同是,能级越低,所容纳的电子越少。

3.2.2 电子排布规律

多电子原子的核外电子排布是有一定规律的。仔细阅读下面两张表格,从表3.2和表3.3中,我们可以归纳出核外电子排布的规律:

表3.2 元素原子的电子层排布

核电荷数	元素名称	元素符号	各电子层的电子数			
			K	L	M	N
1	氢	H	1			
2	氦	He	2			
3	锂	Li	2	1		
4	铍	Be	2	2		
5	硼	B	2	3		
6	碳	C	2	4		
7	氮	N	2	5		
8	氧	O	2	6		
9	氟	F	2	7		
10	氖	Ne	2	8		
11	钠	Na	2	8	1	
12	镁	Mg	2	8	2	
13	铝	Al	2	8	3	
14	硅	Si	2	8	4	
15	磷	P	2	8	5	
16	硫	S	2	8	6	
17	氯	Cl	2	8	7	
18	氩	Ar	2	8	8	
19	钾	K	2	8	8	1
20	钙	Ca	2	8	8	2

表3.3 稀有气体元素原子的电子层排布

核电荷数	元素名称	元素符号	各电子层的电子数					
			K	L	M	N	O	P
2	氦	He	2					
10	氖	Ne	2	8				
18	氩	Ar	2	8	8			
36	氪	Kr	2	8	18	8		
54	氙	Xe	2	8	18	18	8	
86	氡	Rn	2	8	18	32	18	8

① **原子核外电子总是优先排布在能量较低的电子层**。当能量低的电子层排满后，依次排布于能量逐渐升高的电子层中。也就是说核外电子先排在K层，K层排满后，再排布在L层，L层排满后，则排布M层……，依此类推。

② **每层所能容纳的最多电子数为$2n^2$个**。即K层（$n=1$）为2个，L层（$n=2$）为8个电子，M层（$n=3$）为18个电子（见图3.5）。

③ **最外层电子数不超过8**（K层为最外层时，则不超过2个）。

④ **次外层电子数不超过18，倒数第三层电子数不超过32**。

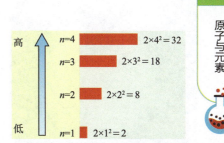

图3.5 不同电子层可排布电子数不同

金属元素原子最外层电子数比较少，在化学反应中容易失去这些电子使次外层变为最外层，达到稳定结构；反之，非金属元素原子最外层电子数比较多，反应时容易得到电子使最外层达到8个电子稳定结构；而稀有气体原子最外层已达稳定结构，它们既不易失去电子，也不易得到电子，所以化学性质很稳定。

3.2.3 原子结构示意图与电子式

原子的核外电子排布可以用原子结构示意图表示。

用小圆圈表示原子核、圆圈内的"+"表示核电荷数，弧线表示电子层、弧线上的数字表示该电子层上的电子数。图3.6是镁的原子结构示意图。

图3.6 镁的原子结构示意图

元素的化学性质主要由原子的最外层电子数决定，我们常用小黑点（或×）围绕在一个元素符号周围，来表示该元素原子的最外层电子。这种图式称为电子式。例如：

氢 H·   氧 ·Ö·   钠 Na·

 链接

化学与环境——节能荧光灯

紧凑型荧光灯（CFL, compact fluorescent light）正在逐步取代白炽灯而进入千家万户。与普通白炽灯相比，

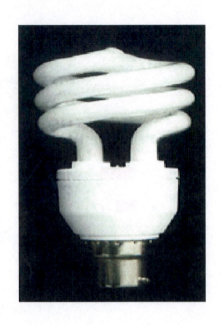

CFL更省电且具有更长的使用寿命。虽然价格较高，但大概使用20天省下的电费就可以抵扣其高出的价格。

白炽灯的工作原理是电流通过灯泡里的钨（W）丝时产生热量，螺旋状的灯丝不断将热量聚集，使得灯丝的温度达约2300℃以上，灯丝处于白炽状态时，就像烧红了的铁能发光一样而发出光来。

CFL的工作原理与白炽灯不同。灯管内主要气体为氩气及少量的汞（Hg）蒸气。通电时，电子在两极之间运动时碰撞到混合气体中的汞（Hg），汞（Hg）原子核外电子从碰撞中吸收能量后从低能级跃迁至高能级，处于高能级的电子不稳定又很快回落到低能级，同时释放出紫外线。这些紫外线被灯管内表面的荧光物质吸收后释放出了为我们照明的可见光。

荧光灯的节能优势非常明显。20瓦（W）CFL的光照强度与75瓦的白炽灯一样，但其用电节省了70%。通常白炽灯的使用寿命是1～2个月，而紧凑型荧光灯的使用寿命可达1～2年。CFL的不足是灯管中有汞（Hg）蒸气。一个灯管中约有4mg的汞（Hg），只要灯管完好无损就不会有汞（Hg）蒸气泄漏。但是用过的荧光灯不能随便丢弃，一定要专门回收，否则会给环境带来汞（Hg）污染。

 上网查找

人类对原子结构的认识经历了哪几个主要历史阶段？每个历史阶段的主要人物和主要事件是什么？

 思考与练习

3.8 写出下列原子的结构示意图和电子式：

a. C　　　b. Xe　　　c. K　　　d. Si
e. He　　　f. N　　　g. S　　　h. Na
i. Cl

3.9 填表。

粒子	原子序数	核内质子数	核外电子数	是否达到稳定结构
Al				
Ar				
O				
Na^+				

3.10 根据以下原子核外电子的排布情况，确定原子，写出其元素符号。

核外电子能级

编号	K	L	M	N
a.	2	1		
b.	2	8	2	
c.	1			
d.	2	8	7	
e.	2	6		

3.11 根据以下原子核外电子的排布情况，确定原子，写出其元素符号。

核外电子能级

编号	K	L	M	N
a.	2	5		
b.	2	8	6	
c.	2	4		
d.	2	8	8	1
e.	2	8	3	

3.12 下列原子结构示意图和电子式写的对吗？如有错，应如何改正？

a. (+9) 2 8 氟原子 b. (+4) 2 4 氮原子 c. ×Ca· 钙原子 d. :Cl× 氯原子

3.13 某元素 R^{2+} 核外有23个电子，质量数为55，则R原子核内有多少个中子？

3.3 元素周期表

早在十九世纪，随着人们发现越来越多的元素，科学家就在思考这些元素之间有没有内在联系？是否可以把它们分类编组进入一个系统呢？在这个过程中，先后有德国化学家德贝莱纳、迈耶尔及英国化学家纽兰兹

学习目标

- 能用元素周期表来确认元素所在的周期和族，并能判断该元素的基本属性是属于金属、非金属还是准金属。

基于原子量及元素性质的相似性等先后提出了"三元素""六元素"及"八元素"观点。1872年，俄国化学家门捷列夫在前人的基础上，继续探索化学元素之间最根本的规律，将60种元素按照原子量的大小及相似的化学性质进行排序，形成了《根据元素的原子量及其相似的化学性质制定的元素系统表》，这便是元素周期表的早期雏形。以后经过不断地研究和修正，元素周期表就发展成了现在的形式，目前，已发现的118种元素都在元素周期表中有自己的位置。

3.3.1　元素周期表的结构

把核电荷数为1～18的元素按原子序数递增的顺序从左到右排成横行，并按电子层数递增的顺序由上而下排成列，就可以得到如图3.7所示的一部分元素周期表。

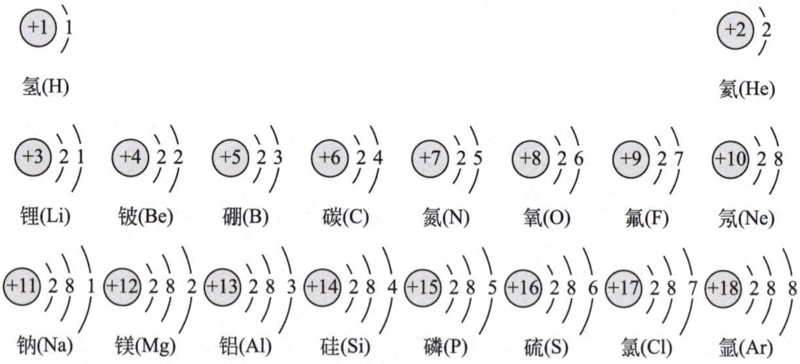

图3.7　元素周期表的一部分（1～18号元素）

按照上述编排原则，把100多种元素中的电子层数相同的各种元素，按原子序数依次递增的顺序从左到右排成行，再把不同行中最外电子层的电子数相同的元素按电子层数递增的顺序由上而下排成列，即可得到最常见的元素周期表（见书后）。

（1）周期

元素周期表共有7个行，每一行的电子层数相同，为一个周期，周期的序数就是该周期中元素原子具有的电子层数。

各周期中元素数目不尽相同。第一周期只有2种元素；第二、三周期各有8种元素；第四、五周期各有18种元素；第六周期有32种元素。第一、二、三周期称为**短周期**，第四、五、六、七周期称为**长周期**。

（2）族

元素周期表有18个列。其中，第八、九、十列称为第Ⅷ**族**，其余15列，每一列为一族。由短周期元素和长周期元素共同组成的族称为**主族**，用ⅠA、ⅡA……依次表示第一主族、第二主族等各主族；完全由长周期元素构成的族称**副族**，用ⅠB、ⅡB……依次表示第一副族、第二副族等各副族；元素周期表的最后一列（稀有气体元素）为0族。图3.8为元素周期表的结构骨架。

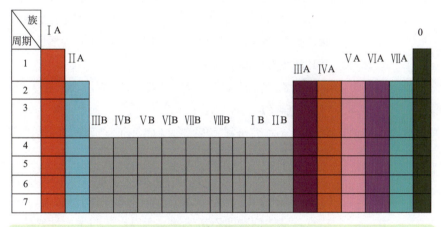

图3.8　元素周期表结构骨架

3.3.2　几类主族元素

在元素周期表中，有几族元素因其鲜明的特性而有专门的名称。第一主族（ⅠA）的锂（Li）、钠（Na）、钾（K）、铷（Rb）、铯（Cs）及钫（Fr）称为**碱金属**元素（见图3.9），它们的单质具有金属光泽、良好的导电性及导热性，熔点低，很软，是非常活泼的金属，易与氧气及水发生化学反应。虽然氢（H）元素是ⅠA族的第一个元素，但其性质与本族的其他元素差异非常大，所以它不属于碱金属元素。

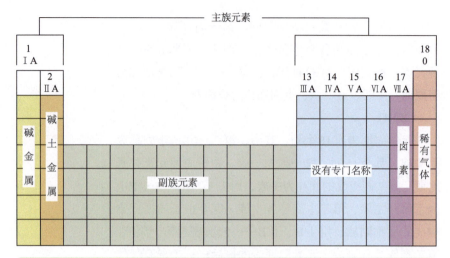

图3.9 一些主族元素有它们的专门名称

第二主族（ⅡA）元素铍（Be）、镁（Mg）、钙（Ca）、锶（Sr）、钡（Ba）及镭（Ra）称为**碱土金属**元素，类似于碱金属，碱土金属也具有典型的金属性，只是其活泼性稍逊于碱金属。

卤素是指ⅦA族的所有元素：氟（F）、氯（Cl）、溴（Br）、碘（I）、砹（At）和䃼（Ts）。卤素是典型的非金属元素，尤其是氟（F）、氯（Cl）非常活泼，易与很多其他元素结合形成化合物。

0族的氦（He）、氖（Ne）、氩（Ar）、氪（Kr）、氙（Xe）、氡（Rn）和鿫（Og）称为**稀有气体**元素，它们的特点是"惰性"即不活泼性，所以也曾叫做惰性气体元素。它们主要以单原子气体存在，在自然界未发现它们的化合物，只有一些在实验室合成了极少的相关化合物。

3.3.3 金属、非金属及准金属

在已发现的元素中，大约有五分之四是金属元素，它们都位于周期表的左下部（左边只有氢属于非金属元素）。较少的非金属元素主要集中在元素周期表的右上角三角区内（见图3.10），它们的中文名称从"石""气"或"氵"的偏旁。处于非金属三角区边界上的元素兼有金属和非金属的特性，也称"半金属"或"准金属"。

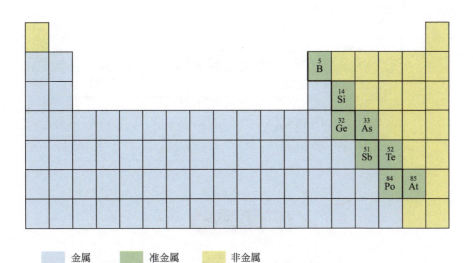

图3.10 金属、非金属及准金属在周期表中的分布

一般来讲，**金属**有光泽、有延展性，比如铜（Cu）、金（Au）、银（Ag），是电和热的良导体。它们的熔点通常高于非金属，除了汞（Hg）之外，所有金属在常温下是固体。

非金属一般没有特别的光泽，没有延展性，不能导电导热，熔点低，密度低。典型的非金属有氢（H）、碳（C）、氮（N）、氧（O）、氯（Cl）及硫（S）等。

除了铝之外，沿着如图3.10中Z形的两侧的元素都是**准金属元素**：硼（B）、硅（Si）、锗（Ge）、砷（As）、锑（Sb）、碲（Te）、钋（Po）及砹（At）。准金属的性质介于金属和非金属之间，比如它们的导电性、导热性比非金属强，但不及金属，大都是半导体材料。以银（Ag）、锑（Sb）、硫（S）为例，将金属、准金属及非金属的性质比较列于表3.4。

表3.4 金属、准金属及非金属的性质比较

银（Ag）	锑（Sb）	硫（S）
金属	准金属	非金属
有光泽	青灰色，有光泽	黄色，无光泽
延展性	脆性	脆性
能锻压成薄片	锻压会导致碎裂	锻压会导致碎裂
热和电的良导体	导电、导热性差	绝缘体

续表

银（Ag）	锑（Sb）	硫（S）
用于制造钱币，餐具，首饰	用于增加合金硬度，为玻璃、塑料着色	用于制造火药、橡胶、抗真菌制剂
密度10.5g/cm³	密度6.7g/cm³	密度2.1g/cm³
熔点962℃	熔点630℃	熔点113℃

思考与练习

3.14 根据以下描述，确定其所属的周期或族。

a. 包含元素C、N、O

b. 以He元素开头

c. 碱金属

d. 以Ne结尾

3.15 根据以下描述，确定其所属的周期或族。

a. 包含元素Na、K、Rb   b. 以Li元素开头的一行

c. 稀有气体   d. 包含元素F、Cl、Br、I

3.16 通过连线回答以下元素所属类别。

元素	类别	元素
Ca	碱金属	Ne
Fe	碱土金属	Br
K	副族元素	Mg
Xe	卤素	Cu
Cl	稀有气体	Ba

3.17 根据以下描述，写出元素符号。

a. 第二周期，第ⅣA族

b. 第一周期，稀有气体

c. 第三周期，碱金属

d. 第四周期，第ⅡA族

e. 第三周期，第ⅢA族

f. 第二周期，碱土金属

g. 第四周期，稀有气体

h. 第五周期，卤素

3.18 填表说明各元素属于金属元素、非金属元素还是准金属元素。

元素	金属	非金属	准金属
Ca			
S			
Br			
有光泽			
在常温下其单质为气体			
Te			
Ag			
在ⅡA族			
导电性很好			
Cl			
As			
Te			
其单质没有光泽			

3.4 元素周期律

原子核外电子排布对元素的物理性质和化学性质有重要影响。接下来，我们就看原子核外电子排布与原子半径及元素的性质的周期性变化及其相互关系。

3.4.1 族数与最外层电子数

主族元素的化学性质主要取决于其原子最外层的电子数，元素周期表中的主族元素族序数与原子最外层电子数一致。即

$$主族数 = 最外层电子数$$

也就是说，同一主族元素原子的电子层数不同，但最外层电子数相同。比如，第ⅠA族的氢（H）和碱金属（Li, Na, K, Rb, Cs, Fr），它们原子的最外层电子数都是1，第ⅡA族碱土金属（Be, Mg, Ca, Sr, Ba, Rb），它们原子的最外层电子数都是2，……，第ⅦA族卤素（F, Cl, Br, I, At），它们原子的最外层电子数

学习目标

- 能说明原子核外电子排布与元素周期表的关系。
- 能按原子核外电子的排布解释原子半径、电离能及元素金属性的周期性变化规律。

都是7。

周期数与原子核外电子层数

元素所在的周期序数与其原子核外电子排布的层数一致，即

$$周期数=核外电子层数$$

也就是说对于主族元素，同一周期元素原子的最外层电子数不同，但电子层数相同。比如，第一周期的氢（H）和氦，它们原子的核外电子均排在第一层，第二周期元素（Li，Be，B，C，N，O，F，Ne），它们原子最外层电子依次从1到7，但均在第二层……，以此类推，你应该知道第三、第四及以后各周期元素原子核外分别排了几层电子。

完成表3.5中各元素原子的电子式，将会强化你对元素在周期表中的位置与原子结构之间关系的理解。

最外层电子数增加 →

表3.5　第一～四周期主族元素的电子式

	族序数						
	ⅠA	ⅡA	ⅢA	ⅣA	ⅤA	ⅥA	ⅦA	0
最外层电子数	1	2	3	4	5	6	7	2/8
电子式	H							He
	Li	Be	B	C	N	O	F	Ne
	Na	Mg	Al	Si	P	S	Cl	Ar
	K	Ca	Ga	Ge	As	Se	Br	Kr

↓ 最外层电子数相同

3.4.2　原子半径

原子的大小可以用"原子半径"来描述，原子越大，其半径就越大。

同一主族，从上到下，原子半径逐渐增加。这是因为原子半径的大小主要取决于电子层数，随着元素原子电子层数逐渐增加，原子核对外层电子的吸引力越来越小，所以原子半径逐渐增加。例如，在第一主族，Li核外有2层电子，Na核外有3层电子，K核外有4层电子。所以K原子比Na原子大，Na原子又比Li原子大（见图3.11）。

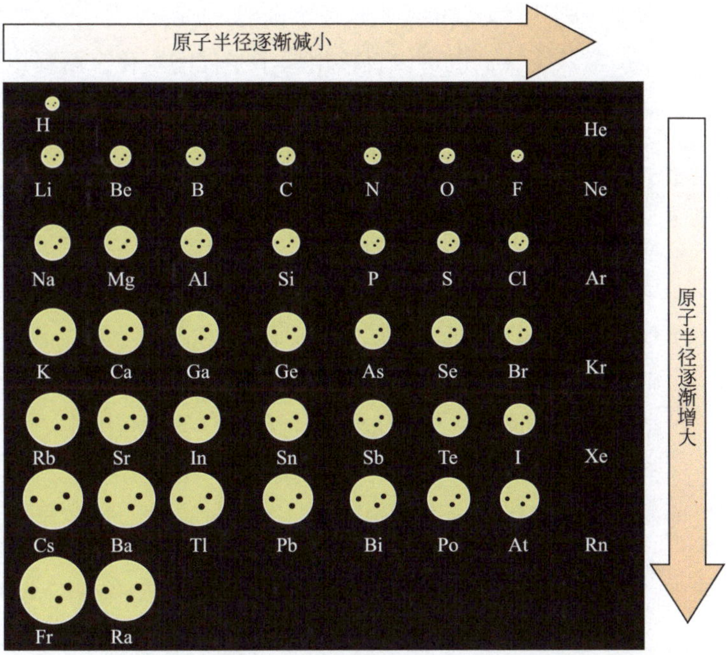

图3.11 元素原子半径随周期及主族发生周期性变化

同一周期，从左到右，原子半径依次减小。这是因为同一周期中，主族元素原子的电子层数相同，随着原子序数增大，原子的核电荷数增多，原子核对外层电子的吸引力越来越大，因而原子半径会逐渐减小。

3.4.3 电离能

在一个原子中，外层带负电的电子受到带正电的原子核的吸引，所以当原子最外层的电子离开原子时需要一定的能量，在一定条件下的该能量叫电离能。即一个中性原子吸收一定的电离能后，一个最外层电子从原子中离开，形成了带一个正电荷的阳离子。例如，

$$Na(g) + 能量(电离) \longrightarrow Na^+(g) + e^-$$

同一主族，从上到下，电离能逐渐降低。这是因为随着元素原子电子层数的增加，最外层电子离核越来越远，因此受到原子核的吸引力就越来越小，离开时需要的能量也就越来越小。

同一周期，从左到右，电离能逐步增大。原因是，同一周期元素原子的电子层数相同，随着原子序数的增加，核电荷数增加，最外层电子受到的吸引力因此逐渐

Li原子

Na原子

K原子

图3.12 ⅠA族元素原子半径变化趋势与电离能变化趋势刚好相反

增大,离开时需要的能量也就逐渐增大。

当然,我们也可以直接用原子半径的变化来解释电离能的变化(见图3.12)。

电离能的大小与原子电子层数密切相关。比如,第一周期的H和He都具有很大的电离能,这是因为其核外只有一层电子,原子核对核外电子吸引力很大,电子要离开原子就需要很高的能量。He的电离能在所有元素中最大,不仅因为其电子层数少,还因为它已经形成了满电子层的稳定结构,要使一个电子离开、破坏这种稳定结构就需要格外多的能量。所有稀有气体元素的电离能都比较大也说明了它们核外的电子排布相当稳定。

一般来讲,金属的电离能比较低,而非金属的电离能相对比较高(见图3.13)。

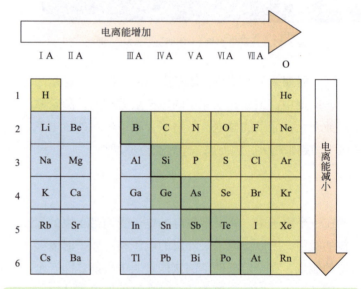

图3.13 电离能随周期及主族发生周期性变化

3.4.4 金属性

我们在前面讲过,每一种元素都在元素周期表中有自己的位置。在元素周期表中,金属、非金属及准金属元素分别集中排列在周期表中。

元素的金属性表示元素原子失去电子能力的强弱,元素的非金属性表示元素原子获得电子能力的强弱。从结构上讲,原子核对外层电子的吸引力越弱,其电子就越易失去，金属性就越强；相反，原子核对外层电子的吸引力越强，其自身的电子就越难失去，而容易获得电子，非金属性就越强。

同一周期，从左到右，元素的金属性减弱，非金属性增强。这是因为同一周期元素原子核外电子层数相同，随着核电荷数的增加，核对外层电子的吸引力逐渐增强，因此原子失电子的能力减弱，得电子能力增强，即元素的金属性减弱，非金属性增强。

同一主族，从上到下，元素的金属性增强，非金属性减弱。这是因为随着原子核外电子层数的增加，核对外层电子的吸引力逐渐减弱，因此原子失电子的能力增强，而得电子的能力减弱，即元素的金属性增强，非金属性减弱（见图3.14）。

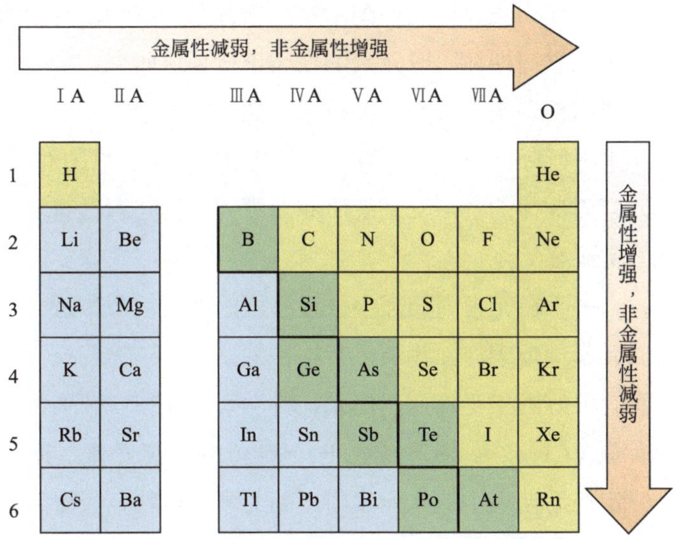

图3.14 元素金属性随周期及主族发生周期性变化

表3.6总结了元素原子最外层电子数、原子半径、电离能及金属性的周期性变化规律。

表3.6 主族元素性质周期性变化规律总结

性质	同一主族从上到下	同一周期从左到右
最外层电子数	相同	增加
原子半径	**增大**，因为电子层增加	**减小**，因为核对外层电子的吸引力增加

续表

性质	同一主族从上到下	同一周期从左到右
电离能	**降低**，因为最外层电子离核越来越远，受到核的吸引越来越小	**增加**，因为核对外层电子的吸引力增加，电子离去变得越来越困难
金属性	**增加**，因为最外层电子离核越来越远，受到核的吸引越来越小	**减弱**，因为核电荷数依次增加，核对最外层电子的吸引力越来越大

3.4.5 元素周期表的应用

元素周期表是元素周期律的具体表现形式。

元素周期表是学习和研究化学的重要工具。俄国化学家门捷列夫曾用它预测未知元素并获得成功。科学家基于元素周期律，对元素的性质进行系统研究，推动了物质结构理论的发展；根据元素性质的周期性变化，对元素进行分类研究，推测元素及其单质、化合物的性质。元素周期律的学习对系统研究元素化合物知识具有重要的实践意义。

由于在元素周期表中位置靠近的元素性质相近，所以元素周期表对新物质、新材料的研发、矿物的找寻等具有很好的指导作用。比如，科学家发现在农药中常含有氯（Cl）、硫（S）、磷（P）、砷（As）等元素，所以锁定在周期表中这些元素附近的元素化合物，找寻、合成、筛选对人畜安全的高效农药。类似地，人们在金属和非金属的分界线附件寻找半导体材料；在副族及第八族（Ⅷ）中寻找催化剂，以及耐高温、耐腐蚀的合金材料。

元素性质、原子结构及元素在周期表中的位置，三者之间有密切的内在联系。我们可以根据元素在周期表中的位置，推测它的原子结构和有关性质，也可以根据原子结构来推测它在周期表中的位置及有关性质。元素周期律和元素周期表是从事化学、物理学、生物学及地球化学等学科学习和研究工作者的重要工具。

思考与练习

3.19 指出以下元素所在的族及其原子最外层的电子数。
a.N　　　b.O　　　c.Cl
d.Ba　　 e.Br　　 f.Ar
g.Si　　 h.Sn　　 i.B

3.20 写出以下元素的电子式及其所在的族。
a.硫　　 b.钙　　 c.钠
d.镓　　 e.碳　　 f.氧
g.氖　　 h.铝　　 i.氟

3.21 请按原子半径降低的顺序排列以下元素。
a.Al　Si　Mg　　　　b.Cl　I　Br
c.Sr　Sb　I　　　　　d.P　Si　Na
e.Cl　S　P　　　　　f.Ge　Si　C
g.Ba　Ca　Sr　　　　h.Se　S　O

3.22 比较下列每对原子的大小。
a.Na 与 Cl　　　　　b.Na 与 Mg
c.S 与 O　　　　　　d.S 与 Mg

3.23 请按电离能降低的顺序排列以下元素。
a.Al　Si　P　　　　 b.Na　Cl　Al
c.Na　K　Cs　　　　 d.Mg　Ca　Sr

3.24 请按金属性减弱的顺序排列以下元素。
a.Mg　Na　Al　Si　　b.Br　Ge　Ga　Ca
c.Li　K　Rh　Cs　　 d.Be　Mg　Ca　Ba

3.25 填空
a.Li 原子比 Na 原子体积更____，电离能更____。
b.Ca 原子比 Ga 原子体积更____，电离能更____。
c.Mg 原子比 K 原子体积更____，电离能更____。

3.26 下列哪种元素可能是金属？

元素	元素的原子序数
a.	8
b.	10
c.	12
d.	17

Chapter 3
第3章
原子与元素

3.27 元素X原子序数是9，下列哪一原子序数的元素与X具有相似的化学性质？
 a.1　　　b.8　　　c.17　　　d.18

3.28 在元素周期表中，在金属和非金属元素分界线（即Z字线）能找到：
 a.制半导体的元素　　b.制催化剂的元素
 c.制农药的元素　　　d.制耐高温合金的元素

3.29 下列说法中，错误的是：
 a.第ⅠA族元素都是活泼的金属元素
 b.第ⅡA族元素形成单质，常温下都是固体
 c.第ⅣA族元素中有金属元素，也有非金属元素
 d.第ⅦA族元素称为卤素

3.30 下列说法哪些是正确的？
 在第二周期中，非金属元素比金属元素
 a.原子半径大　　　b.电离能高
 c.质子数多　　　　d.最外层电子数多

本章小结

3.1 原子的构成与同位素

学习目标：能描述质子、中子、电子在原子中的位置及电性；能说明原子、元素、同位素之间的联系与区别，以及原子量的含义；能根据原子的核电荷数及质量数，确定该原子的质子数、中子数及核外电子数。

原子由原子核及高速运动的核外电子组成，原子核又由质子和中子组成。原子是电中性的，1个质子带1个单位的正电荷，1个电子带1个单位的负电荷，中子不带电。原子序数=核电荷数=核外电子数。同种元素可以有不同类别的原子，这些同种元素的不同原子质子数相同、中子数不同，彼此间互称同位素。原子的质量数=质子数+中子数，元素的原子量是它在自然界中存在的各种同位素的原子量×原子百分率（即同位素丰度）之和。

3.2 原子核外电子的运动状态和排布

学习目标：能写（画）出第 1～20 号元素的原子结构示意图及电子式；能列举原子核外电子的排布规律；能运用元素的原子电子层结构与元素性质的关系。

原子结构示意图形象地表示了原子核外电子按能级从低到高依次进行排布，每一层最多能容纳 $2n^2$ 个电子，而且最外层不超过 8 个电子、次外层不超过 18 个电子、倒数第三层不超过 32 个电子。元素的化学性质主要取决于最外层电子数，电子式直观地表示了原子最外层的电子数。

3.3 元素周期表

学习目标：能用元素周期表来确认元素所在的周期和族，并能判断该元素的基本属性是属于金属、非金属还是准金属。

元素周期表是按元素原子序数依次增加排列而成的一张表。共七个周期，同一周期元素原子的电子层数相同，电子层数即为周期数。把周期表的列称为族，族有主族和副族。同一主族元素原子的最外层电子数相同，性质相似。第ⅠA族元素（除氢之外）称为碱金属，第ⅡA族元素称为碱土金属，第ⅦA族元素称为卤素，第0族元素称为稀有气体。金属占元素的绝大多数，分布在周期表的左下部分，非金属分布在周期表的右上角三角区，金属与非金属的交界处分布的是准金属。

3.4 元素周期律

学习目标：能说明原子核外电子排布与元素周期表的关系；能按原子核外电子的排布解释原子半径、电离能及元素金属性的周期性变化规律。

同一主族元素的化学性质相似，主要原因是这些元素原子的最外层电子数相同。同一主族，从上到下，原子核外电子层数逐渐增加，原子半径逐步增大，电离能逐步减小，金属性逐渐增强，非金属性逐渐减弱。同一周期，从左到右，原子核外电子层数不变，随着核电荷数的增加，原子半径逐渐减小，电离能逐渐增大，金属性逐渐减弱，非金属性逐渐增强。

概念及应用题

3.31 就以下不同的原子X，回答问题：

$^{16}_{8}X$ $^{16}_{9}X$ $^{18}_{10}X$ $^{17}_{8}X$ $^{18}_{8}X$

a. 哪些原子有相同的质子数？

b. 哪些原子互为同位素？属于哪种元素？

c. 哪些原子具有相同的质量数？

d. 哪些原子具有相同的中子数？

3.32 Cd的原子序数为48，在自然界有8种同位素。你预测是否有同位素的原子质量与元素周期表中镉的原子量一致？为什么？

3.33 指出以下各对原子是否具有相同的质子数、中子数或电子数？

a. $^{37}_{17}Cl$，$^{38}_{18}Ar$

b. $^{36}_{14}Si$，$^{35}_{14}Si$

c. $^{40}_{18}Ar$，$^{39}_{17}Cl$

3.34 根据以下原子核的组成（红色球代表原子，灰色球代表中子），

　A　　　B　　　C　　　D　　　E

a. 写出它们的原子符号（带角标）

b. 指出哪些原子属于同位素？

c. 指出哪些属于金属、非金属或准金属？

3.35 以下图像表示原子K、Ge、Ca和Kr的相对大小，指出A、B、C、D与以上四种原子的对应关系。

　A　　　　B　　　　C　　　　D

3.36 指出以下描述符合Na、Mg、Si、S、Cl及Ar元素中哪种元素的特点或性质？

a. 原子体积最大

b. 碱土金属

c. 卤素

d. 核外电子排布依次2，8，4

e. 在第ⅥA族

f. 金属性最强

g. 电离能最大

3.37 指出以下元素所在的周期和族。
    a. 溴   b. 氩   c. 钾
    d. 氖   e. 砷   f. 碳

3.38 判断以下说法是否正确。

    a. 质子是带负电荷的粒子

    b. 中子比质子重2000多倍

    c. 原子核是原子中最大的部分

    d. 电子与中子带的电荷相同，但电性相反

    e. 质量数就是质子数

3.39 填空

    a. 原子序数就是原子核中的____数

    b. 在一个原子中，电子数等于____数

    c. 原子的质子与中子数之和等于____数

    d. 具有光泽又有良好的导热性的单质是____。

3.40 根据以下元素的原子序数，写出元素的名称和符号。
    a. 28   b. 56   c. 88
    d. 33   e. 50   f. 55
    g. 79   h. 80

3.41 填表

名称	原子符号	质子数	中子数	电子数
	$^{34}_{16}S$			
		28	34	
镁			14	
	$^{220}_{86}Rn$			

3.42 写出以下原子的符号（带角标）。

    a. 该原子有4个质子和5个中子

    b. 该原子有12个质子和14个中子

c. 质量数为46的钙原子

d. 该原子有30个电子和40个中子

e. 有34个中子的铜原子

3.43 画出以下元素的原子结构示意图，并指出其在周期表中的位置。

  a. 氧   b. 钠   c. 氖

  d. 硼   e. 铍   f. 氯

3.44 指出下列各项分别与Li、Be、N或F，哪种元素匹配？

  a. 碱土金属   b. 原子半径最大

  c. 电离能最高   d. 在第ⅤA族

3.45 指出下列各项分别与F、Br、Cl或I，哪种元素匹配？

  a. 原子体积最大   b. 原子体积最小

  c. 电离能最低   d. 失去一个电子最难

  e. 在第四周期

3.46 为什么钙的电离能比钾的高，但比镁的低？

拓展题

3.47 写出X的元素符号、质子数及中子数，并指出哪些原子属于同位素？

  a. $_{17}^{37}X$ b. $_{27}^{56}X$ c. $_{50}^{116}X$

  d. $_{50}^{124}X$ e. $_{48}^{116}X$

3.48 Fe在自然界有4种同位素：$_{26}^{54}Fe$，$_{26}^{55}Fe$，$_{26}^{57}Fe$及$_{26}^{58}Fe$。

  a. $_{26}^{58}Fe$中有多少个质子、中子和电子？

  b. 在自然界中含量最高的是哪种同位素？

  c. $_{26}^{57}Fe$中有多少中子？

  d. 为什么以上任一同位素的原子量都不是55.85？

3.49 根据以下描述，分别写出其元素符号：

  a. 在ⅥA中原子体积最小的元素

  b. 在第三周期中原子体积最小的元素

  c. 在ⅤA中电离能最大的元素

  d. 在第三周期中电离能最低的元素

  e. 在第二周期中金属性最强的元素

3.50 以下说法中错误的是：
   a. 第ⅠA族都是活泼的金属元素
   b. 第ⅡA族元素形成单质，在常温下是固体
   c. 第ⅣA族中有金属元素，也有非金属元素
   d. 第ⅦA族元素形成单质，在常温下有气、固、液三种状态

3.51 已知短周期元素的离子A^{2+}、B^+、C^{3+}、D^{2-}都具有相同的电子层结构，则下列性质比较中正确的是：
   a. 原子半径：A＞B＞D＞C
   b. 原子序数：C＞A＞B＞D
   c. 离子半径：C＞D＞B＞A
   d. 单质的金属性：A＞B＞D＞C

3.52 X元素的原子序数是9，下列哪一原子序数的元素与X具有相似的化学性质？
   a. 1   b. 8
   c. 17   d. 18

3.53 下列关于核外电子排布的叙述，正确的是：
   a. 最外层为8个电子
   b. M层上的电子一定多于L层上的电子
   c. 第n层上最多可容纳$2n^2$个电子
   d. 稀有气体元素原子最外层电子数是所有元素中最多的

3.54 一个Pb原子的质量是$3.4×10^{-22}$g，Pb的密度是11.3g/cm³，那么一个2.00cm³的铅块中含有多少个铅原子？

3.55 如果一个钠原子的直径是$3.14×10^{-8}$cm，那么在长为1.50cm的一根线上能排列多少个钠原子？

3.56 硅是计算机芯片的主要材料，它在自然界中有三种同位素：Si-28（原子质量27.977碳单位，丰度92.23%）、Si-29（原子质量28.976碳单位，丰度4.68%）、Si-30（原子质量29.974碳单位，丰度3.09%）。试计算硅的原子量。

无 机 化 学
（中职阶段）

第 4 章
化合物与化学键

内容提要

4.1 八隅律与离子

4.2 离子化合物

4.3 离子化合物的命名和离子化学式的书写

4.4 多原子离子

4.5 共价化合物

4.6 电负性及键的极性

4.7 分子的形状和极性

4.8 分子间吸引力

在自然界中，元素周期表中大多数元素的原子（或离子）都易与其他元素的原子（或离子）结合成化合物而存在，只有稀有气体原子氦（He）、氖（Ne）、氩（Ar）、氪（Kr）、氙（Xe）、氡（Rn）和Ｏｇ（Og）不易与其他原子结合。通过第2章的学习，我们知道化合物是纯净物，由两种或两种以上元素组成，具有固定的组成。在典型的离子化合物中，一个或多个电子在金属原子与非金属原子之间发生转移，由此产生的作用力叫离子键。

我们每天都会遇到多种离子化合物，当我们做饭或者烘焙时我们会用到离子化合物，如盐（NaCl）或小苏打（$NaHCO_3$）。又如硫酸镁（$MgSO_4$）可以用来浸泡酸痛的脚；氢氧化镁［$Mg(OH)_2$］或碳酸钙（$CaCO_3$），可以用来解决胃部不适；在补充矿物质时，铁可用硫酸亚铁（$FeSO_4$）、碘以碘化钾（KI）和锰以硫酸锰（$MnSO_4$）的形式补充。一些防晒霜中含有氧化锌（ZnO），牙膏中有氟化锡（Ⅱ）（SnF_2），以防止蛀牙。

离子晶体的结构使得宝石熠熠生辉，分外美丽（见图4.1）。蓝宝石和红宝石的主要成分都是氧化铝（Al_2O_3），如果宝石中含有杂质铬，就会形成红宝石；如果含有铁和钛，就会形成蓝宝石。

在非金属化合物中，若原子之间共享两个或多个价电子时，就形成了共价键。共价化合物由分子组成，而分子是由两个或多个原子组成的。如一个水分子（H_2O）由两个氢原子和一个氧原子组成。共价化合物比离子化合物要多得多。许多共价化合物与我们的日常生活息息相关，例如水（H_2O）、氧气（O_2）和二氧化碳（CO_2），还有蔗糖（$C_{12}H_{22}O_{11}$）、酒精（C_2H_6O）、抗生素药物阿莫西林等都是共价化合物。

图4.1 某些金属杂质的存在使得宝石呈现出各种美丽的颜色

学习目标

- 能根据八隅律，写出常见元素单原子离子的离子符号。

4.1 八隅律与离子

化合物是由两个或多个不同元素原子或离子之间形成化学键而形成的。当一种元素的原子失去电子，另一种元素的原子获得电子时，就形成了离子键。离子型化合物通常是由金属元素和非金属元素组成的［见图4.2（a）］。

例如，钠原子失去电子，氯原子获得电子，形成离子化合物 NaCl。共价键是非金属元素的原子之间共享价电子而形成的［见图 4.2（b）］。例如，氮和氯原子共享价电子，形成共价化合物 NCl_3。

大多数元素在自然界中以化合物的形式存在，但稀有气体元素例外。稀有气体元素非常稳定，它们仅在极端条件下形成化合物。对稀有气体元素稳定性的一个解释是：除了氦（He，最外层有 2 个电子）之外，其他元素原子的最外层电子都具有 8 个电子的稳定结构，原子具有获得惰性气体原子电子排布的这种倾向称为**八隅律**。这一原则为我们理解原子之间成键和形成化合物提供依据。

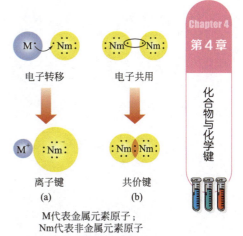

图 4.2　离子型化合物通常是由金属元素和非金属元素组成（a）；共价键是非金属元素的原子之间共享价电子而形成的（b）

4.1.1　阳离子

离子化合物成键时，原子为形成最外层八个价电子的稳定结构即**八隅体结构**，会发生电子的得失或转移，从而形成带有电荷的离子。通过第 3 章的学习我们知道，第ⅠA、ⅡA、ⅢA 族金属元素原子电离能低，所以，金属元素原子容易失去电子，即最外层电子。金属原子失去电子后会形成与其原子序数最接近的稀有气体原子相同的电子排布（最外层通常是 8 个电子，少数为 2 个电子），因为失去了电子，成为一个带正电荷的**离子**。在图 4.3 中，钠（Na）原子失去一个电子后核外有 10 个电子，与氖（Ne）原子核外的电子排布相同，但因为钠离子的核中仍有 11 个质子，整个粒子不再是电中性，而是带有**正电荷**的，即钠原子失去 1 个最外层的电子形成了带有 1 个正电荷的钠离子。对于钠离子，离子电荷是 1+，把电荷数写在元素符号右上角即 Na^+，这就是它的离子符号，称为钠离子。

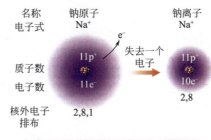

图 4.3　钠离子（Na^+）的形成过程

在离子化合物中，这种带正电荷的金属离子称为**阳离子**，不同的金属元素可能会失去不同数目的最外层电子而形成相应的阳离子，如镁（Mg），第ⅡA 族，会失去 2 个电子形成与稀有气体氖一样的电子排布：Mg^{2+}，称为镁离子。

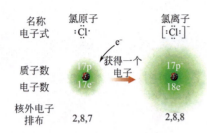

图 4.4 氯离子的形成过程

4.1.2 阴离子

通过第 3 章的学习,我们知道第ⅤA、ⅥA、ⅦA族的非金属元素具有很高的电离能。因此,非金属元素比起失去最外层电子,更易通过得到电子而形成八隅体结构,即形成与其原子序数最接近的稀有气体原子的电子排布,与此同时,非金属元素原子因为获得了电子而变成带有负电荷的离子。如氯原子最外层有 7 个电子,获得 1 个电子后形成与稀有气体氩相同的电子排布,这时它的外层具有 18 个电子而核内具有 17 个质子,所以它不再是中性粒子,而是带有 –1 电荷的氯离子,即 Cl^-,氯离子的形成过程如图 4.4 所示。带有负电荷的离子又称为**阴离子**。典型金属离子与非金属离子见表 4.1。

表 4.1 典型金属离子与非金属离子

主族	阳离子	主族	阴离子
	金属		非金属
ⅠA	Li^+	ⅤA	N^{3-}
	Na^+		P^{3-}
	K^+	ⅥA	O^{2-}
ⅡA	Mg^{2+}		S^{2-}
	Ca^{2+}	ⅦA	F^-
	Ba^{2+}		Cl^-
ⅢA	Al^{3+}		Br^-
			I^-

4.1.3 离子价与元素周期表中族数的关系

在第 3 章的学习中,我们了解到主族元素原子的最外层电子数可以通过其在元素周期表中所在族数判断,因此我们可以根据族数预测原子成为离子后所带的电荷数。如第ⅠA族元素通常失去 1 个最外层电子而形成 +1 价的阳离子,第ⅡA族元素通常失去 2 个最外层电子而形成 +2 价的阳离子,第ⅢA族部分元素通常失去 3 个最外层电子而形成 +3 价的阳离子。

在离子化合物中,第ⅦA族元素通常获得 1 个电子而形成 –1 价的阴离子,第ⅥA族部分元素通常获得 2 个电子而形成 –2 价的阴离子,第ⅤA族少数元素会获得 3 个电子而形成 –3 价的阴离子。形成与其原子序数最接近的稀有气体原子的电子层结构,见图 4.5。

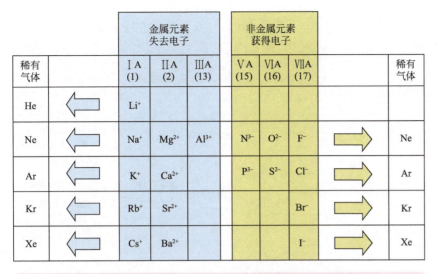

图4.5 常见单原子离子和与其原子序数最接近的稀有气体原子比较

【例题4.1】 比较铝元素和氧元素

1. 这两种元素是金属还是非金属元素？
2. 这两种元素的原子最外层分别有几个电子？
3. 试根据八隅律，判断它们的核外电子会发生怎样的变化？
4. 写出这两种元素形成离子的离子符号和名称。

解：

Al	O
金属元素	非金属元素
最外层有3个电子	最外层有6个电子
易失去3个电子	易获得2个电子
Al^{3+}，铝离子	O^{2-}，氧离子

化学与健康——人体的重要离子

人体中有很多离子，它们对维持和调节机体的生理功能非常重要。香蕉、牛奶、奶酪和土豆等食物是这些离子的主要来源，人体的主要离子及功能见表4.2。

表4.2 人体的主要离子及功能

离子	存在位置	功能	来源	过少的后果	过多的后果
Na^+	细胞外的主要阳离子	体液的调节和控制	盐，奶酪，泡菜	低钠血症、焦虑、腹泻、循环衰竭、体液减少	高钠血症，少尿，口渴，水肿
K^+	细胞内的主要阳离子	体液和细胞功能的调节	香蕉，橙汁，牛奶，梅干，土豆	低钾血症，嗜睡，肌无力，神经衰弱	高钾血症，易怒，恶心，少尿，心脏骤停
Ca^{2+}	细胞外的阳离子；90%的钙在骨骼中以$Ca_3(PO_4)_2$或$CaCO_3$的形式存在	骨的主要阳离子，肌肉收缩必需	牛奶，酸奶，奶酪，蔬菜	低钙，指尖麻刺，肌肉痉挛，骨质疏松症	高钙血症，松弛肌肉，肾结石，骨痛
Mg^{2+}	细胞外的阳离子；人体70%的镁在骨结构中	某些酶的活性所必需，控制肌肉、神经活动	分布广泛（所有绿色植物含叶绿素的部分），坚果，全谷类	定向障碍，高血压，震颤，脉搏缓慢	嗜睡
Cl^-	细胞外的主要阴离子	胃液，体液调节	盐	同Na^+	同Na^+

思考与练习

4.1 写出具有7个质子10个电子的离子的离子符号和名称。

4.2 写出具有20个质子18个电子的离子的离子符号和名称。

4.3 写出钾离子和硫离子的符号。

4.4 请说出下面每个原子必须失去几个最外层电子，以获得稀有气体的电子排布。

  a.Li   b.Ca   c.Ga   d.Cs   e.Ba

4.5 请说出下面每个原子必须得到几个电子，以获得稀有气体的电子排布。

  a.Cl b.Se c.N d.I e.S

4.6 写出具有以下质子数和电子数的离子符号。

  a.3 个质子，2 个电子

  b.9 个质子，10 个电子

  c.12 个质子，10 个电子

  d.26 个质子，23 个电子

4.7 写出具有以下质子数和电子数的离子符号。

  a.8 个质子，10 个电子

  b.19 个质子，18 个电子

  c.35 个质子，36 个电子

  d.50 个质子，46 个电子

4.8 请说出下列元素形成离子时失去或获得的电子数。

  a.Sr b.P c.ⅦA族 d.Na e.Br

4.9 请说出下列元素形成离子时失去或获得的电子数。

  a.O b.ⅡA族 c.F d.K e.Rb

4.10 写出下列元素的单原子离子符号。

  a.氯 b.硫 c.铯 d.镭

4.11 写出下列元素的单原子离子符号。

  a.氟 b.钙 c.钠 d.碘

4.2 离子化合物

离子化合物是由阳离子和阴离子组成的。阴、阳离子之间有强烈的静电作用，这种阴、阳离子之间通过静电作用形成的化学键称为**离子键**。

学习目标

- 根据电荷平衡原则，写出离子化合物的化学式。

4.2.1 离子化合物的性质

NaCl这一离子化合物的理化性质与生成这一物质的钠、氯两种单质本身的性质差别很大。比如Na是一种质地软而有银色光泽的金属，而Cl_2是一种黄绿色有毒气体。但当这两种单质发生反应生成NaCl，即我们生活中的食盐时，这一化合物成为一种坚硬的白色晶体。

NaCl晶体中，每个Na^+被6个Cl^-包围，每个Cl^-也

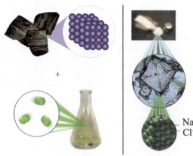

同样被6个Na^+包围,形成立方体形状的规则结构(见图4.6)。这些阴、阳离子之间强烈吸引力使得离子化合物很稳定,有很高的熔点。如NaCl的熔点为801℃,而在室温下,离子化合物通常是固体。

晶体是由大量微观物质单位(原子、离子、分子等)按一定规则有序排列的结构,具有规则的几何外形,有固定的熔点,在熔化过程中,温度始终保持不变。根据构成晶体的粒子种类及粒子之间的相互作用不同,可将晶体分为离子晶体、分子晶体、原子晶体等(见图4.7)。

图4.6 金属钠和氯气可以生成NaCl晶体

4.2.2 离子晶体

离子晶体是离子间通过离子键结合而成的晶体。在离子晶体中不存在分子,只有以离子键相结合的许多阴、阳离子。离子晶体具有以下特性:① 无单个分子存在,如NaCl不表示分子式,因为在NaCl晶体中不存在分子,而是存在许多Na^+、Cl^-,并以离子键相结合(图4.8为NaCl晶体中离子形象的排列方式);② 熔、沸点较高,硬度较大;③ 其水溶液或者熔融状态下均导电;④ 发生物理或化学变化时会破坏其离子键。强碱、大部分盐类、部分金属氧化物是离子晶体。

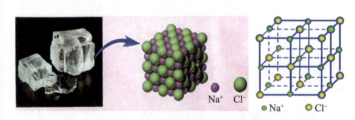

图4.8 NaCl晶体中离子的排列方式

4.2.3 离子化合物的化学式

一个离子化合物的化学式可以告诉我们很多信息,包括组成该化合物的离子种类及其数量关系。当我们书写离子化合物的化学式时,要注意所有离子的总电荷数为零,即正电荷数等于负电荷数。例如通过NaCl这个化学式可以知道这个化合物中每一个Na^+,就有一个Cl^-同时存在,即Na^+、Cl^-的数目是1∶1的,尽管Na^+、Cl^-分别带有正、负电荷,但NaCl作为化学式整体不显电性,

图4.7 美丽的水晶

因为正、负电荷数目相等，即总电荷数为零。NaCl的形成过程如图4.9所示。

我们知道金属钠（Na）在氯气（Cl$_2$）中点燃可发生剧烈反应，生成氯化钠（NaCl）：$2Na+Cl_2 \xrightarrow{点燃} 2NaCl$。从原子结构看，钠（Na）原子的最外层上有1个电子，容易失去，氯（Cl）原子的最外层上有7个电子，容易得到1个电子。所以钠（Na）原子与氯（Cl）原子相互作用时，氯（Cl）原子得到钠（Na）原子失去的1个电子，都成了最外层是8个电子的稳定结构，它们由原来的原子分别变成了Na$^+$、Cl$^-$。

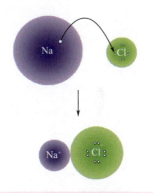

图4.9　NaCl的形成过程

4.2.4　化学式中的下角标

你能试着思考一下镁和氯两种单质可以生成何种物质吗？为了形成八隅体稳定结构，Mg原子失去2个电子后成为Mg^{2+}，2个Cl原子分别获得1个电子成为2个Cl$^-$，所以如果有1个Mg^{2+}就需要2个Cl$^-$与之平衡，由此推出这个化合物的化学式为MgCl$_2$，即氯化镁，Cl$^-$的下角标"2"表示为达到电荷平衡，一个Mg^{2+}需要有2个Cl$^-$与之结合。MgCl$_2$的形成过程如图4.10所示。

4.2.5　根据离子化合价写出化学式

离子化合物化学式中的下角标表示的是化学式中阴、阳离子的数量，化学式中所有阴、阳离子的总电荷数为零。我们可以此为依据，根据形成离子化合物的阴、阳离子的化合价推断该化合物的化学式。举个例子，比如想写出Na$^+$和S^{2-}形成的化合物的化学式，根据化学式电荷平衡原则，有1个S^{2-}就需要有2个Na$^+$来平衡，所以推出化学式是Na$_2$S，这样才能保证化学式中所有阴、阳离子的总电荷数为零。书写化学式时，先写阳离子再写阴离子，然后把阴、阳离子的数目用下角标标出。Na$_2$S的形成过程如图4.11所示。

离子化合物中没有单个的分子，而是离子重复、规则地排布。比如NaCl晶体是由一个个立方体形状的规则结构组成，每个立方体结构中有6个Cl$^-$和6个Na$^+$，那氯化钠的化学式是否可以写成Na$_6$Cl$_6$？一个正确的化学

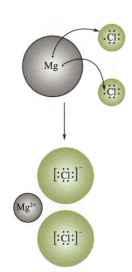

图4.10　MgCl$_2$的形成过程

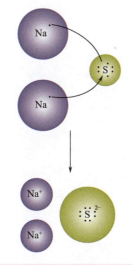

图4.11　Na$_2$S的形成过程

式必须表示出化合物中离子之间最简单的比例关系，所以氯化钠的化学式只能是NaCl，而非Na_2Cl_2、Na_3Cl_3、Na_4Cl_4……我们将能反映化合物中离子组成的最简单离子组称作**化学式单位**。

【例题4.2】

判断锂离子和氮离子的化合价，并写出这两种离子生成的离子化合物的化学式。

解：Li元素位于元素周期表第ⅠA组，故形成Li^+；N元素位于第ⅤA族，故形成N^{3-}，一个N^{3-}需要3个Li^+平衡电荷才能保证化学式总电荷为零。先写阳离子再写阴离子，所以化学式为Li_3N。

思考与练习

4.12 判断钙离子和氧离子的化合价，然后写出这两种离子生成的离子化合物的化学式。

4.13 下列哪组元素可以形成离子化合物？

a.锂和氯　　　　　　b.氧和溴

c.钾和氧　　　　　　d.钠和氖

e.铯和镁　　　　　　f.氮和氟

4.14 下列哪组元素可以形成离子化合物？

a.氦和氧　　　　　　b.镁和氯

c.氯和溴　　　　　　d.钾和硫

e.钠和钾　　　　　　f.氮和碘

4.15 写出下列每组离子生成的离子化合物的化学式。

a.Na^+和O^{2-}　　　　b.Al^{3+}和Br^-

c.Ba^{2+}和N^{3-}　　　　d.Mg^{2+}和F^-

e.Al^{3+}和S^{2-}

4.16 写出下列每组离子生成的离子化合物的化学式。

a.Al^{3+}和Cl^-　　　　b.Ca^{2+}和S^{2-}

c.Li^+和S^{2-}　　　　　d.Rb^+和P^{3-}

e.Cs^+和I^-

4.17 判断下列每组元素离子的化合价，并写出这两种离子生成的离子化合物的化学式。

a. 钾和硫   b. 钠和氮
c. 铝和碘   d. 镓和氧

4.18 判断下列每组元素离子的化合价，并写出这两种离子生成的离子化合物的化学式。

a. 钙和氯   b. 铷和硫
c. 钠和磷   d. 镁和氧

4.3 离子化合物的命名和离子化学式的书写

学习目标

离子化合物命名时，一般先命名阴离子，再命名阳离子（见图4.12）。

4.3.1 二元离子化合物的命名

离子化合物根据离子组成，可分为二元离子化合物和多原子离子化合物。其中给二元离子化合物命名时，根据化学式，依次写下非金属元素和金属元素的名称，在两种元素名称中间用"化"字连接。如NaCl，先写出"氯""钠"，以"化"字连接故命名为"氯化钠"。又如$CaCl_2$，先写出"氯""钙"，以"化"字连接故命名为"氯化钙"。注意，离子化合物命名时不需要命名离子的个数。

- 根据离子化合物的名称书写离子化学式或根据离子化学式，写出离子化合物的名称。

图4.12 碘盐中含有碘酸钾（KIO_3），碘盐可预防碘缺乏病

【例题4.3】

命名离子化合物Mg_3N_2。

解：

步骤1 确定阴、阳离子：阳离子Mg^{2+}，阴离子N^{3-}。

步骤2 先写出阴离子元素名称："氮"。

步骤3 再写出阳离子元素名称："镁"。

步骤4 在两种元素名称中间用"化"字连接："氮化镁"。

练一练

试命名离子化合物Cs_2S。

4.3.2 命名具有可变化合价的金属离子化合物

我们知道，对于大部分主族元素来说，各元素只形成一种单原子离子，根据族数可以预测原子成为离子后

所带的电荷数。但也有例外，如第ⅣA和ⅤA族元素中部分元素可形成两种以上离子，如锡和铅都可形成2+和4+两种电荷的离子。对于第3～12列元素（过渡元素，即ⅠB～ⅦB族及Ⅷ族元素）来说，不能简单根据它的族数预测其离子的电荷数，虽然过渡元素可以像其他元素那样成为阳离子，但大多数过渡元素可以形成两种或两种以上的阳离子，如铜可形成Cu^+或Cu^{2+}，铁可以形成Fe^{2+}或Fe^{3+}。但有3种过渡元素例外，锌、银和镉只能形成一种离子：锌离子Zn^{2+}、银离子Ag^+和镉离子Cd^{2+}。当金属原子可以形成两种或更多种离子时，称其具有**可变化合价**。

如果金属元素具有可变化合价，其离子化合物命名时，当金属元素的价数低于常见化合价，需在金属元素的名称前加"亚"字；当金属元素的价数高于常见化合价，需在金属元素的名称前加"高"字。如$CuCl_2$的名称是氯化铜，$CuCl$的名称是氯化亚铜；NiO的名称是氧化镍，Ni_2O_3的名称是氧化高镍。表4.3列出一些具有可变化合价的金属元素。

表4.3 一些具有可变化合价的金属元素

元素名称	离子符号	元素名称	离子符号
铬	Cr^{2+}	铁	Fe^{2+}
	Cr^{3+}		Fe^{3+}
	Cr^{6+}	锰	Mn^{2+}
钴	Co^{2+}		Mn^{3+}
	Co^{3+}		Mn^{7+}
铜	Cu^+	汞	Hg^+
	Cu^{2+}		Hg^{2+}
金	Au^+	镍	Ni^{2+}
	Au^{3+}		Ni^{3+}
			Ni^{4+}

4.3.3 判断离子的电荷数

命名离子化合物时首先要确定其中的金属离子是主族元素还是过渡金属元素。如果是过渡金属元素，除了锌、银和镉，需要预测该金属离子在离子化合物中的化合价。化合物是呈电中性的，所以离子化合物的化学式中阴、阳离子所带正、负电荷总和为零，可以据此推测其离子的电荷数。

如铜是过渡金属元素，铜离子有2种价态，如何判断$CuCl_2$中铜离子的化合价呢？该化合物的化学式$CuCl_2$中包含2个氯离子、1个铜离子，每个氯离子Cl^-带有1个单位负电荷，即共有2个单位的负电荷2−，为了使化学式中所有离子总电荷数为零，所以铜离子在该化合物中应带2个单位正电荷2+，即应为Cu^{2+}。通常，稀有气体元素的原子的最外层有8个电子［氦（He）最外层只有2个电子］。金属元素原子的最外层能级上电子数较少，所以倾向于失去这些价电子，成为阳离子，如钠失去1个价电子成为Na^+。与金属元素相反，大多数非金属元素原子的最外层能级上电子数有4～7个，所以它们更倾向于得到电子成为阴离子。

【例题4.4】写出离子化合物Cu_2O的名称。

解：

步骤1　判断阴、阳离子的化合价

非金属元素O是ⅥA族元素，形成的离子为O^{2-}，在化学式Cu_2O中，含有2个铜离子，为了使化学式中所有离子总电荷为零，推算出铜离子为+1价，Cu^+。

	金属	非金属
元素名称	铜	氧
族	过渡元素	ⅥA主族
离子	Cu？	O^{2-}
正负电荷平衡	（+1）×2+（−2）×1=0	
离子	Cu^+	O^{2-}

步骤2　从左到右先写出阴离子元素的名称："氧"。

步骤3　再写出阳离子元素名称，如果低于或高于该金属元素常见价态，元素名称前需加"亚"或"高"字：铜离子常见价态是+2，此化合物中铜离子为+1，故命名为"亚铜"，即写为Cu^+。

步骤4　两种元素名称中间用"化"字连接："氧化亚铜"（见图4.13）。

图4.13　氧化亚铜是一种鲜红色粉末状固体，主要用于制造船底防污漆（用来杀死低级海生动物）、杀虫剂

练一练

写出化合物 MnS 的名称。

4.3.4 根据离子化合物的名称书写化学式

根据化合物的名称书写离子化合物的化学式时,从左往右先写出该化合物金属离子的元素符号,再写出非金属离子的元素符号,然后在各元素符号右下角写上正整数表示化学式中该元素离子的数目,如果下角标为 1 就省略不写。注意保持化学式中阴、阳离子总电荷数为零。

为了能够区分同一种过渡元素的不同离子所组成的不同化合物,化学工作者提出一种用罗马数字标注过渡元素离子价态的方法,把与价态相同的罗马数字置于括号内紧随元素名称之后。但对于含有锌、银和镉离子的化合物不需要用罗马数字标注,因为它们的化学式不会引起歧义。氯离子和两种铜离子形成的不同离子化合物见表 4.4。

表 4.4　氯离子和两种铜离子形成的不同离子化合物

化学式	铜离子	氯离子	中文名称	英文名称
CuCl	Cu^+	Cl^-	氯化亚铜	Copper（Ⅰ）chloride
$CuCl_2$	Cu^{2+}	Cl^-	氯化铜	Copper（Ⅱ）chloride

【例题 4.5】写出氯化铁的化学式。

解：

步骤 1　确定阴、阳离子：

铁元素可以形成铁离子 Fe^{3+} 和亚铁离子 Fe^{2+},因为化合物是"氯化铁"而不是"氯化亚铁",所以该化合物中含有的是铁离子 Fe^{3+},氯离子 Cl^- 带有 1 个单位负电荷。

	阳离子	阴离子
元素名称	铁离子	氯离子
族	过渡元素	主族 Ⅶ A
离子符号	Fe^{3+}	Cl^-
正负电荷平衡	（+3）×1+（−1）×3=0	

步骤 2　根据总电荷数为 0 计算离子数： 为保持总电荷数为 0,故 1 个 Fe^{3+} 需要 3 个 Cl^- 与之平衡。

步骤 3　写出化学式： 先写出该化合物金属离子的元

素符号，再写出非金属离子的元素符号，然后在各元素符号右下角写上正整数，表示化学式中该元素离子的数目，下角标为1的省略不写。故写为$FeCl_3$。

练一练

写出化合物氧化铬（Ⅲ）的化学式（见图4.14）。

(a)

(b)

图4.14 氧化铬是绿色晶体（a），绿色颜料中含有氧化铬（b）

思考与练习

4.19 写出下列化合物的名称：

  a.Al_2O_3 b.$CaCl_2$

  c.Na_2O d.Mg_3P_2

  e.KI f.BaF_2

4.20 写出下列化合物的名称：

  a.$MgCl_2$ b.K_3P

  c.Li_2S d.CsF

  e.MgO f.$SrBr_2$

4.21 $CaCl_2$称为氯化钙，$CuCl$而称为氯化亚铜，为什么前者名称里没有"亚"字，而后者却有呢？

4.22 写出下列离子的名称：

  a.Fe^{2+} b.Cu^{2+}

  c.Zn^{2+} d.Pb^{4+}

  e.Cr^{3+} f.Mn^{2+}

4.23 写出下列离子的名称：

  a.Ag^+ b.Cu^+

  c.Fe^{3+} d.Sn^{2+}

  e.Au^{3+} f.Ni^{2+}

4.24 写出下列化合物的名称：

  a.$SnCl_2$ b.FeO

  c.Cu_2S d.CuS

  e.$CdBr_2$ f.$ZnCl_2$

4.25 写出下列化合物的名称：

  a.Ag_3P b.PbS

  c.SnO_2 d.$MnCl_2$

  e.FeS f.$CoCl_2$

4.26 写出下列化合物中含有离子的离子符号。

  a.$AuCl_3$ b.Fe_2O_3

  c.PbI_4 d.$SnCl_2$

4.27 写出下列化合物中含有离子的离子符号。
a.$FeCl_2$ b.CrO
c.Ni_2S_3 d.AlP

4.28 写出下列物质的化学式。
a.氯化镁 b.硫化钠
c.氧化亚铜 d.磷化锌
e.碘化钾 f.氯化铬（Ⅱ）

4.29 写出下列物质的化学式。
a.氧化镍（Ⅲ） b.氟化钡
c.氯化锡（Ⅳ） d.硫化银
e.碘化铜（Ⅱ） f.氮化锂

学习目标

● 学会命名并书写多原子离子的化学式。

4.4 多原子离子

到现在为止，我们学过的离子都是单原子离子即只含有一种元素。但有些离子它们所含有的元素不止一种，我们把这种由两种或两种以上不同元素组成的离子称为**多原子离子（polyatomicion）**。多原子离子中的原子通过共用电子的方式共价结合成一个原子基团，当中的每个原子不带电荷，但整个原子团却是带有电荷的。如表4.5列出了一些常见多原子离子的离子符号和名称。注意，虽然我们常常把多原子离子的电荷数标在最右边，但这不是最后那个原子独有的电荷，而是整个原子团共有的。

表4.5 常见的多原子离子

离子名称	化学式	电荷数	离子名称	化学式	电荷数
铵离子	NH_4^+	1+	磷酸二氢根离子	$H_2PO_4^-$	1−
水合氢离子	H_3O^+	1+	高锰酸根离子	MnO_4^-	1−
碳酸氢根离子	HCO_3^-	1−	碳酸根离子	CO_3^{2-}	2−
硫酸氢根离子	HSO_4^-	1−	硫酸根离子	SO_4^{2-}	2−
醋酸根离子	$C_2H_3O_2^-$	1−	亚硫酸根离子	SO_3^{2-}	2−
亚硝酸根离子	NO_2^-	1−	草酸根离子	$C_2O_4^{2-}$	2−
硝酸根离子	NO_3^-	1−	磷酸氢根离子	HPO_4^{2-}	2−
氰离子	CN^-	1−	重铬酸根离子	$Cr_2O_7^{2-}$	2−
氢氧根离子	OH^-	1−	磷酸根离子	PO_4^{3-}	3−

4.4.1 多原子离子化合物化学式的书写

多原子离子作为一个整体和其他离子一样带有电荷，因此它也会与带有相反电荷的离子通过静电力结合在一起形成化合物。如硫酸钙就是由钙离子（Ca^{2+}）和硫酸根离子（SO_4^{2-}）通过静电引力结合起来形成的化合物，这种作用力称为离子键（见图4.15）。

在书写多原子离子化合物时，和其他离子化合物书写规则相同，即确保化学式中各离子总电荷数为零。如要写出钙离子（Ca^{2+}）和碳酸根离子（CO_3^{2-}）形成的化合物的化学式，为保证化学式电荷平衡，一个 Ca^{2+} 需要一个 CO_3^{2-} 来平衡。所以其化学式应写为 $CaCO_3$。

有的化合物中多原子离子的数目不止一个，用化学式表示时需要把多原子离子置于括号内，并用下角标表示其数目。如要写出硝酸镁的化学式，该化合物含有 Mg^{2+} 和 NO_3^- 两种离子，NO_3^- 是多原子离子。为保证化学式电荷平衡，一个 Mg^{2+} 需要两个 NO_3^- 来平衡。所以其化学式应写为 $Mg(NO_3)_2$，如图4.16所示。

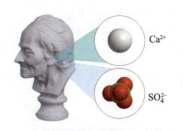

图4.15 石膏的主要成分是硫酸钙

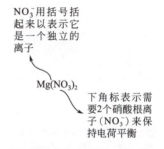

NO_3^- 用括号括起来以表示它是一个独立的离子

$Mg(NO_3)_2$

下角标表示需要2个硝酸根离子（NO_3^-）来保持电荷平衡

图4.16 $Mg(NO_3)_2$ 的表示

4.4.2 多原子离子化合物的命名

多原子离子化合物的命名与二元离子化合物命名相似，按照从左到右的顺序先写出阴离子的名称，再写出阳离子的名称，以"化"字连接，命名为"某化某"。含有 NH_4^+ 的化合物一般命名为"某化铵"，如，NH_4Cl 的名称是氯化铵；含有 OH^- 的化合物一般命名为"氢氧化某"，如 $Ca(OH)_2$ 称为氢氧化钙；有含氧酸根离子的化合物一般命名为"某酸某"（见图4.17），如 CO_3^{2-} 的化合物一般命名为"碳酸某"，$CaCO_3$ 称为碳酸钙。

【例题4.6】

命名多原子离子化合物：$Cu(NO_2)_2$。

解：

步骤1　确定阴、阳离子：NO_2^-，Cu^{2+}。

步骤2　从左到右的顺序先写出阴离子的名称，再写出阳离子的名称：亚硝酸根、铜离子。

步骤3　含有酸根离子的化合物一般命名为"某酸

骨骼和牙齿含有一种称为羟基磷灰石的固体矿物物质 $Ca_{10}(PO_4)_6(OH)_2$，你知道这种物质里含有哪些多原子离子吗？

图4.17 化肥中含有硝酸铵

 练一练

试写出化合物 $Co_3(PO_4)_2$ 的名称。

某"：亚硝酸铜。

 链接

化学与健康——石膏绷带使用原理

石膏绷带是用熟石膏 $2CaSO_4·H_2O$ 的细粉末撒在特制的纱布绷带上卷曲而成。使用时把石膏绷带浸入水中，含结晶水较少的硫酸钙吸水后形成 $CaSO_4·2H_2O$，逐渐变得十分坚固，从而对骨头起到有效的外固定作用。在石膏未硬固时，医生就可按骨折部位迅速将石膏绷带塑形，包扎好。由于石膏绷带有这个特性，就被广泛用于躯干部脊柱及四肢的骨折治疗中，如图4.18所示。

图4.18　石膏绷带是用熟石膏 $2CaSO_4·H_2O$ 的细粉末撒在特制的纱布绷带上卷曲而成

 思考与练习

4.30 写出这些离子形成的化合物，填写下表。

	NO_3^-	HCO_3^-	SO_3^{2-}	HPO_4^{2-}
NH_4^+				
Al^{3+}				
Pb^{4+}				

4.31 写出这些离子形成的化合物，填写下表。

	NO_2^-	CO_3^{2-}	HSO_4^-	PO_4^{3-}
Li^+				
Cu^{2+}				
Ba^{2+}				

4.32 写出下列多原子离子的离子符号。

a. 碳酸氢根　　　　b. 铵根

c. 磷酸根　　　　　d. 硫酸氢根

e. 亚硝酸根　　　　f. 亚硫酸根

g. 氢氧根　　　　　h. 亚磷酸根

4.33 写出下列多原子离子的名称。

a. SO_4^{2-}　　　　b. CO_3^{2-}

c. PO_4^{3-}　　　　d. NO_3^-

e. OH^-　　　　　f. HSO_3^-

g. CN^-　　　　　h. NO_2^-

4.34 命名下列离子化合物。

a. Na_2CO_3　　　b. NH_4Cl

c. K_3PO_4　　　　d. $Cr(NO_2)_2$

e. $FeSO_3$　　　　f. KOH

g. $NaNO_3$　　　　h. $Al_2(CO_3)_3$

i. $NaHCO_3$　　　j. $BaSO_4$

4.35 写出下列化合物的化学式。

a. 硫酸钠　　　　b. 氢氧化镁

c. 磷酸铵　　　　d. 重铬酸钾

e. 氢氧化钡　　　f. 硝酸亚铁

g. 磷酸锌　　　　h. 碳酸铁

第 4 章

化合物与化学键

4.5 共价化合物

共价化合物常常是非金属元素的原子之间共用电子对而形成的。这是由于非金属元素原子最外层电子具有很高的电离能，所以非金属元素原子间不能发生电子转移，而只能发生电子对共用从而形成特定结构的化合物。原子之间因共用电子存在而形成的吸引力称为**共价键**，通过共价键实现原子结合的化合物称为**共价化合物**。在共价化合物中，原子间以共价键结合成的最小重复单元称为**分子**。

4.5.1 氢分子的形成

最简单的共价分子是氢气（H_2）。当两个H原子相距甚远时，它们之间没有吸引力。当2个H原子越来越接近时，每个带正电荷的原子核都会吸引另一个原子的核外电子，这种吸引力大于核外电子之间的斥力，所以将2个H原子拉得更近，直到它们共享一对价电子。这种作用力称为共价键。共用电子对使得每个H原子具有了与惰性气体He一样的核外电子排列。此时，2个H原子形

学习目标

● 根据共价化合物的命名书写分子式，或根据分子式写出共价化合物的名称。

成 H_2 分子，它比两个单独的 H 原子更稳定。

4.5.2　共价分子中八隅体排布的形成过程

我们把共价化合物分子中的价电子用电子式表示会较易理解。共用电子对在两个共用的原子间用"："或"—"表示，其他非成键电子或孤对电子用"·"表示在所属原子周围。如 F_2 分子中有两个 F 原子，F 是ⅦA主族元素，最外层有 7 个电子。两个 F 原子通过共享它们的未成对电子而使其最外层电子形成八隅体排布，即每个 F 原子都形成与稀有气体氖 Ne 一致的电子排布，如图 4.19 所示。H_2 和 F_2 都是单质，即由同种元素原子构成的共价分子，类似的还有 N_2、Cl_2、Br_2、I_2 等。

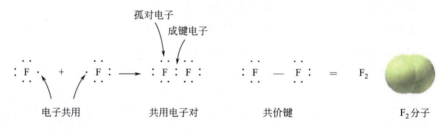

图 4.19　两个 F 原子之间共用未成对电子而形成 F_2 分子

4.5.3　共价化合物

不同种元素原子构成的共价分子称为**共价化合物**。在共价化合物中，非金属元素原子共用电子对的数目或形成共价键的数目一般与该原子获得稀有气体电子排布所需电子的数目相同。非金属元素在常见共价化合物中共价键数目如表 4.6 所示。

表 4.6　非金属元素在常见共价化合物中共价键的数目

第ⅠA族	第ⅢA族	第ⅣA族	第ⅤA族	第ⅥA族	第ⅦA族
H					
1个共价键					
	B	C	N	O	F
	3个共价键	4个共价键	3个共价键	2个共价键	1个共价键
		Si	P	S	Cl，Br，I
		4个共价键	3个共价键	2个共价键	1个共价键

上网查阅

通过上网查阅，分别用电子式表示氯化氢（HCl）、氯化钠（NaCl）的形成，对比它们之间的异同。

C元素和H元素可形成共价化合物（CH₄）甲烷，CH₄是一种天然气体，下面学习如何用电子式来表示这一物质。首先画出C、H两种元素原子的电子式：

$$\cdot\overset{\cdot}{\underset{\cdot}{C}}\cdot \quad \cdot H$$

然后就可以确定C原子和H原子各需要几个价电子。当C原子的4个电子分别和4个H原子发生共用，C原子形成八隅体排布，4个H原子也分别形成与稀有气体He一致的电子排布，电子式书写时，C原子作为中心原子写中间，4个H原子围绕C原子写在其周围，":"或"—"写在C、H原子之间。典型共价化合物的电子式及三维结构如图4.20所示。

4.5.4 双键和叁键

以上了解的共价化合物都是每2个原子间只形成1个共价键的情况。而有些共价化合物中，2个原子间共用2或3对电子才能形成八隅体排布。我们把原子间共用2对电子形成的共价键称为**双键**，把原子间共用3对电子形成的共价键称为**叁键**。C、O、N和S这几种元素的原子形成的共价键常有双键或叁键。

当原子间共用一对电子后，仍然不能使共价化合物中各原子形成八隅体排布时，它们就会拿出更多的电子在原子间共用，从而形成双键或叁键。如CO₂，C和每个O元素之间共用2对电子，即C和O原子间有2个共价键，即双键。

下面学习如何用电子式来表示CO₂，首先画出C、O两种元素原子的电子式：

$$\cdot\overset{\cdot}{\underset{\cdot}{C}}\cdot \quad \cdot\overset{\cdot\cdot}{\underset{\cdot\cdot}{O}}\cdot$$

碳（C）是第ⅣA族元素，原子最外层有4个电子，氧（O）是第ⅥA族元素，原子最外层有6个电子。当C原子拿出2个最外层电子分别与两边的O原子共用1对电子，即1个C原子与2个O原子各形成1个共价键，其电子式可以表示为：

$$:\!\overset{\cdot\cdot}{\underset{\cdot\cdot}{O}}\!:\!\overset{\cdot\cdot}{\underset{\cdot\cdot}{C}}\!:\!\overset{\cdot\cdot}{\underset{\cdot\cdot}{O}}\!: \quad 或 \quad :\!\overset{\cdot\cdot}{\underset{\cdot\cdot}{O}}\!-\!\overset{\cdot\cdot}{\underset{\cdot\cdot}{C}}\!-\!\overset{\cdot\cdot}{\underset{\cdot\cdot}{O}}\!:$$

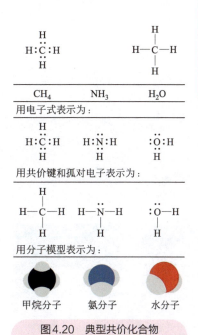

图4.20 典型共价化合物电子式及三维结构

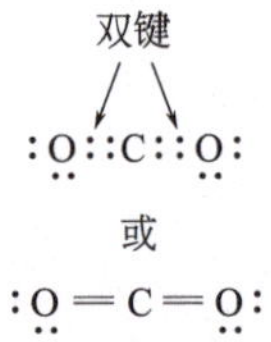

图4.21 CO_2分子中电子排布

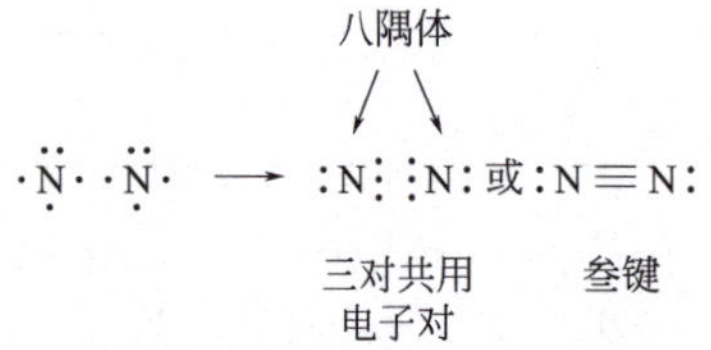

这样一来，C原子周围有6个电子，O原子周围有7个电子，都不能满足八隅体排布规律。所以C原子应该再拿出2个电子，两边的O原子也分别拿出1个电子，与C原子共享，再形成2个C—O共价键。由此，C原子与2个O原子就分别形成了2个共价键即双键（见图4.21）。

下面再看N_2分子的电子式，考虑一下N原子是如何形成八隅体排布的。N元素是ⅤA族元素，N原子最外层有5个电子，2个N原子之间共用1对或2对电子都不能形成八隅体排布，需要共用3对才可以，即2个N原子之间形成3个共价键即叁键（见图4.22）。

图4.22 N_2分子中电子排布

4.5.5 原子晶体

原子可以通过共价键结合成分子，分子再象集成气态、液态或固态物质，如氢气（H_2）、水（H_2O）、碘（I_2）等等，这些都是共价分子构成的物质。此外，原子还可以通过共价键直接构成固体（晶体），此即原子晶体。**原子晶体**是原子间通过共价键结合成的具有**空间网状结构**的晶体，不存在分子，原子以共价键结合直接形成物质，如金刚石、单晶硅、碳化硅、二氧化硅等。原子晶体的熔、沸点很高，硬度很大（见图4.23）。如二氧化硅（SiO_2）晶体中，不存在分子，但存在许多Si原子和O原子，以共价键相结合，如图4.24所示。SiO_2不是分子式，是仅表示硅、氧原子个数之比的化学式。

图4.23 水晶的形态

4.5.6 共价化合物的命名和书写

共价化合物命名时，先写第一种非金属元素的名称，再写第二种非金属元素的名称，中间用"化"字连接，那么先写哪种元素呢？除含氢元素的少量化合物外，应先写出在元素周期表右侧的元素，如果两种元素恰好处在同一族，先写低周期的元素，然后把分子中每种元素的个数写在元素名称之前。如SO_2中S和O属同一主族，先写低周期的O即"氧化硫"，这个分子中有1个S原子2个O原子，故记为"二氧化一硫"，当第二个元素的个数是1时，命名中的"一"省略不写，故命名为"二氧化硫"。几种氮氧化物的名称见表4.7。

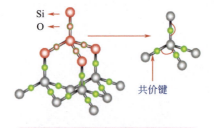

图4.24 SiO_2晶体的排列方式

表4.7 几种氮氧化物

分子式	名称
NO	一氧化氮
NO_2	二氧化氮
N_2O	一氧化二氮
N_2O_5	五氧化二氮

思考与练习

4.36 在元素周期表中，哪些元素更容易形成共价化合物？

4.37 Na与Cl原子形成的化学键和N与Cl原子形成的化学键有何不同？

4.38 写出下列分子或离子化合物的电子式。

    a. Br_2 b. H_2

    c. HF   d. OF_2

    e. NaCl   f. CCl_4

    g. $CaCl_2$ h. SiF_4

4.39 命名下列化合物。

    a. PBr_3 b. CBr_4

    c. SiO_2 d. HF

    e. NI_3 f. CS_2

    g. P_2O_5 h. Cl_2O

    i. PCl_3 j. CO

4.40 写出下列共价化合物的分子式。

    a. 四氯化碳   b. 一氧化碳

    c. 三氧化二磷   d. 四氧化二氮

    e. 二氧化硫   f. 四氯化硅

    g. 三氟化碘   h. 一氧化二氮

    i. 二氟化氧   j. 三氯化硼

    k. 三氧化二氮   l. 六氟化硫

    m. 二溴化硫   n. 二硫化碳

4.41 命名下列化合物。

    a. $Al_2(SO_4)_3$（止汗药）

    b. $CaCO_3$（抗酸剂）

c. N_2O（吸入麻醉药，俗名"笑气"）
d. Na_3PO_4（通便）
e. $(NH_4)_2SO_4$（肥料）
f. Fe_2O_3（颜料）

4.6 电负性及键的极性

- 根据元素的电负性判断化学键的极性。

通过前面的学习，我们已经知道共价键是由两个原子共用电子形成的，但这种共用是不是在两个原子间平均分配的呢？

为了搞清楚这个问题，需要先了解一个新概念：元素的**电负性**。电负性是元素的原子在化合物中吸收电子的能力的标度，即成键原子对共用电子的吸引能力。某原子在争夺共用电子的过程中是否能占上风，取决于两个成键原子的电负性大小。一般来说，非金属元素比金属元素的电负性高，因为非金属元素原子对电子的吸引力更大。其中，氟的电负性值被定义为4.0，其他元素的电负性大小是以氟对共用电子的吸引力为参照确定的。所有化学元素中，位于元素周期表右上角的非金属元素氟（4.0）具有最高的电负性；位于元素周期表左下角的金属铯和钫具有最低的电负性（0.7），元素周期表主族元素的电负性递变规律如图4.25所示。我们看到，惰性

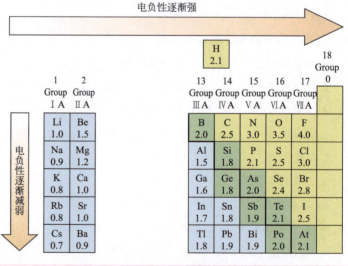

图4.25 主族元素的电负性及其递变规律

气体没有电负性值，因为它们通常不形成化学键。过渡元素的电负性值也很低，没有把它们列入讨论中。

在元素周期表中，同一周期自左而右，元素电负性值逐渐增大，同一主族自上而下，元素电负性值逐渐减小。一般来说，成键原子在周期表中距离越远，其电负性的差值越大，在元素周期表中元素的电负性递变规律如图4.25所示。

现在，你能根据元素周期表元素电负性的变化规律判断以下元素Cl、F、P、Mg电负性的大小并按从小到大的顺序排列吗？

4.6.1 键的极性

原子成键可以看作是原子为争夺共用电子而进行的拔河比赛，如图4.26所示。就是说，我们可以根据成键的两个原子的电负性值，判断每个原子对共用电子吸引力的强弱，进而判断化学键的类型，是离子键还是共价键。

图4.26 化学键可以看作是两个原子为争夺共用电子而进行的拔河比赛

如H_2分子即H—H中，两个成键原子电负性差值为0（2.1–2.1=0），这意味着两个H原子均等地占有共用电子，共用电子对没有发生偏移，如图4.27所示。这种两个成键原子的电负性差值为0或几乎为0时，共用电子对没有发生偏移的化学键称为**非极性共价键**。相反，如果两个成键原子的电负性不同，则它们不是均等地占有共用电子。比如HCl中，H原子和Cl原子的共用电子对向电负性较大的Cl原子偏移，当然电负性较小的H原子仍然吸引着共用电子，该化学键就是极性共价键。这种两个成键原子的共用电子对发生偏移的化学键称为**极性共价键**。如HCl分子即H—Cl中，两个成键原子电负性差值为3.0(Cl)–2.1(H)=0.9，这说明H—Cl键是典型的极性共价键，如图4.28所示。

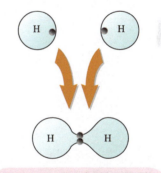

图4.27 H_2分子中两个H原子均等地占有共用电子，该化学键为非极性共价键

4.6.2 共用电子对的偏移与键的极性

键的极性取决于元素的电负性差。在极性共价键中，电负性较大的原子对共用电子吸引力更大，所以共用电子对向电负性大的原子偏移，这使得这个原子周围电子密度较大而带有部分负电荷，而在共价键的另一端，电

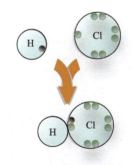

图4.28 HCl分子中，H、Cl原子不是均等地占有共用电子，而是向电负性大的Cl原子偏移，化学键为极性共价键

图4.29 极性共价键之所以称为"极性"，是由于共用电子对发生偏移时使得化学键产生了两极，就像干电池拥有正、负两极一样，极性共价键也有两极。两极所带部分正电荷或负电荷，分别用 δ^+ 和 δ^- 表示。

负性较小的原子周围电子密度较小，因而带有部分正电荷，这就使共价键有了正、负两极，就像干电池拥有正、负两极一样（见图4.29）。由于极性共价键的形成并没有发生完全的电子得失，两极所带的电荷并不是1+或1−，而是部分正电荷或负电荷，分别用 δ^+ 和 δ^- 表示。这种电荷分布的不均匀，使得共价键产生了正、负两极，从而使极性共价键具有一定程度的离子性。

4.6.3 化学键极性的递变

化学键极性大小的变化是连续的，也就是说离子键、极性共价键、非极性共价键之间没有明显界限，可以理解为所有的化学键都涉及电子的共用，电子可能被原子均等地共用，也可能只被共用了一点甚至几乎没有共用。大多数化学键介于离子键和非极性共价键之间，既有部分离子键的性质，又有部分共价键的性质。

当成键原子间电负性差值介于0.0～0.4，电子被成键原子几乎均等共用，这种化学键为非极性共价键，如H—H键（2.1–2.1=0），C—H键（2.5–2.1=0.4）。

当成键原子间电负性差逐渐变大，共用电子向电负性高的成键原子靠近，键的极性也逐渐增强，当电负性差值介于0.5～1.8，这种化学键为极性共价键，如O—H键（3.5–2.1=1.4）。

当成键原子间电负性差值大于1.8，可以看作是电子偏移的程度很高，以至于电子从一个成键原子完全转移到另一个成键原子上，这种化学键为离子键，如NaCl中成键的Na、Cl原子电负性差值为3.0–0.9=2.1。根据电负性差值来判断化学键的类型示例如表4.8所示。

表4.8 根据电负性差值判断化学键类型

分子式/化学式	成键粒子	电负性差值	化学键类型	划分依据
H_2	H—H	2.1–2.1=0	非极性共价键	≤0.4
Cl_2	Cl—Cl	3.0–3.0=0	非极性共价键	≤0.4
HBr	H—Br	2.8–2.1=0.7	极性共价键	0.4＜差值≤1.8
HCl	H—Cl	3.0–2.1=0.9	极性共价键	0.4＜差值≤1.8
NaCl	Na^+Cl^-	3.0–0.9=2.1	离子键	＞1.8
MgO	$Mg^{2+}O^{2-}$	3.5–1.2=2.3	离子键	＞1.8

练一练

请判断以下化学键的类型：

Si—P　　Si—S
Cs—Cl　　N—N
O—H　　Cl—As
O—K　　P—Cl
Br—Br　　Na—O

思考与练习

4.42 在元素周期表中，同周期元素电负性的变化趋势是怎样的？

4.43 在元素周期表中，同一主族元素电负性的变化趋势是怎样的？

4.44 根据元素周期表，对以下各组元素按照电负性由小到大的顺序排序。

a. Li, Na, K　　　　　b. Na, Cl, P

c. Se, Ca, O　　　　 d. Cl, F, Br

e. B, O, N　　　　　 f. Mg, F, S

4.45 判断下列化学键是离子键、极性共价键还是非极性共价键。

a. Si—Br　　　　　 b. Li—F

c. Br—F　　　　　　d. I—I

e. N—P　　　　　　 f. C—O

g. Si—O　　　　　　h. K—Cl

i. S—F　　　　　　　j. P—Br

k. Li—O　　　　　　l. N—S

4.46 在以下极性共价键中，分别用 δ^+ 和 δ^- 表示其正、负两极。

a. N—F　　　　　　 b. Si—Br

c. C—O　　　　　　 d. P—Br

e. N—P　　　　　　 f. P—Cl

g. Se—F　　　　　　h. Br—F

i. N—H　　　　　　 j. B—Cl

第4章 化合物与化学键

4.7 分子的形状和极性

学习目标

- 能预测共价化合物分子的立体结构，判断它是极性分子还是非极性分子。

共价化合物分子的立体结构可以根据该化合物的电子式和它的中心原子周围有几个电子云团推断出来。根据价层电子对排斥理论，中心原子周围的所有电子云会彼此尽量远离，以使彼此间的静电斥力降到最低。分子的形状与中心原子所连接的其他原子的数目密切相关。

4.7.1 直线形分子

在$BeCl_2$中,中心原子Be原子与2个Cl原子结合,因为Be原子对共用电子对有一定的吸引力,所以最后形成的是共价化合物而非离子化合物。中心原子周围有2对共用电子,当这2对电子分别置于中心原子两端时,彼此相对,斥力最小,最稳定。因此$BeCl_2$的分子呈直线形,两个共价键之间键角为180°(见图4.30)。

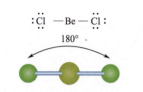

图4.30 $BeCl_2$的分子呈直线形

类似地,CO_2也是直线形分子。2个O原子分别位于中心原子C的两端,形成2个碳氧双键(C=O),两个双键之间的夹角为180°(见图4.31)。

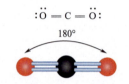

图4.31 CO_2分子呈直线形

4.7.2 平面三角形分子

在BF_3中,中心原子B最外层有3个电子,分别与3个F原子最外层的成单电子成键形成3个B—F共价键。这三对电子在同一平面内,尽量彼此远离,最后形成键角为120°的三角形平面结构(见图4.32)。

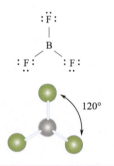

图4.32 BF_3分子呈三角形平面结构

4.7.3 四面体形分子

在CH_4分子中,C原子最外层的4个电子分别与4个H原子核外的1个电子成键,形成4个C—H共价键。根据电子式,你可能会认为CH_4是平面形分子,每个C—H键之间键角为90°。但实际上具有最小排斥力的空间排布是四面体结构,即C原子位于四面体的中心,每个C—H键中的H与四面体的一个角重合,每个C—H键之间键角为109°28',即CH_4分子的形状是四面体(见图4.33)。

再看NH_3分子,N原子周围有4对电子,为了使静电斥力最小,4对电子以四面体结构排布,但由于其中1对电子是源于N原子的孤对电子,所以分子形状只取决于三个N—H键,所以它的分子形状是如图4.34所示的三角锥形。类似地,H_2O分子中的氧原子周围也有4对电子,为了使静电斥力最小,4对电子以四面体结构排布,但由

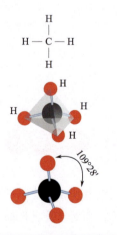

图4.33 CH_4分子呈四面体结构

于其中有2对孤对电子，所以分子形状只取决于2个O—H键，所以它的分子形状是角形的（见图4.35）。

4.7.4 分子的极性

前面已经学习过共价键可分为极性共价键和非极性共价键，共价化合物分子也可以分为极性分子和非极性分子。分子的极性取决于共价键的极性和分子的形状。

（1）非极性分子

H_2、Cl_2等分子是非极性的，因为它们只含有非极性共价键。如果共价化合物分子中的极性键是对称排布的，其极性刚好完全抵消，那么带极性键的分子是非极性分子，例如，CO_2是一个线性分子，含两个极性C=O键，这两个化学键极性大小相同，方向相反，所以极性抵消，故CO_2分子是非极性分子，类似的还有CCl_4、BF_3和CH_4等。

（2）极性分子

在一个极性分子中，分子的一端带部分负电荷，另一端带部分正电荷。极性键极性不能相互抵消时，就形成了极性分子。例如，HCl分子是极性的，因为该分子中只有一个极性键，无法抵消极性。

在具有三个或更多原子的共价化合物分子中，其分子形状决定化学键极性是否被抵消。一般来说，中心原子周围常常有孤对电子存在，这会影响分子的空间结构。如H_2O分子中极性没有抵消，H端带正电荷，而O端带负电荷，因此，水是一个极性分子。

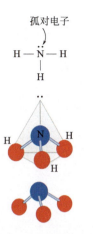

图4.34　NH_3分子呈三角锥形结构

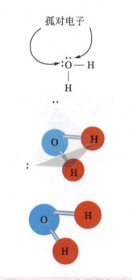

图4.35　H_2O分子呈角形

4.47 预测以下分子的形状：

a. 中心原子周围有两对成键电子和两对孤对电子

b. 中心原子周围有三对成键电子和一对孤对电子

c. 中心原子周围有三对成键电子，没有孤对电子

d. 中心原子周围有两对成键电子和一对孤对电子

4.48 PCl₃ 分子是三角锥形的，试分析原因。

4.49 H₂S 分子是角形的，试分析原因。

4.50 PH₃ 和 NH₃ 形状相同，试分析原因。

4.51 CH₄ 和 H₂O 分子具有大致相同的键角，但形状却不同，试分析原因。

4.52 预测以下分子的形状：

a. SeBr₂   b. CCl₄
c. GaCl₃   d. SeO₂
e. NCl₃   f. OBr₂
g. SiF₂Cl₂   h. BeBr₂

4.53 判断下列分子是极性分子还是非极性分子？

a. HBr   b. NF₃
c. CHF₃   d. SeF₂
e. PBr₃   f. SiCl₄

学习目标

- 能区分离子化合物、极性分子、非极性分子等粒子间的作用力。

4.8　分子间吸引力

在气体中，粒子之间的相互作用力很小，这使气体分子间相距较远。尽管有些固体的熔点较低，有些固体的熔点很高，但在固体和液体中，微粒之间相互作用力都是比较大的，这使它们能紧密地联系在一起。这些性质差异可以通过粒子之间的各种引力来解释。一般来说，离子化合物具有较高的熔点。例如，在固体NaCl晶体中，需要很高的能量才能克服阳离子和阴离子之间强大的引力。而共价化合物形成的固体中，虽然分子间也有吸引力，但这种力比离子化合物中离子间的作用力弱很多。

4.8.1　范德华力

范德华第一个提出分子与分子之间存在着一种较弱的作用力，所以分子间的作用力又称为**范德华力**。范德华力是决定分子型物质的熔点、沸点、溶解度等物理性质的重要因素。**范德华力越大，物质的熔、沸点就越高，反之亦然**。范德华力的特点是：只存在于分子与分子之间或稀有气体原子之间；作用能量很小，比化学键弱得多；作用范围只有几个 pm；一般无方向性和饱和性；存在于极性分子之间、极性分子与非极性分子之间、非极性分子与非极性分子之间。范德华力包括三种作用力：**诱导力、色散力和取向力**。其中，极性分子与极性分子之间，取向力、诱导力、色散力都存在；极性分子与非极性分子之间，则存在诱导力和色散力；非极性分子与非极性分子之间，则只存在色散力。实验证明，对大多数分子来说，色散力是主要的；只有偶极矩很大的分子（如水），取向力才是主要的；而诱导力通常很小。

影响范德华力的因素较多，如分子的极性、温度、分子的形状、分子间的距离及分子量等。其中，分子量是一个主要因素，**一般来说，同类型分子的分子量越大，范德华力也越大**。如 F_2、Cl_2、Br_2、I_2 分子量逐渐增大，分子间的作用力也逐渐增大，所以从 F_2 到 I_2，熔、沸点逐渐升高。

4.8.2 取向力

存在于极性分子之间的相互作用力。对于极性分子，分子带正电荷的一端和另一个分子带负电荷的一端相互吸引，如 HCl，一个 HCl 分子中带部分正电荷的 H 原子吸引另一个 HCl 分子中带部分负电荷的 Cl 原子形成的作用力称为**取向力**（见图 4.36）。

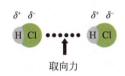

图 4.36　HCl 分子间形成取向力

4.8.3 诱导力

极性分子与非极性分子相互接近时，在极性分子的影响下，非极性分子重合的正、负电荷重心发生相对位移而产生瞬时极性，这时极性分子与非极性分子之间产生的静电吸引力称为诱导力。当极性分子相互接近时，可相互影响，使每个极性分子的正、负电荷重心的距离拉大，瞬时极性增强，因此诱导力也存在于极性分子之间。

4.8.4 色散力

非极性分子中，大体上讲共用电子在非极性分子中均等共用。然而，在分子局部，电子的运动可能会使局部电子积聚得比其他部分更多而产生瞬时极性,它使临近分子瞬时极化产生极性,后者又反过来增强原来分子的瞬时极化程度即增强极性,这种非极性分子间很弱的作用力称为**色散力**。虽然色散力很弱,但它的存在使非极性分子形成液体或固体成为可能。

4.8.5 氢键

H原子与电负性大、原子半径小的F、O或N原子形成的共价键,极性很强,当其氢原子接近另一个极性共价键中F、O或N原子时,会形成比如O—H…O这种特殊的相互作用,在分子间或分子内都可能形成,这种作用力称为**氢键**。氢键是极性分子之间最强的作用力。注意,氢键不属于范德华力。H原子和N原子、O原子、F原子形成的氢键分别如图4.37～图4.39所示。

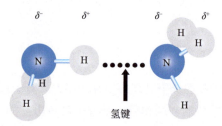

图4.37　H原子和N原子可形成氢键

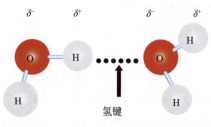

图4.38　H原子和O原子可形成氢键

图4.39　H原子和F原子可形成氢键

4.8.6 分子晶体

分子晶体是分子间通过分子间作用力结合成的晶体，故分子间作用力决定其空间结构，虽然分子内部原子间存在共价键，但共价键与分子排列方式、分子间空间结构及晶体形状无关。因为分子间力是一种比较弱的作用力，比化学键（如离子键、共价键）弱得多。因此造成分子晶体的硬度小，熔、沸点低。分子晶体的化学式就是分子式。分子晶体无论是液态，还是固态，其基本粒子是分子，即不存在可以导电的粒子（阴、阳离子或电子），故分子晶体熔融或固态时都不导电。

卤素、氧气、氮气、氢气等多数非金属单质，以及稀有气体、非金属氢化物、多数非金属氧化物等多是分子晶体。如干冰是分子晶体（见图4.40），在干冰中，存在CO_2分子，CO_2分子之间以范德华力相结合，在CO_2分子内部C和O以共价键结合，如图4.41所示。

4.8.7 混合型晶体

一般来说，原子晶体硬度大，熔、沸点很高；分子晶体硬度小，熔、沸点也较低。但石墨很软，熔点却达3652℃（见图4.42），这是什么原因呢？

石墨的结构比较特殊，为层状结构，各层之间是范德华力结合，容易滑动，所以石墨很软。但石墨各层内部均为平面网状结构，碳原子之间存在很强的共价键，故熔、沸点很高。因此石墨称为混合型晶体，如

图4.40 干冰的形态

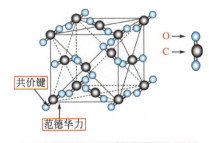

图4.41 干冰的排列方式

图4.42 石墨的形态

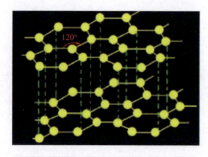

图 4.43 石墨的排列方式

图 4.43 所示。几种类型晶体性质比较如表 4.9 所示。

表 4.9 晶体类型比较

晶体性质	离子晶体	原子晶体	分子晶体
构成晶体微粒	阴、阳离子	原子	分子
形成晶体作用力	离子键	共价键	范德华力
熔、沸点	较高	很高	低
硬度	硬而脆	大	小
导电性	不良（熔融或水溶液中导电）	绝缘、半导体	不良
传热性	不良	不良	不良
延展性	不良	不良	不良
溶解性	易溶于极性溶剂，难溶于有机溶剂	不溶于任何溶剂	极性分子易溶于极性溶剂；非极性分子易溶于非极性溶剂
实例	NaOH、NaCl	金刚石	P_4、干冰、硫

思考与练习

4.54 化合物 HF、HBr、PCl_3 分子间作用力分别包括以下哪些？

　　a. 定向力　　b. 氢键　　c. 色散力

4.55 下列物质微粒间主要的作用力是：

　　a. BrF　　　　　　　b. KCl
　　c. Cl_2　　　　　　 d. CH_4
　　e. OF_2　　　　　　f. MgF_2
　　g. NH_3　　　　　　h. HCl

4.56 下列物质微粒间最强的作用力是：

　　a. H_2O　　　　　　b. Ar
　　c. HBr　　　　　　 d. NF_3
　　e. CO　　　　　　　f. O_2
　　g. HI　　　　　　　h. NaF
　　i. CH_3—OH　　　 j. Ne

4.57 干冰CO_2和SiO_2的一些物理性质（如下表）有很大差异，为什么？

	熔点/℃	沸点/℃
干冰	−78.4	−56.2
SiO_2	1723	2230

4.58 金刚石和石墨的主要成分都是C，结构如下，你能判断钻石的晶体类型吗？能否比较它们的硬度大小呢？

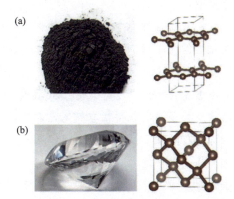

4.59 下列晶体中，化学键种类相同，晶体类型也相同的是：

a.SO_2与SiO_2 b.CO_2与H_2O

c.NaCl与HCl   d.CCl_4与KCl

4.60 下列物质的晶体中，不存在分子的是：

a.二氧化碳   b.二氧化硫

c.二氧化硅   d.二硫化碳

4.61 下列晶体熔化时，不需要破坏化学键的是：

a.金刚石   b.干冰

c.食盐   d.晶体硅

4.62 下列属于分子晶体的一组物质是：

a.CaO、NO、CO

b.CCl_4、H_2O_2、He

c.CO_2、SO_2、NaCl

d.CH_4、O_2、Na_2O

4.63 下列性质符合分子晶体的是：

a.熔点1070℃，易溶于水，水溶液能导电

b. 熔点10.31℃，液体不导电，水溶液能导电

c. 熔点97.81℃，质软，能导电，密度为0.97g/cm³

d. 熔点807℃，熔化时能导电，水溶液也能导电

本章小结

4.1 八隅律与离子

学习目标：根据八隅律，写出常见元素单原子离子的离子符号。

大多数元素在自然界中以化合物的形式存在，但稀有气体元素例外。稀有气体是单原子分子，非常稳定，很难发生化学反应。这是因为稀有气体原子的最外层一般具有8个电子的稳定结构，He具有2个电子的稳定结构。原子具有获得稀有气体元素电子排布的这种倾向称为**八隅律**。这一原则为理解原子之间成键和形成化合物提供依据。

离子化合物成键时，可以认为是原子为形成稳定的**八隅体结构**而发生电子的得失，从而变成带有电荷的离子。金属元素原子容易失去电子成为阳离子，非金属元素原子容易得到电子成为阴离子。

4.2 离子化合物

学习目标：根据电荷平衡原则，写出离子化合物的化学式。**离子化合物**是由阳离子和阴离子组成的。这些离子被带有相反电荷的离子之间的强引力紧密结合在一起，这种作用力称为**离子键**。

离子化合物中没有单个的分子存在，阴、阳离子间通过离子键作用重复、规则地排布，形成离子晶体。比如NaCl晶体是由一个个立方体形状的规则结构组成，每个立方体结构中有6个Cl^-和6个Na^+，一个正确的化学式必须表示出化合物中离子之间的最简单的比例关系，所以氯化钠的化学式是NaCl。

4.3 离子化合物的命名和离子化学式的书写

学习目标：根据离子化合物的命名书写离子化学

式或根据离子化学式写出离子化合物的名称。

离子化合物命名时，一般先命名阴离子，再命名阳离子。二元离子化合物命名时，根据化学式，依次写下非金属元素和金属元素的名称，在两种元素名称中间用"化"字连接。当阴离子为含氧酸根时，命名为"某酸某"。

如果金属元素具有可变化合价，其离子化合物命名时，当金属离子的价数低于常见化合价，需在金属元素的名称前加"亚"字；当金属离子的价数高于常见化合价，需在金属元素的名称前加"高"字。

有时需要预测该金属离子在离子化合物中的化合价。由于化合物是呈电中性的，所以离子化合物的化学式中阴、阳离子所带正、负电荷总和为零，可以据此推测其离子的电荷数。

4.4 多原子离子

学习目标：学会书写多原子离子的化学式和命名。

由两种或两种以上不同元素组成的离子称为**多原子离子**。多原子离子中的原子通过共用电子的方式共价结合成一个原子基团，当中的每个原子不带电荷，但整个原子团却是带有电荷的。要注意的是，虽然常常把多原子离子的电荷数标在最右边，但这不是最后那个原子独有的电荷，而是整个原子团共有的。

4.5 共价化合物

学习目标：根据共价化合物的名称书写分子式或根据分子式写出共价化合物的名称。

共价化合物是非金属元素的原子之间共享电子而形成的。这是由于非金属元素原子最外层电子具有很高的电离能，所以非金属元素原子间不能发生电子转移，而只能发生电子共用，从而形成特定结构的化合物。原子之间因共用电子存在而形成的吸引力称为**共价键**，通过共价键实现原子结合的化合物称为**共价化合物**。在共价化合物中，原子间以共价键结合成的最小重复单元称为**分子**。

不同种元素原子构成的共价分子称为**共价化合物**。在共价化合物中，非金属元素原子共用电子对的数目或形成共价键的数目一般与该原子获得稀有气体电子排布所需电子的数目相同。

4.6 电负性及键的极性

学习目标：根据电负性判断化学键的极性。

电负性是元素的原子在化合物中吸引电子的能力的标度。一般来说，非金属元素比金属元素的电负性高，因为非金属对电子的吸引力更大。在元素周期表中，同一周期自左而右，元素电负性值逐渐增大；同一主族元素自上而下，元素电负性值逐渐减小。

分子中两个成键原子的共用电子对没有发生偏移的化学键称为**非极性共价键**。两个成键原子的共用电子对发生偏移的化学键称为**极性共价键**。化学键极性大小的变化是连续的，也就是说离子键、极性共价键、非极性共价键之间没有明显界限，大多数化学键介于离子键和非极性共价键之间，既有部分离子键的性质，又有部分共价键的性质。

4.7 分子的形状和极性

学习目标：能预测共价化合物分子的立体结构，判断它是极性分子还是非极性分子。

共价化合物分子的立体结构可以根据该化合物的电子式和它的中心原子周围有几个电子对推断出来。根据价层电子对排斥理论，中心原子周围的所有电子会彼此尽量远离，以使彼此间的静电斥力降到最低。分子的特定形状由中心原子所连接的其他原子的数目决定。

只含有非极性共价键的分子肯定是非极性分子，但含有极性共价键的分子不一定就是极性分子。如果共价化合物分子中的极性键是对称排布的，其极性刚好完全抵消，那么带极性键的分子是非极性的。如果分子的一端带部分负电荷，另一端带部分正电荷，极性键极性不能相互抵消，则该分子是极性分子。

4.8 分子间吸引力

学习目标：能区分离子化合物、极性分子、非极性分子等粒子间的作用力。

在气体中，粒子之间的相互作用力很小，这使气体分子间相距较远。在固体和液体中，微粒之间相互作用力都比较大，这使它们能紧密地联系在一起。这些性质差异可以通过粒子之间的各种引力来解释。一般来说，共价化合物中分子间作用力比离子化合物中离子间作用力弱很多。

分子间的作用力又称为**范德华力**，是决定分子型物质的熔点、沸点、溶解度等物理性质的重要因素。**范德华力越大，物质的熔、沸点越高，反之亦然**。范德华力包括**诱导力**、**色散力**和**取向力**三种作用力。其中，极性分子与极性分子之间，取向力、诱导力、色散力都存在；极性分子与非极性分子之间，则存在诱导力和色散力；非极性分子与非极性分子之间，则只存在色散力。对大多数分子来说，色散力是主要的；只有极性很大的分子（如水），取向力才是主要的；而诱导力通常很小。值得注意的事，**氢键是一种特殊的分子间作用力，不属于范德华力**。

晶体是由大量微观物质单位（原子、离子、分子等）按一定规则有序排列的结构，具有规则的几何外形，拥有固定的熔点，根据构成晶体的粒子种类及粒子之间的相互作用不同，可将晶体分为离子晶体、分子晶体、原子晶体等。

概念及应用题

4.64 根据a～c三个化合物的电子式判断其属于1～3中哪种分子形状，指出每个化合物的形状名称，并判断分子的极性（假设X和Y都是非金属元素，所有化学键都是极性键）。

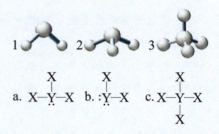

a. X—Ÿ—X   b. :Ÿ—X   c. X—Y—X
                                  |
                                  X

4.65 根据 a～c 三个化合物的电子式判断其属于 1～3 中哪种分子形状，指出每个化合物的形状名称，并判断分子的极性。

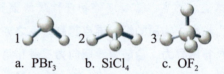

a. PBr₃   b. SiCl₄   c. OF₂

4.66 根据下列物质电子式指出它们具有几个共价键、共用电子对及孤对电子：

a. H:H   b. H:B̈r: c. :B̈r:B̈r:

4.67 根据下列物质电子式指出它们具有几个共价键、共用电子对及孤对电子：

a. H:Ö: b. H:N̈:H   c. :B̈r:Ö:B̈r:
             |
             H

4.68 用离子结构示意图表示下列离子的核外电子排布：

a. N³⁻   b. Mg²⁺   c. P³⁻
d. Al³⁺   e. Li⁺

4.69 用离子结构示意图表示下列离子的核外电子排布：

a. K⁺   b. Na⁺   c. S²⁻
d. Cl⁻   e. Ca²⁺

4.70 假设某元素形成离子 X²⁺，则：

a. 如果它是短周期元素，它可能是哪一族元素？

b. 写出该元素原子的电子式。

c. 若是第三周期元素，写出元素符号。

d. 写出 X^{2+} 和 N^{3-} 所形成化合物的化学式。

4.71 假设某元素形成离子 Y^{3-}，则：

a. 如果它是短周期元素，它可能是哪一族的元素？

b. 写出该元素原子的电子式。

c. 若是第三周期元素，写出元素符号。

d. 写出 Ba^{2+} 和 Y^{3-} 所形成化合物的化学式。

4.72 写出下列离子化合物的化学式：

a. 硫化锡（Ⅱ）　　b. 氧化铅（Ⅳ）

c. 氯化银　　　　d. 氮化钙

e. 磷化铜（Ⅰ）　　f. 溴化铬（Ⅱ）

4.73 写出下列离子化合物的化学式：

a. 氧化镍（Ⅲ）　　b. 硫化铁（Ⅲ）

c. 硫酸铅（Ⅱ）　　d. 碘化铬（Ⅲ）

e. 氮化锂　　　　f. 氧化金（Ⅰ）

4.74 命名下列化合物：

a. NCl_3　　　　b. N_2S_3

c. N_2O　　　　d. F_2

e. PCl_5　　　　f. P_2O_5

4.75 命名下列化合物：

a. CBr_4　　　　b. SF_6

c. Br_2　　　　d. N_2O_4

e. SO_2　　　　f. CS_2

4.76 写出下列化合物的化学式：

a. 一氧化碳　　　b. 五氧化二磷

c. 硫化氢　　　　d. 二氯化硫

4.77 写出下列化合物的化学式：

a. 二氧化硅　　　b. 四溴化碳

c. 四碘化二磷　　d. 氧化二氮

4.78 下列化合物是离子化合物还是共价化合物：

a. $FeCl_3$　　　　b. Na_2SO_4

c. NO_2　　　　d. N_2

e. PF_5　　　　f. CF_4

4.79 下列化合物是离子化合物还是共价化合物：

a.$Al_2(CO_3)_3$　　b.ClF_5

c.H_2　　d.Mg_3N_2

e.ClO_2　　f.$CrPO_4$

4.80 指出下列每组化学键中哪个化学键的极性强：

a.C—N 和 C—O

b.N—F 和 N—Br

c.Br—Cl 和 S—Cl

d.Br—Cl 和 Br—I

e.N—F 和 N—O

4.81 指出下列每组化学键中哪个化学键的极性强：

a.C—C 和 C—O

b.P—Cl 和 P—Br

c.Si—S 和 Si—Cl

d.F—Cl 和 F—Br

e.P—O 和 P—S

4.82 计算下列化学键的电负性差值并判断化学键是极性共价键、非极性共价键还是离子键：

a.Si—Cl　　b.C—C

c.Na—Cl　　d.C—H

e.F—F

4.83 计算下列化学键的电负性差值并判断化学键是极性共价键、非极性共价键还是离子键：

a.C—N　　b.Cl—Cl

c.K—Br　　d.H—H

e.N—F

4.84 指出下列分子的极性：

a.NH_3

b.CH_3Cl

c.SiF_4

4.85 指出下列分子的极性：

a.GeH_4

b.SeO_2

c.SCl_2

4.86 判断下列分子的形状和极性：

a. 中心原子周围有3个相同的成键原子和1对孤对电子

b. 中心原子周围有2个相同的成键原子和2对孤对电子

c. 中心原子周围有4个相同的成键原子，无孤对电子

d. 中心原子周围有4个不相同的成键原子，无孤对电子

4.87 判断下列分子的形状和极性：

a. SI_2　　　　b. PBr_3

c. H_2O　　　 d. CF_4

4.88 判断下列物质分子间的主要作用力：

（1）NH_3　　（2）HI

（3）Br_2　　 （4）Cs_2O

a. 离子键　　　b. 取向力

c. 氢键　　　　d. 色散力

4.89 判断下列物质粒子间主要作用力：

（1）$CHCl_3$　（2）H_2O

（3）$LiCl$　　 （4）Cl_2

a. 离子键　　　b. 取向力

c. 氢键　　　　d. 色散力

4.90 下列各组物质发生状态变化所克服的粒子间作用力属于同种类型的是（　　）。

a. 食盐和蔗糖熔化

b. 钠和硫熔化

c. 碘和干冰升华

d. 二氧化硅和氧化钠熔化

拓展题

4.91 1999年美国《科学》杂志报道：在40GPa高压下，用激光器加热到1800K，人们成功制得了原子晶体干冰，下列推断中不正确的是：

a. 原子晶体干冰有很高的熔点、沸点

b. 原子晶体干冰易气化，可用作制冷材料

第4章

化合物与化学键

121

c. 原子晶体干冰的硬度大,可用作耐磨材料

d. 原子晶体干冰无 CO_2 分子,C、O 原子间以共价键结合

4.92 下列晶体中,不属于原子晶体的是(　　)。

a. 干冰　　　　b. 水晶

c. 晶体硅　　　d. 金刚石

4.93 氮化硅(Si_3N_4)是一种新型的耐高温耐磨材料,在工业上有广泛用途,它属于(　　)。

a. 原子晶体　　b. 分子晶体

c. 金属晶体　　d. 离子晶体

4.94 碳化硅(SiC)的一种晶体,具有类似金刚石的结构,其中 C 原子和 Si 原子的位置是交替的。在下列三种晶体 ① 金刚石;② 晶体硅;③ 碳化硅中,它们的熔点从高到低的顺序是(　　)。

a. ①③②　　　b. ②③①

c. ③①②　　　d. ②①③

4.95 根据以下元素原子的核外电子排布,写出它们形成的离子及化合物的化学式并命名。

电子排布	阳离子	阴离子	化学式	命名
2,8,2 2,5				
2,8,8,1 2,6				
2,8,3 2,8,7				

4.96 完成表格:

微粒	质子数	电子数	电子得/失
K^+			
	12	10	
	8		得$2e^-$
		10	失$3e^-$

4.97 根据以下元素的电子排布，写出它们形成的离子及化合物的化学式并命名。

电子排布	阳离子	阴离子	化学式	命名
2, 8, 1 2, 7				
2, 8, 8, 2 2, 8, 6				
2, 8, 3 2, 8, 5				

4.98 单质硼有无定形和晶体两种，参考下表数据：

	金刚石	晶体硅	晶体硼
熔点	>3823	1683	2573
沸点	5100	2628	2823
硬度	10	7.0	9.5

晶体硼的晶体类型属于_____晶体，理由是_____。

无 机 化 学
（中职阶段）

第 5 章

化学反应

内容提要

5.1 化学反应方程式
5.2 化学反应类型
5.3 氧化还原反应
5.4 物质的量
5.5 摩尔质量
5.6 化学反应中的相关计算
5.7 化学反应中的能量
5.8 化学反应速率
5.9 化学平衡

在化学中，我们需要计算和测量实验室用的大量物质。事实上，测量是我们每天都要做的事。当我们烹饪的时候，要量取一定量的食材，从而避免太多或者太少。在给汽车加油时会对加油量测量，从而把油量换算成费用。如果我们粉刷房间，要在测量的基础上计算出所需涂料的量。在实验室，物质的化学式告诉我们原子的数量和种类，基于此我们可做各种针对化学物质的计算。

化学反应随处可见。我们汽车里的燃料和氧气燃烧产生能量，让汽车发动或让空调运转。当我们烹饪或者烫发时，化学反应也在发生。在我们身体里，化学反应使食物转换成分子去构成肌肉或者运输那些分子。花草树木可将二氧化碳和水转化成碳水化合物（很神奇，由无机物变成有机物的化学反应）。一些化学反应很简单，而一些却相当复杂。然而都可以写成化学方程式，化学家用方程式描述化学反应。在所有化学反应中，参与反应的物质称为反应物，构成反应物的微粒重新排列组合会产生新的物质，这些新物质叫作产物。

在这章里，我们将看到方程式如何书写以及我们如何确定反应物和产物的量。当我们在家里按食谱做饼干的时候，其实就是用定量的面粉和鸡蛋等原料做出一定量的饼干。在汽车修理车间，一个机械工通过调整发动机的燃料系统，以保证正确的燃料和空气比例是在做类似的事情。在身体里，一定数量的氧气必须达到组织，以获得有效的代谢反应。如果血液的氧饱和程度较低，医生会为患者提供氧气，以获得合适的血氧浓度。

 学习目标

- 能根据反应物和生成物写出化学反应方程式。
- 能确认反应物和生成物的数量及反应条件。

5.1　化学反应方程式

当一种物质转换成另一种或多种具有不同化学式，当然也是不同性质的新物质时，其实就发生了化学变化。这过程可能会伴随有颜色变化、有气泡或者沉淀产生。举例来说，银器能验毒的说法广为流传，早在宋代著名法医学家宋慈的《洗冤集录》中就有用银针验尸的记载。

但银器果真能验毒吗？古人所指的毒，主要是指剧毒的砒霜，即三氧化二砷（As_2O_3）。古代的生产技术落

后，致使砒霜里伴有少量的硫和硫化物杂质。银与这些杂质接触，就会发生化学反应，使银针的表面生成一层黑色的"硫化银"（Ag_2S）（见图5.1）。到了现代，生产砒霜的技术比古代要进步得多，提炼很纯净，不再掺有硫和硫化物。金属银化学性质很稳定，在通常的条件下不会与砒霜起反应。

5.1.1 用化学反应方程式表达化学反应

化学反应总是涉及化学变化，因为组成反应物的原子会重新组成性质不同的新物质。例如，当一块铁（Fe）和空气中的氧气（O_2）结合在一起会生成一种新的物质，铁锈（Fe_2O_3），它的颜色是红棕色的（见图5.2）。在化学反应中，产生新物质的特征常常是可见的，这就是化学反应发生的现象（见表5.1）。

表5.1　化学反应中可以看见的现象

1.颜色变化
2.有气体生成（气泡）
3.有固体生成（沉淀）
4.产生热量（或有火焰）或者吸收热量

图5.1　银针和"发乌"的银针

当搭建一个飞机模型时，需要一张说明书，或者当混合药物时，需要遵循一组处方。这些说明书、处方会告诉你要用什么材料，以及你将会得到什么物质（体）。在化学里，一个化学反应方程式就能告诉我们需要的原料和化学反应后将会产生的产物。

图5.2　化学反应总是涉及化学变化。铁（Fe）和空气中的氧气（O_2）结合在一起生成一种新的物质，铁锈（Fe_2O_3）

5.1.2 书写化学方程式

假设你在自行车店工作，把车轮和车架组合成自行车。你可以用一个简单的方程式表示这个过程：

方程式：两个车轮+一个车架 ⟶ 一辆自行车
　　　　　　　反应物　　　　　生成物

127

当你在烧烤架上燃烧木炭时，木炭中的碳与氧结合在一起，生成二氧化碳。我们可以通过一个化学方程式表达，这是不是类似于上述的组合？

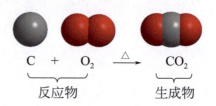

在化学反应中，反应物的化学式在单箭头左边，生成物的化学式在单箭头右边。当在同一边有两个或者更多的化学式时，用加号分开，用三角符号表示需加热的反应。

如果反应物没有气体而生成物中有气体，我们应用"↑"在该气体的化学式后标注出来；如果反应物在水溶液中均可溶而生成物中有难溶性物质，我们应用"↓"标注出该沉淀；如果一个反应是可逆反应，用双箭头，即可逆符号（ ⇌ ）表示。表5.2总结了一些方程式常用的符号。

表 5.2　化学反应方程式书写中的一些符号

符号名称	含义
+	分隔两个或更多的化学式
⟶	反应指向生成物
⇌	可逆反应
△	反应需加热
↓	产生沉淀
↑	产生气体

5.1.3　配平化学反应方程式

当反应发生时，反应物原子之间的键断裂，新的键形成得到生成物。所有的原子都是守恒的，这意味着原子在化学反应中无法获得、失去，或者改变成其他种类的原子。每一个方程式必须写成一个平衡方程，以表示反应前后原子组合不同但个数相同（即**原子守恒**）。例如，燃烧碳的化学方程式是平衡的，因为在反应物和产物中都有一个碳原子和两个氧原子。

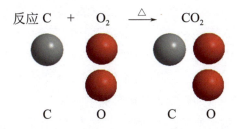

反应物各种类原子数＝生成物各种类原子数

现在考虑氧气和氢气反应生成水的反应。反应物和生成物的方程式如下：

$$H_2 + O_2 \xrightarrow{\triangle} H_2O$$

分别把反应式左右每种元素的原子加起来，会发现方程式是不平衡的。箭头左边有两个氧原子，但是在箭头右边只有一个氧原子。为了平衡方程式，我们把反应物或生成物化学式前的这个数字称为系数。如果我们在H_2O前面写系数2，它表示2个水分子。即产物中现在有4个氢原子和2个氧原子。为了在反应物中得到4个氢原子，我们必须在H_2前面写系数2。应该注意的是，在配平化学反应方程式时，不能改变分子式中表示原子数量的下标，因为这一改变意味着分子即物质完全改变，如CO_2和CO是两种完全不同的物质。

现在氢原子的数目和氧原子数目在反应物和生成物中是一样的。反应方程式平衡了，这个过程称为"**化学方程式的配平**"。

$$2H_2 + O_2 \xrightarrow{\triangle} 2H_2O$$

实验室中常用天然气燃烧的火焰作为加热的热源。天然气，即甲烷气体CH_4，在氧气中燃烧产生二氧化碳和水。现在来配平"甲烷燃烧"这一化学反应方程式。

第一步：用正确的化学式表述反应物和生成物，建立反应式。

$$CH_4 + O_2 \xrightarrow{\triangle} CO_2 + H_2O$$

第二步：数出反应物和生成物中各元素原子的数量。发现反应物中的氢原子比生成物中多，而氧原子比生成物中少。

$$CH_4+O_2 \xrightarrow{\triangle} CO_2+H_2O$$

反应物　　　　　　　生成物
1个碳原子　　　　　1个碳原子（平衡）
4个氢原子　　　　　2个氢原子（不平衡）
2个氧原子　　　　　3个氧原子（不平衡）

第三步：加系数来平衡各原子。首先要平衡氢原子，在水分子前面加系数2，得到了产品中总共4个氢原子。

$$CH_4+O_2 \xrightarrow{\triangle} CO_2+2H_2O$$

反应物　　　　　　　生成物
1个碳原子　　　　　1个碳原子（平衡）
4个氢原子　　　　　4个氢原子（平衡）
2个氧原子　　　　　4个氧原子（不平衡）

接下来在反应物中平衡O原子，在O_2的前面加系数2。现在反应物和生成物两边都有4个氧原子和4个氢原子。

$$CH_4+2O_2 \xrightarrow{\triangle} CO_2+2H_2O \text{ 平衡}$$

第四步：检查方程式，最终确定反应前后各原子数分别相同。最后的方程式中，C、H、O原子数量上是平衡的。这个方程式是平衡的

$$CH_4+2O_2 \xrightarrow{\triangle} CO_2+2H_2O$$

反应物　　　　　　　生成物
1C原子　　　　　　1C原子
4H原子　　　　　　4H原子
4O原子　　　　　　4O原子

在配平的化学反应方程式中，系数必须是最简的，如反应方程式

$$2CH_4+4O_2 \xrightarrow{\triangle} 2CO_2+4H_2O$$

尽管该化学反应方程式两边相平，但这种写法是错误的，正确的写法是两边的系数都除以2。

【例题5.1】

配平以下化学反应方程式：

$$Na_3PO_4+MgCl_2 \longrightarrow Mg_3(PO_4)_2\downarrow +NaCl$$

配平化学反应方程式：

$$Al+Cl_2 \xrightarrow{\triangle} AlCl_3$$

第一步：用反应物和生成物正确的化学式写出方程式。

第二步：数反应物和生成物中各元素原子的个数。当比较反应物和生成物中各原子的数目时，会发现它们并不平衡。在这个方程式中，把磷酸根离子（PO_4^{3-}）作为整体来平衡，因为它出现在方程的两边。

$Na_3PO_4 + MgCl_2 \longrightarrow Mg_3(PO_4)_2\downarrow + NaCl$

反应物	生成物
$3Na^+$	$1Na^+$（没平衡）
$1PO_4^{3-}$	$2PO_4^{3-}$（没平衡）
$1Mg^{2+}$	$3Mg^{2+}$（没平衡）
$2Cl^-$	$1Cl^-$（没平衡）

第三步：加系数。我们从具有最高下标值的化学式开始，即从 $Mg_3(PO_4)_2$ 开始。在 $Mg_3(PO_4)_2$ 中下标3作为氯化镁的镁离子系数，在 $Mg_3(PO_4)_2$ 中下标2作为一个磷酸根离子系数。

$2Na_3PO_4 + 3MgCl_2 \longrightarrow Mg_3(PO_4)_2\downarrow + NaCl$

反应物	生成物
$6Na^+$	$1Na^+$（没平衡）
$2PO_4^{3-}$	$2PO_4^{3-}$（平衡）
$3Mg^{2+}$	$3Mg^{2+}$（平衡）
$6Cl^-$	$1Cl^-$（没平衡）

再一次看反应物和生成物中的各离子，发现钠离子和氯离子的数目在反应前后还没有相等。NaCl前的系数应为6，这样方程就平衡了。

$2Na_3PO_4 + 3MgCl_2 \longrightarrow Mg_3(PO_4)_2\downarrow + 6NaCl$

第四步：检查最后的方程，确认它是平衡的。检查离子的总数，确定方程的平衡。系数1不用写出来。

$2Na_3PO_4 + 3MgCl_2 \longrightarrow Mg_3(PO_4)_2\downarrow + 6NaCl$

反应物	生成物
$6Na^+$	$6Na^+$（平衡）
$2PO_4^{3-}$	$2PO_4^{3-}$（平衡）
$3Mg^{2+}$	$3Mg^{2+}$（平衡）
$6Cl^-$	$6Cl^-$（平衡）

配平以下化学反应方程式

$Sb_2S_3 + HCl \longrightarrow SbCl_3 + H_2S\uparrow$

思考与练习

5.1 判断下列化学方程式是否平衡。

a. $S+O_2 \longrightarrow SO_2$

b. $2Al+3Cl_2 \longrightarrow 2AlCl_3$

c. $H_2+O_2 \longrightarrow H_2O$

d. $C_3H_8+5O_2 \longrightarrow 3CO_2+4H_2O$

5.2 判断下列化学方程式是否平衡。

a. $PCl_3+Cl_2 \longrightarrow PCl_5$

b. $CO+2H_2 \longrightarrow CH_3OH$

c. $2KClO_3 \longrightarrow 2KCl+O_2$

d. $Mg+N_2 \longrightarrow Mg_3N_2$

5.3 配平下列化学反应方程式。

a. $N_2+O_2 \longrightarrow NO$

b. $HgO \longrightarrow Hg+O_2$

c. $Fe+O_2 \longrightarrow Fe_2O_3$

d. $Na+Cl_2 \longrightarrow NaCl$

5.4 配平下列化学反应方程式。

a. $Ca+Br_2 \longrightarrow CaBr_2$

b. $P_4+O_2 \longrightarrow P_4O_{10}$

c. $Sb_2S_3+HCl \longrightarrow SbCl_3+H_2S$

d. $Fe_2O_3+C \longrightarrow Fe+CO$

5.5 配平下列化学反应方程式。

a. $Mg+AgNO_3 \longrightarrow Mg(NO_3)_2+Ag$

b. $Al+CuSO_4 \longrightarrow Cu+Al_2(SO_4)_3$

c. $Pb(NO_3)_2+NaCl \longrightarrow PbCl_2+NaNO_3$

d. $Al+HCl \longrightarrow AlCl_3+H_2$

- 能说明化合反应、分解反应、置换反应、复分解反应及燃烧反应的主要特点。

5.2 化学反应类型

大自然、生态系统以及实验室中发生着大量的化学反应，我们可以把形形色色的化学反应分为五种基本反应类型。

5.2.1 化合反应

化合反应是指由两种或两种以上的物质反应生成一种新物质的化学反应。例如，硫和氧结合生成二氧化硫（见图5.3）：

$$S + O_2 \xrightarrow{\triangle} SO_2$$

镁和氧结合生成一种产物氧化镁（见图5.4）：

$$2Mg + O_2 \xrightarrow{\triangle} 2MgO$$

还有

$$N_2 + 3H_2 \xrightarrow{\triangle} 2NH_3$$

$$2Cu + S \xrightarrow{\triangle} Cu_2S$$

$$MgO + CO_2 \longrightarrow MgCO_3$$

图5.3　硫在氧气中燃烧

5.2.2 分解反应

分解反应是指由一种物质生成两种或者两种以上新物质的化学反应。例如，当氧化汞加热，这种化合物分裂成单质汞和氧气：

$$2HgO \xrightarrow{\triangle} 2Hg + O_2\uparrow$$

碳酸钙加热分解成氧化钙和二氧化碳：

$$CaCO_3 \xrightarrow{\triangle} CaO + CO_2\uparrow$$

图5.4　镁带在氧气中燃烧

5.2.3 置换反应

置换反应是单质与化合物反应生成另一种单质与另一种化合物的化学反应。例如锌片与盐酸反应生成氯化锌和氢气（见图5.5）。

$$Zn + 2HCl \longrightarrow ZnCl_2 + H_2\uparrow$$

$$Cl_2 + 2KBr \longrightarrow Br_2 + 2KCl$$

5.2.4 复分解反应

复分解反应是由两种化合物互相交换成分，生成另外两种化合物的化学反应。

例如，硫酸钠溶液和氯化钡溶液混合，钡离子和钠离子交换了位置，从而生成了硫酸钡的白色沉淀和氯化

图5.5　锌片与盐酸反应

钠（见图5.6）。

$$BaCl_2 + Na_2SO_4 \longrightarrow BaSO_4\downarrow + 2NaCl$$

当氢氧化钠和盐酸反应时，钠离子和氢离子交换位置，形成氯化钠和水。

$$NaOH + HCl \longrightarrow NaCl + H_2O$$

可以看出，以上两个反应分别有沉淀和水产生。事实上，复分解反应的本质是发生复分解反应的两种物质在水溶液中互相交换离子，结合成难溶或难电离的物质——沉淀、气体或水。

图5.6 氯化钡溶液和硫酸钠溶液混合后生成白色沉淀

5.2.5 燃烧反应

蜡烛的燃烧和汽车发动机中燃料的燃烧就是燃烧反应的例子。在燃烧反应中，含碳化合物，通常是燃料，与空气中的氧气反应，伴随热或火焰的形式产生能量并生成二氧化碳和水。例如，在家煮食物时使用天然气，即甲烷，发生了如下的反应（见图5.7）：

$$CH_4 + 2O_2 \xrightarrow{\text{点燃}} CO_2 + 2H_2O + 能量$$

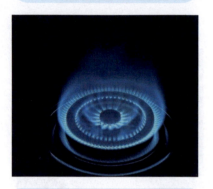

图5.7 天然气（甲烷）的燃烧

再比如丙烷的燃烧反应，其常作为便携式加热器的燃料用于烧烤食物（见图5.8）。

$$C_3H_8 + 5O_2 \xrightarrow{\text{点燃}} 3CO_2 + 4H_2O + 能量$$

化学反应方程式类型总结见表5.3。

表5.3 化学反应方程式类型总结

反应类型	举例
化合反应 $A + B \longrightarrow AB$	$Ca + Cl_2 \longrightarrow CaCl_2$
分解反应 $AB \longrightarrow A + B$	$Fe_2S_3 \longrightarrow 2Fe + 3S$
置换反应 $A + BC \longrightarrow AC + B$	$Cu + 2AgNO_3 \longrightarrow$ $Cu(NO_3)_2 + 2Ag$
复分解反应 $AB + CD \longrightarrow AD + CB$	$BaCl_2 + K_2SO_4 \longrightarrow$ $BaSO_4\downarrow + 2KCl$
燃烧反应 $2C_xH_y + (2x + y/2)O_2 \longrightarrow$ $2xCO_2 + yH_2O$	$CH_4 + 2O_2 \longrightarrow$ $CO_2 + 2H_2O + 能量$

图5.8 丙烷的燃烧用于热气球升空

练一练

判断下列反应属于哪类化学反应。

a. $2Fe_2O_3 + 3C \xrightarrow{\triangle} 3CO_2 + 4Fe$

b. $2KClO_3 \xrightarrow{\triangle} 2KCl + 3O_2\uparrow$

c. $C_2H_2 + 3O_2 \xrightarrow{\text{点燃}} 2CO_2 + 2H_2O + 能量$

化学与健康——烟雾和健康困扰

大气污染中有两种对人体有害的烟雾：一种是光化学烟雾，这是一种依靠阳光引发并产生氮氧化物和臭氧等污染物的反应；另一种烟雾，被称为工业烟雾或"伦敦烟雾"，常见于燃烧含硫的煤并排放有害的硫氧化物。

光化学烟雾在人们依赖汽车运输的城市里最为普遍。例如，在北京，汽车尾气中的氮氧化物排放量总是随着道路交通量的增加而增加（见图5.9）。汽车发动机中的氧气和氮气在高温环境下就会生成一氧化氮

$$N_2 + O_2 \xrightarrow{\triangle} 2NO$$

然后NO和空气中的氧气会继续反应生成NO_2，这是一种棕红色的气体，会刺激眼睛，损伤呼吸道。

$$2NO + O_2 \longrightarrow 2NO_2$$

当NO_2分子暴露在阳光下，它们又转化为NO分子和氧原子。

$$NO_2 \xrightarrow{\text{阳光}} NO + O \text{（氧原子）}$$

氧原子非常活泼，它们与大气中的氧分子结合在一起，形成臭氧。

$$O + O_2 \longrightarrow O_3$$

在高层大气（平流层），臭氧是有益的，因为它保护我们免受来自太阳的有害紫外线辐射。然而，在低层大气中的臭氧会强烈刺激眼睛和呼吸道，造成咳嗽、肺功能下降和疲劳。它也会导致织物变质，橡胶开裂，损害树木和庄稼。

所以，要想避免光化学烟雾就要对各类汽车产生的尾气进行处理，现在轿车均已强制加装尾气处理装置，用于减少氮氧化物的排放。

而另一种工业烟雾，也和人类的活动密切相关。它是人类利用煤或其他含硫燃料燃烧过程中，燃料中的硫转化为二氧化硫所产生的（见图5.10）。

图5.9 汽车尾气造成的光化学烟雾

图5.10 煤炭燃烧形成的工业烟雾

$$S+O_2 \xrightarrow{\triangle} SO_2$$

SO_2对植物有危害，并对金属有腐蚀性。SO_2也会引起人肺损伤和呼吸困难。在空气中，SO_2会和氧气生成SO_3，再与水结合就形成硫酸，酸雨就是吸收了三氧化硫而呈弱酸性的雨。

$$2SO_2+O_2 \longrightarrow 2SO_3$$

$$SO_3+H_2O \longrightarrow H_2SO_4$$

当酸雨淋到地面上时，会导致河流和湖泊中酸度增加，动物和植物便会大量死亡。也会对岩石、建筑和桥梁造成腐蚀，形成隐患（见图5.11）。

图5.11 受酸雨腐蚀的雕塑（左图摄于1908年，右图摄于1969年）

思考与练习

5.6 配平下列化学反应方程式，并判断化学反应类型。

a. $Al_2O_3 \longrightarrow Al+O_2$

b. $Br_2+BaI_2 \longrightarrow BaBr_2+I_2$

c. $Mg+AgNO_3 \longrightarrow Mg(NO_3)_2+Ag$

d. $AgNO_3+NaCl \longrightarrow AgCl\downarrow +NaNO_3$

e. $Fe+O_2 \longrightarrow Fe_2O_3$

f. $Pb+O_2 \longrightarrow PbO_2$

g. $C_4H_8+O_2 \longrightarrow CO_2+H_2O$

h. $Al_2(SO_4)_3+KOH \longrightarrow Al(OH)_3\downarrow +K_2SO_4$

i. $CuCO_3 \longrightarrow CuO+CO_2$

j. $NaOH+HCl \longrightarrow NaCl+H_2O$

k. $ZnCO_3 \longrightarrow CO_2+ZnO$

l. $CuO+HCl \longrightarrow CuCl_2+H_2O$

m. $Al+Br_2 \longrightarrow AlBr_3$

n. $Pb(NO_3)+KI \longrightarrow PbI_2\downarrow +KNO_3$

o. $Mg+O_2 \longrightarrow MgO$

p. $C_2H_6+O_2 \longrightarrow CO_2+H_2O$

q. $BaCl_2+K_2CO_3 \longrightarrow BaCO_3\downarrow +KCl$

r. $C_6H_{12}O_6 \longrightarrow C_2H_6O+CO_2$

s. $Fe_2O_3+C \longrightarrow Fe+CO$

5.7 写出下列反应的产物并配平反应式。

a. 化合反应 $Mg+Cl_2$

b. 分解反应 HBr

c. 置换反应 Mg+Zn(NO$_3$)$_2$

d. 复分解反应 K$_2$S+Pb(NO$_3$)$_2$

e. 燃烧反应 C$_2$H$_6$+O$_2$

f. 化合反应 Ca+O$_2$

g. 化合反应 CO+O$_2$

h. 分解反应 PbO$_2$

i. 置换反应 KI+Cl$_2$

j. 复分解反应 CuCl$_2$+Na$_2$S

5.3 氧化还原反应

也许，你从来没有听过氧化还原反应。然而，这类反应在生活中随处可见。生锈的铁钉（见图5.12），银匙的变色，切开的苹果或土豆颜色变深等（见图5.13），这些现象都涉及氧化还原反应。

当我们打开汽车灯时，汽车电池内的氧化还原反应提供了电能。当木材燃烧时，氧与碳氢化合物结合产生二氧化碳、水，同时放出热量。在上一节中，我们学习的燃烧反应，就是一种剧烈的氧化还原反应。

5.3.1 氧化还原反应的概念

要想了解氧化还原反应，必须先了解氧化还原反应的两位主角——氧化剂和还原剂，而且它们就像一对总是在吵架，但却谁都离不开谁的情侣，永远在争斗却又永远在一起，下面用一个简单的例子来说明这一切。

$$Mg+2HCl \longrightarrow MgCl_2+H_2\uparrow$$

以金属镁和盐酸反应的化学反应为例，这也是我们熟知的置换反应。这个反应中各元素的化合价在反应前后的变化如下。

反应物中：镁单质0价，盐酸中H+1价，Cl–1价。

生成物中：氯化镁中Mg+2价，Cl–1价，氢单质0价。

我们发现一个有趣的现象，反应前后氯元素的化合价没有变化，镁的化合价从反应前的0价升高到了+2价，氢的化合价从反应前+1价降到了0价，这是怎么回事

学习目标

- 能判断反应是否属于氧化还原反应。
- 能利用电子得失或化合价升降来配平氧化还原反应。
- 能列举常见的氧化剂、还原剂。

图5.12 生锈的铁钉

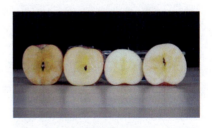

图5.13 苹果切开后因氧化而颜色变深

呢？让我们再从微观角度分析一下。

反应物 → 生成物

镁原子　　镁离子

镁原子失去最外层两个电子变成了镁离子（Mg^{2+}）；

氢离子(H^+)　氢原子

氢离子（H^+）得到了1个电子变成了氢原子。

考虑到配平的反应方程式中是2分子的氯化氢，所以会有2个氢离子各得到1个电子变成了1个氢分子（H_2）。通过这个例子，我们看到镁原子失去的电子并没有凭空消失，而是转移给了氢离子，像这样在反应过程中电子有转移的就叫**氧化还原反应**，而我们判断是否为氧化还原反应最直观的证据就是判断反应前后，元素的化合价有无变化，有变化就意味着电子有转移，是氧化还原反应，无变化就不是氧化还原反应。同时，镁在反应中失去电子（或者说提供电子），称为**还原剂**；盐酸（实质是氢离子）在反应中得到电子（或者说接受电子），称为**氧化剂**；还原剂在氧化还原反应后有关元素的化合价升高，它被氧化剂氧化，发生**氧化反应**；氧化剂在氧化还原反应后有关元素的化合价降低，它被还原剂还原，发生**还原反应**。

是不是觉得有点拗口，像绕口令？我们也可以从一张氧化还原反应的通式中巩固上述概念。

```
        得到电子，发生还原反应，
        化合价降低
            ┌──────────────┐
            │  电子转移    │
            ↓      电子·    │
    氧化剂 + 还原剂 ──→ 还原产物 + 氧化产物
                    │               ↑
                    └───────────────┘
                    失去电子，发生氧化反应，
                    化合价升高
```

在刚才镁和盐酸的反应中，由镁转移了2个电子给盐酸中的氢离子。

$$\overset{2e^-}{Mg + 2HCl} \longrightarrow MgCl_2 + H_2\uparrow$$

还有个口诀也可方便记忆，"**升失还，降得氧**"，化合价升高是还原剂，发生氧化反应，失去电子；化合价降低是氧化剂，发生还原反应，得到电子。

接下来，以5.2节学习的五种化学反应类型来判断一下它们是否属于氧化还原反应。

（1）化合反应

$$S + O_2 \overset{\triangle}{\longrightarrow} SO_2$$

显然，硫和氧从单质变成了化合物，从0价变成了+4和-2价，所以这肯定是氧化还原反应，其中硫是还原剂，氧气是氧化剂。

$$\overset{4e^-}{S + O_2} \overset{\triangle}{\longrightarrow} SO_2$$

但化合反应一定是氧化还原反应吗？再来看一个例子。

$$MgO + CO_2 \longrightarrow MgCO_3$$

反应中的所有元素在反应前后化合价都没有变化，所以，这不是氧化还原反应。由此也可以得出一个结论，有单质参与的化合反应才是氧化还原反应。

（2）分解反应

$$2HgO \overset{\triangle}{\longrightarrow} 2Hg + O_2\uparrow$$

$$CaCO_3 \overset{\triangle}{\longrightarrow} CaO + CO_2\uparrow$$

由这两个例子能明显地看出，生成单质的分解反应才是氧化还原反应。

（3）置换反应

$$Zn + CuSO_4 \longrightarrow ZnSO_4 + Cu$$

$$Cl_2 + 2KBr \longrightarrow Br_2 + 2KCl$$

由这两个例子发现，反应中有元素化合价的变化，置换的过程就是某元素游离的单质变为化合态，而另一

图5.14 锌片与硫酸铜的置换反应

元素由化合态变为单质的过程，其必定发生化合价的变化，因此置换反应肯定是氧化还原反应（见图5.14）。

（4）复分解反应

$$BaCl_2 + Na_2SO_4 \longrightarrow BaSO_4\downarrow + 2NaCl$$
$$NaOH + HCl \longrightarrow NaCl + H_2O$$

这两个反应中没有元素化合价的变化。复分解反应是水溶液中组成各物质的离子重新组合的过程，在这过程中自发组合成难溶性、挥发性或水等物质，没有电子的转移和化合价变化，因此复分解反应不是氧化还原反应。

（5）燃烧反应

$$CH_4 + 2O_2 \xrightarrow{\triangle} CO_2 + 2H_2O$$
$$C_3H_8 + 5O_2 \xrightarrow{\triangle} 3CO_2 + 4H_2O$$

很明显燃烧中的氧单质在反应后成化合态了，化合价一定发生了变化，所以这是氧化还原反应。其实燃烧就是一种剧烈的氧化还原反应，同时常常放出大量的光和热，而人们也正是利用各种燃料与氧气发生剧烈氧化还原反应时放出的热量来取暖或加热食物。

氧化剂和还原剂分别是电子的接受者和电子的提供者，所以一定是成对出现，但有时在反应中不是那么容易找到它们，比如

$$2HgO \xrightarrow{\triangle} 2Hg + O_2$$

汞元素由+2 ⟶ 0，氧元素由−2 ⟶ 0，但这两个元素都在一个化合物中，所以氧化汞既是氧化剂又是还原剂，电子由氧转移给了汞。

有时会更复杂一些，比如

$$Cl_2 + H_2O \longrightarrow HCl + HClO$$

在这个反应中，一个氯原子由0价 ⟶ −1价，另一个氯原子由0价 ⟶ +1价，电子由一个氯原子转移到另一个氯原子，像这样在一个元素身上发生的氧化还原反应，称为**歧化反应**。

5.3.2 氧化还原反应的配平

对于一些简单的氧化还原反应，可以用观察法来配

判断下列反应是否属于氧化还原反应，如是，请指出氧化剂和还原剂，标注出电子转移的方向和数量。

$$AgNO_3 + NaCl \longrightarrow AgCl\downarrow + NaNO_3$$
$$2Na + 2H_2O \longrightarrow 2NaOH + H_2\uparrow$$
$$2Cu + O_2 \xrightarrow{\triangle} 2CuO$$
$$CuO + H_2 \xrightarrow{\triangle} Cu + H_2O$$
$$2Na + Cl_2 \xrightarrow{点燃} 2NaCl$$
$$2KI + Br_2 \longrightarrow 2KBr + I_2$$

平。但许多氧化还原反应往往是比较复杂的，反应方程式涉及的物质较多，故难以直接用观察法配平，需用其他的方法和步骤来配平。

配平氧化还原反应方程式的方法有多种，但其原则都是：**还原剂失去电子的总数（或化合价升高的总数）与氧化剂得到电子的总数（或化合价降低的总数）必相等；反应前后每一元素的原子数相等。**

第5章 化学反应

【例题5.2】

高锰酸钾和硫酸亚铁在酸性溶液中的反应。

（1）根据反应事实，正确写出反应物和生成物的化学式：

$$KMnO_4 + FeSO_4 + H_2SO_4 \longrightarrow MnSO_4 + K_2SO_4 + Fe_2(SO_4)_3 + H_2O$$

（2）标出氧化剂和还原剂中化合价发生改变的元素：

$$\overset{+7}{K}MnO_4 + \overset{+2}{Fe}SO_4 + H_2SO_4 \longrightarrow \overset{+2}{Mn}SO_4 + K_2SO_4 + \overset{+3}{Fe_2}(SO_4)_3 + H_2O$$

（3）计算氧化剂和还原剂得失电子的总数，失电子用"—"表示，得电子用"+"表示，用箭头分别标在反应式的上面和下面：

$$\overset{\overset{-1e^- \times 2}{\longrightarrow}}{\overset{+7}{K}MnO_4 + \overset{+2}{Fe}SO_4 + H_2SO_4 \longrightarrow \overset{+2}{Mn}SO_4 + K_2SO_4 + \overset{+3}{Fe_2}(SO_4)_3 + H_2O}$$
$$+5e^-$$

因为反应中铁至少要有两个原子参加，故应乘以2。

（4）根据氧化剂得到电子和还原剂失去电子的总数必相等的原则求最小公倍数：

$$\overset{\overset{-1e^- \times 2 \times 5}{\longrightarrow}}{\overset{+7}{K}MnO_4 + \overset{+2}{Fe}SO_4 + H_2SO_4 \longrightarrow \overset{+2}{Mn}SO_4 + K_2SO_4 + \overset{+3}{Fe_2}(SO_4)_3 + H_2O}$$
$$+5e^- \times 2$$

（5）把得失电子的系数写在氧化剂和还原剂分子式前面，其他物质的系数用观察法配平，最后检查反应前后每一元素的原子数是否相等：

 **练一练**

配平下列反应，标注电子转移的方向和数量，并指出氧化剂和还原剂。

$Cu + HNO_3(浓) \longrightarrow$
$Cu(NO_3)_2 + NO_2 \uparrow + H_2O$

$Cu + HNO_3(稀) \longrightarrow$
$Cu(NO_3)_2 + NO \uparrow + H_2O$

$KMnO_4 + HCl \longrightarrow$
$MnCl_2 + Cl_2 \uparrow + KCl + H_2O$

$KMnO_4 + H_2O_2 + H_2SO_4 \longrightarrow$
$MnSO_4 + K_2SO_4 + O_2 \uparrow + H_2O$

$2KMnO_4 + 10FeSO_4 + 8H_2SO_4 \longrightarrow$
$2MnSO_4 + K_2SO_4 + 5Fe_2(SO_4)_3 + 8H_2O$

5.3.3 常见的氧化剂与还原剂

（1）常见的氧化剂

常见的氧化剂是氧化还原反应中其有关元素化合价易降低的物质。

① 活泼的非金属单质：如 F_2、O_2、Cl_2、Br_2、I_2、O_3 等。

第ⅥA和第ⅦA元素中有很多是非常活泼的非金属元素，由于电负性较大较易抢夺别的元素的电子，所以在反应中往往作为氧化剂。除了常见的氧气以外，臭氧、氟气、氯气都是很强的氧化剂。

② 具有高化合价的含氧化合物：如 $KMnO_4$、$HClO$、$HClO_3$、HNO_3、H_2SO_4（浓）等。

氧化剂的特点是相对缺电子，像 $KMnO_4$、HNO_3、H_2SO_4 中的Mn元素、N元素、S元素都已处在最高正价，易失电子已全部失去，所以这样的元素反而较易获得电子，具有很强的氧化性。$HClO$、$HClO_3$ 虽未达到最高正价（+7价），但相对最低负价（−1价）仍然较高，所以也具有较强的氧化性。

③ 某些氧化物和过氧化物：如 MnO_2、PbO_2、H_2O_2 等。

很多氧化物本身即是较强的氧化剂，比如二氧化锰，有机反应中常常利用二氧化锰的氧化性将醇氧化成醛或酮；过氧化物一般都是强的氧化剂，过氧键—O—O—非常容易断裂，氧化活性很高。

④ 高价金属离子：如 Fe^{3+}、Ag^+、Cu^{2+} 等。

高价的金属离子同样因只能获得电子而具有较强的氧化性，如铜离子、银离子具有氧化性，从而具有杀菌的作用。但主族的金属离子，如 Na^+、Ca^{2+}，一般比较稳定，无氧化性。

（2）常见的还原剂

常见的还原剂是其有关元素化合价容易升高的物质。

① 活泼金属和较活泼金属及某些非金属单质：如 Na、Mg、Zn、Fe、Al、H_2、C 等。

第ⅠA、ⅡA中的金属元素由于电负性较小，极易失去最外层电子而具有还原性。其他族的活泼金属也有类似的性质，比如活泼金属和酸反应，碱金属和水反应等。氢气、碳等非金属也有很好的还原性，比如有机化学中常常利用氢气的还原性来催化氢化一些有机物。

② 具有最低或较低元素化合价的化合物：如 HCl、H_2S、H_2SO_3、$H_2C_2O_4$（草酸）、H_3AsO_3、$Na_2S_2O_3$、$NaNO_2$、KI、CO。

含较低元素化合价的化合物常常具有还原性，如 –1 价的氯，–2 价的硫，+4 价的硫等。如盐酸可被高锰酸钾氧化成氯气等。

炼铁的过程是用一氧化碳把金属铁从氧化铁中还原出来：

$$Fe_2O_3 + 3CO \xrightarrow{高温} 2Fe + 3CO_2$$

（3）低价金属离子：如 Fe^{2+}、Sn^{2+}、Cu^+

处于最高化合价元素的物质，作氧化剂；处于最低化合价元素的物质，作还原剂；处于中间化合价的元素的物质，既可作氧化剂，又可作还原剂。

如氯化亚锡（$SnCl_2$）常在有机化学中用来还原硝基至氨基，也可还原 Fe^{3+} 至 Fe^{2+}。

氧化还原反应在不同的 pH 值条件下往往会有不同的产物，具体见表5.4和表5.5。

表5.4　常见的氧化剂

氧化剂	还原产物	氧化剂	还原产物
O_2	H_2O	稀HNO_3	NO
Cl_2	Cl^-	浓HNO_3	NO_2
Br_2	Br^-	浓H_2SO_4	SO_2
I_2	I^-	Cu^{2+}	Cu
S	S^{2-}	Fe^{3+}	Fe^{2+}
MnO_4^-	Mn^{2+}（酸性）	$Cr_2O_7^{2-}$	Cr^{3+}（酸性）
MnO_4^-	MnO_2（中性或弱碱性）	CrO_4^{2-}	CrO_2^-（碱性）
MnO_4^-	MnO_4^{2-}（强碱性）	ClO_3^-	Cl^-
MnO_2	Mn^{2+}（酸性）	ClO^-	Cl^-
PbO_2	Pb^{2+}	H_2O_2	H_2O

表 5.5 常见的还原剂

还原剂	氧化产物	还原剂	氧化产物
Na	Na^+	Fe^{2+}	Fe^{3+}
Mg	Mg^{2+}	Sn^{2+}	Sn^{4+}
Zn	Zn^{2+}	I^-	I_2
Al	Al^{3+}	H_2S	S,SO_2
Fe	Fe^{2+}	H_2O_2	O_2
H_2	H^+	SO_2	SO_4^{2-}
C	CO_2	SO_3^{2-}	SO_4^{2-}
S	SO_2	$S_2O_3^{2-}$	$S_4O_6^{2-}$
CO	CO_2	$H_2C_2O_4$	CO_2

这里有一点要说明，某个物质是氧化剂还是还原剂需要放在具体的反应中来判断。如盐酸，当盐酸和金属锌反应时，盐酸中的氢元素化合价降低，盐酸是氧化剂；但当盐酸和高锰酸钾反应时，盐酸中的氯元素化合价升高，盐酸是还原剂。

$$2HCl+Zn \longrightarrow ZnCl_2+H_2\uparrow$$
$$16HCl+2KMnO_4 \longrightarrow 2KCl+2MnCl_2+5Cl_2\uparrow+8H_2O$$

又如二氧化硫，当它和硫化氢反应时，二氧化硫做氧化剂，但当遇到更强的氧化剂如高锰酸钾时，它就成了还原剂。因此需要在实际反应中判断是氧化剂或还原剂。

$$SO_2+2H_2S \longrightarrow 2H_2O+3S\downarrow$$
$$5SO_2+2KMnO_4+2H_2O \longrightarrow K_2SO_4+2MnSO_4+2H_2SO_4$$

化学与环境——燃料电池：未来的清洁能源

我国定义的新能源汽车包含电动汽车（纯电动、插电式混合动力）以及燃料电池汽车。那什么是燃料电池呢？

燃料电池是一种能量转化装置，它是按电化学原理，即原电池工作原理，把储存在燃料和氧化剂中的化学能直接转化为电能，因而实际过程是氧化还原反应。燃料电池主要由四部分组成，即阳极、阴极、电解质和外部电路。燃料气和氧化气分别由燃料电池的阳极和阴极通入。燃料气在阳极上放出电子，电子经外电路传导到阴极，并与氧化气结合生成离子。离子在电场作用下，通过电解质迁移到阳极上，与燃料气反应，构成回路，产生电流（见图5.15）。

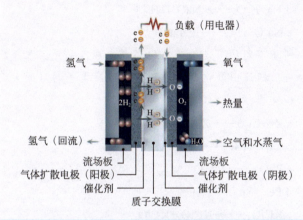

图5.15　燃料电池原理示意图

在燃料电池中，反应物不断进入电池，产生电流。目前，氢氧燃料电池已广泛应用于汽车。在这个电池中，氢气进入燃料电池，并与嵌入在交换膜中的铂催化剂接触。催化剂有助于氢原子被氧化成氢离子并释放出电子。

电极上发生的反应如下：

氧化反应　$2H_2 \longrightarrow 4H^+ + 4e^-$

还原反应　$O_2 + 4H^+ + 4e^- \longrightarrow 2H_2O$

电子通过导线时产生电流，而氢离子则通过交换膜，与氧分子反应结合生成水。整个氢氧燃料电池反应可以写成：

$$2H_2 + O_2 \longrightarrow 2H_2O$$

燃料电池提供了一种更有效的电能来源，不消耗石油储备，并且产生的产物不污染大气。因此燃料电池被认为是一种清洁的能源生产方式（见图5.16）。

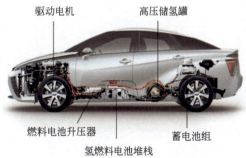

图5.16　燃料电池车示意图

思考与练习

5.8 判断下列反应是否为氧化还原反应，若是，配平反应，标注出氧化剂和还原剂，以及电子转移的方向和数量。

a. $Na+Cl_2 \longrightarrow NaCl$

b. $NH_4Cl \longrightarrow NH_3+HCl$

c. $NH_3 \longrightarrow N_2+H_2$

d. $Na+H_2O \longrightarrow NaOH+H_2 \uparrow$

e. $Na_2O+H_2O \longrightarrow NaOH$

5.9 判断下列反应是否为氧化还原反应，若是，配平反应，标注出氧化剂和还原剂，以及电子转移的方向和数量。

a. $Zn+Cl_2 \longrightarrow ZnCl_2$

b. $Cl_2+NaBr \longrightarrow NaCl+Br_2$

c. $PbO \longrightarrow Pb+O_2$

d. $Fe^{3+}+Sn^{2+} \longrightarrow Fe^{2+}+Sn^{4+}$

e. $KClO_3 \longrightarrow KClO_2+KClO_4$

5.10 判断下列反应是否为氧化还原反应，若是，配平反应，标注出氧化剂和还原剂，以及电子转移的方向和数量。

a. $Li+F_2 \longrightarrow LiF$

b. $Cl_2+KI \longrightarrow KCl+I_2$

c. $Al+Sn^{2+} \longrightarrow Al^{3+}+Sn$

d. $Fe+CuSO_4 \longrightarrow FeSO_4+Cu$

e. $PbS+H_2O_2 \longrightarrow PbSO_4+H_2O$

5.11 判断下列反应是否为氧化还原反应，若是，配平反应，标注出氧化剂和还原剂，以及电子转移的方向和数量。

a. $CaCO_3+HCl \longrightarrow CaCl_2+CO_2 \uparrow +H_2O$

b. $HgCl_2+SnCl_2 \longrightarrow Hg_2Cl_2+SnCl_4$

c. $KI+Br_2 \longrightarrow KBr+I_2$

d. $Na+H_2O \longrightarrow NaOH+H_2 \uparrow$

e. $NH_3+O_2 \longrightarrow NO+H_2O$

5.12 配平下列反应，标注出电子转移的方向和数量，指出氧化剂和还原剂。

a. $Cu+H_2SO_4 \longrightarrow CuSO_4+SO_2\uparrow+H_2O$

b. $NH_3+O_2 \longrightarrow NO+H_2O$

c. $KMnO_4+HCl \longrightarrow KCl+MnCl_2+Cl_2\uparrow+H_2O$

d. $FeSO_4+H_2SO_4+O_2 \longrightarrow Fe_2(SO_4)_3+H_2O$

e. $K_2Cr_2O_7+HCl \longrightarrow CrCl_3+KCl+Cl_2\uparrow+H_2O$

f. $KMnO_4+K_2SO_3+H_2SO_4 \longrightarrow MnSO_4+K_2SO_4+H_2O$

g. $KMnO_4 \longrightarrow K_2MnO_4+MnO_2\downarrow+O_2\uparrow$

h. $NO_2+H^++I^- \longrightarrow NO+I_2+H_2O$

i. $Fe^{2+}+H_2O_2+H^+ \longrightarrow Fe^{3+}+H_2O$

j. $Fe^{2+}+Br^-+Cl_2 \longrightarrow Fe^{3+}+Br_2+Cl^-$

k. $Cr_2O_7^{2-}+I^-+H^+ \longrightarrow Cr^{3+}+I_2+H_2O$

l. $Mn^{2+}+S_2O_8^{2-}+H_2O \longrightarrow SO_4^{2-}+MnO_4^-+H^+$

m. $BiO_3^-+Mn^{2+}+H^+ \longrightarrow Bi^{3+}+MnO_4^-+H_2O$

5.4　物质的量

在超市，鸡蛋常常是装成半打（6个）、一打（12个）或两打（24个）来出售的（见图5.17）；而啤酒常常是一箱箱卖的，一箱就是十二瓶；还有中国传统的宣纸，常用"刀"这个量词，一刀宣纸就是100张（这可能是因为古时一刀能切开的纸的数量），见图5.18。

5.4.1　物质的量与阿伏伽德罗常数

化学中的粒子，如原子、分子、离子都非常的小，根本无法用肉眼，甚至目前分辨率最高的电子显微镜去计数也很费劲，但化学反应过程是微粒与微粒之间的反应，我们可以根据化学反应方程式说一个分子与一个分子反应，但不能说1g分子与1g分子反应，而按个数计量实在太少了，于是引入一个新的物理量——**物质的量**，用 n 表示。物质的量的单位是摩尔，符号mol，1摩尔包含 $6.02×10^{23}$ 个微粒。这是一个很大的数字，叫做**阿伏伽德罗常数**，用 N_A 表示，它是以意大利物理学家阿莫迪欧·阿伏伽德罗姓氏命名的，其有三位有效数字。

5.4.2　阿伏伽德罗常数

602 000 000 000 000 000 000 000=$6.02×10^{23}$

学习目标

- 能利用阿伏伽德罗常数进行物质的量与微粒数之间的换算。
- 能根据化学式计算分子中元素的摩尔数。

图5.17　一打鸡蛋

图5.18　摞起来的一刀刀宣纸

图5.19 硫黄矿石

1mol的单质即包含阿伏伽德罗常数个组成该单质的基本微粒，例如，1mol碳含有6.02×10^{23}个碳原子；1mol铝包含6.02×10^{23}个铝原子；1mol硫包含6.02×10^{23}个硫原子（见图5.19）。

1mol化合物就含有6.02×10^{23}个组成化合物的微粒，1mol共价化合物含有N_A个分子，例如1mol二氧化碳含有6.02×10^{23}个二氧化碳分子。1mol离子化合物包含N_A个化学式单元，即由离子化合物的化学式所代表的离子组，例如1mol NaCl含有6.02×10^{23}个NaCl化学式单元（Na^+，Cl^-），即6.02×10^{23}个Na^+和6.02×10^{23}个Cl^-。表5.6给出一些1mol物质含有的微粒情况。

我们可以用阿伏伽德罗常数作为一种转换因子在物质的量和物质所包含的微粒数之间进行转换。

表5.6　1mol下列物质含有的微粒

物质名	微粒数和种类
1mol铝	6.02×10^{23}个铝原子
1mol硫	6.02×10^{23}个硫原子
1mol水	6.02×10^{23}个水分子
1mol维生素C	6.02×10^{23}个维生素C分子
1mol氯化钠	6.02×10^{23}个钠离子和6.02×10^{23}个氯离子

1mol微粒=6.02×10^{23}个微粒

例如，使用阿伏伽德罗常数将4mol的硫转化为硫的原子

硫原子数=4mol × 6.02×10^{23}个/mol=2.41×10^{24}个

我们也可以用阿伏伽德罗常数将3.01×10^{24}个二氧化碳分子转换成二氧化碳的摩尔数

$$n(CO_2) = \frac{3.01 \times 10^{24} \text{个}}{6.02 \times 10^{23} \text{个/mol}} = 5\text{mol}$$

在对摩尔和微粒数进行转化计算中，可以看到，与大量原子或分子数相比，摩尔数是一个很小的数，这样方便计算和统计，也方便进行表述。

 **链接**

化学名人堂——阿伏伽德罗与阿伏伽德罗定律

阿伏伽德罗（Amedeo Avogadro，1776—1856年），意大利化学家，全名Lorenzo Romano Amedeo Carlo Avogadro di Quaregua。1811年发表了阿伏伽德罗假说，也就是今日的阿伏伽德罗定律，并提出分子概念及原子、分子区别等重要的化学问题。

阿伏伽德罗出生于意大利西北部皮埃蒙特大区的首府都灵，是当地的望族，父亲菲立波曾担任萨福伊王国的最高法院法官。父亲对他有很高的期望。阿伏伽德罗勉强读完中学，进入都灵大学法律系，成绩却突飞猛进。30岁时，他对研究物理产生兴趣。后来他到乡下的一所职业学校教书。1832年，出版了四大册理论物理学，其中写下有名的假设："在相同的物理条件下，具有相同体积的气体，含有相同数目的分子。"但未被当时的科学家接受。著名的阿伏伽德罗常量（Avogadro's number）以他的姓氏命名。

Chapter 5
第5章
化学反应

阿伏伽德罗画像

【例题5.3】

在1.75mol干冰（固态二氧化碳，见图5.20）中有多少个二氧化碳分子？

图5.20 干冰

解：二氧化碳分子数=1.75mol×6.02×10^{23}个/mol= 1.05×10^{24}个

 练一练

2.6×10^{23}个水分子有多少摩尔水？

5.4.3 化学式中元素的物质的量

我们已经看到化学式中的下标表示每种元素的原子数。例如,在一个阿司匹林的分子中(分子式为$C_9H_8O_4$,见图5.21),表示有9个碳原子、8个氢原子和4个氧原子。这些下标也描述了每摩尔阿司匹林分子中各原子的物质的量:9mol碳原子,8mol氢原子,4mol氧原子。

图5.21 阿司匹林片及其化学结构式

使用$C_9H_8O_4$的下标,可以写出1mol阿司匹林的每个原子的转化因子。

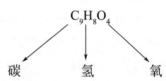

分子的下标

	碳	氢	氧
1个分子中的原子数	9个碳原子	8个氢原子	4个氧原子
1mol物质含的摩尔数	9mol碳原子	8mol氢原子	4mol氧原子

【例题5.4】

1.5mol阿司匹林分子($C_9H_8O_4$),含有多少摩尔的碳原子?

解:$n(C)$=1.5mol分子×(9mol碳原子/1mol分子)=13.5mol

答:1.5mol的阿司匹林分子中含有13.5mol碳原子。

练一练

多少摩尔的阿司匹林分子含有0.48mol的氧原子?

思考与练习

5.13 什么是物质的量?

5.14 什么是阿伏伽德罗常数?

5.15 计算下列各题。

a. 在0.500mol碳中碳原子的数量？

b. 1.80mol 的二氧化硫有多少个二氧化硫分子？

c. 5.22×10^{22} 个铁原子是多少摩尔铁？

d. 2.5mol 的水中有水分子多少个？

e. 在 8.50×10^{24} 个 C_2H_6O 分子中有多少摩尔 C_2H_6O？

5.16 计算下列各题。

a. 在4.50mol的锂中含有锂原子多少个？

b. 在0.0180mol二氧化碳中有多少个二氧化碳分子？

c. 7.80×10^{21} 个铜原子是多少摩尔铜？

d. 3.75×10^{23} 个乙烷分子是多少摩尔乙烷？

5.17 计算2.00mol磷酸中下面每一个量。

a. 氢离子(H^+)的物质的量

b. 磷酸根离子(PO_4^{3-})的物质的量

c. 磷原子数   d. 氧原子数

5.18 计算0.185mol $C_6H_{14}O$ 中下列物理量。

a. 碳原子的物质的量   b. 氧原子的物质的量

c. 氢原子数   d. 碳原子数

5.19 奎宁（$C_{20}H_{24}N_2O_2$）是一种常用的抗疟药，曾挽救了无数疟疾症患者。

a. 在1mol奎宁中有多少摩尔氢原子？

b. 在5mol奎宁中有多少摩尔碳原子？

c. 在0.020mol奎宁中有多少摩尔氮原子？

d. 在0.01mol奎宁中有多少摩尔氧原子？

5.20 硫酸铝［$Al_2(SO_4)_3$］可用于止汗剂中。

a. 在3.0mol $Al_2(SO_4)_3$ 中有多少摩尔硫原子？多少摩尔硫酸根离子（SO_4^{2-}）？

b. 在0.40mol $Al_2(SO_4)_3$ 中有多少摩尔铝离子(Al^{3+})？

c. 1.5mol $Al_2(SO_4)_3$ 中的硫酸根离子与多少摩尔硫酸中的硫酸根离子数相同？

5.5 摩尔质量

5.5.1 摩尔质量的概念

按照目前的科技水平，即使是最精密的天平，也无

学习目标

- 能利用化学式计算化合物的摩尔质量。
- 能利用摩尔质量转换质量和物质的量。

法称量单个的原子或分子有多重。事实上，你所能看到的已经是大量的原子、分子或离子的聚积体，例如，即便含有阿伏伽德罗个分子的水，在你眼前也只是十几毫升。在实验室，我们可以用天平来测量阿伏伽德罗常数个粒子或1mol的物质的质量。

所谓**摩尔质量**，就是每摩尔物质所具有的质量，用M表示。由于摩尔是一系统的物质的量，该系统中包含的基本单元数与0.012kg碳-12的原子数目相等，即1mol碳-12的质量为12g。我们知道，一种元素的原子量是以碳-12质量的$1/12$作为标准，与之比较后得出的。已知碳、氧的原子质量之比为12∶16，那么氧的摩尔质量应为16g；类似地得出氢的摩尔质量为1g，等等。由此可知，它们的摩尔质量在数值上等于其原子量，单位为g/mol。因此，可以通过元素周期表上的原子量得出它们的摩尔质量（见图5.22）。

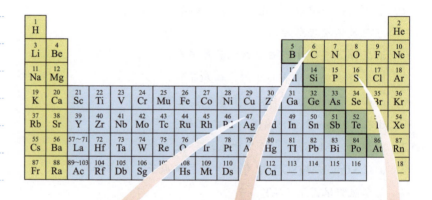

图5.22　元素周期表中元素的原子量数值上等于其摩尔质量

同理可推得：1mol H_2 的质量为 2g，1mol CO_2 的质量为 44g。即任何物质的摩尔质量，如果以 g/mol 作为单位，其数值就等于这种物质的化学式量。只要知道物质的化学式，即可求出其摩尔质量。

图 5.23 锂盐可用作红色烟花

【例题 5.5】

计算用来做红色烟花的碳酸锂（Li_2CO_3，见图 5.23）的摩尔质量。

解：

1. 在元素周期表中查得各元素的原子量、原子的摩尔质量

则其式量为：$6.94 \times 2 + 12.01 \times 1 + 16.00 \times 3 = 73.89$

故 Li_2CO_3 的摩尔质量 $M = 73.89$ g/mol

答：碳酸锂的摩尔质量为 73.89g/mol。

计算水杨酸 $C_7H_6O_3$ 的摩尔质量。

5.5.2 利用摩尔质量的应用

用摩尔质量可将某物质的物质的量转换为质量，或者将某物质的质量转换为物质的量。它们之间的关系为：

$$n = \frac{m}{M}$$

式中　n——物质的量，mol；

　　　m——物质的质量，g；

　　　M——物质的摩尔质量，g/mol。

【例题 5.6】

一盒食盐含有 73.7g 的氯化钠，试计算氯化钠的物质的量（见图 5.24）。

解：

$$n = \frac{m}{M} = \frac{73.7\text{g}}{(23.0+35.5)\text{g/mol}} = 1.26\text{mol}$$

答：73.7g 氯化钠是 1.26 摩尔。

图 5.24　食盐

【例题5.7】

若女性每天铁摄入量应为20mg，如果单独用硫酸亚铁（FeSO$_4$）来补充铁元素，则需补充硫酸亚铁多少毫克？

解：

$$n(Fe)=\frac{m(Fe)}{M(Fe)}=\frac{20/1000g}{56g/mol}=3.6\times10^{-4}mol$$

$$n(Fe)=n(FeSO_4)$$

$$m(FeSO_4)=n(FeSO_4)\times M(FeSO_4)$$
$$=3.6\times10^{-4}mol\times152g/mol$$
$$=0.055g=55mg$$

答：需补充硫酸亚铁55毫克。

【例题5.8】

如果有40g重水（D$_2$O），将其中的氘全部提取出来，可得单质氘多少摩尔？

解：

$$n(D_2)=n(D_2O)=\frac{m(D_2O)}{M(D_2O)}=\frac{20g}{20g/mol}=1\ mol$$

答：可得单质氘1摩尔。

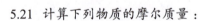

思考与练习

5.21 计算下列物质的摩尔质量：

a.KC$_4$H$_5$O$_6$（酒石酸氢钾）

b.Fe$_2$O$_3$（铁锈）

c.C$_{19}$H$_{20}$FNO$_3$（帕罗西汀，一种抗生素）

d.Al$_2$(SO$_4$)$_3$（止汗剂）

e.Mg(OH)$_2$（抗酸剂）

f.C$_{16}$H$_{19}$N$_3$O$_5$S（阿莫西林，一种抗生素）

5.22 计算下列物质的摩尔质量：

a.FeSO$_4$（补充铁质）

b.Al$_2$O$_3$（吸收剂）

c.C$_7$H$_5$NO$_3$S（糖精）

d.C$_2$H$_6$O（外用酒精）

e.(NH$_4$)$_2$CO$_3$（泡打粉）

练一练

金属银常被用来做首饰（见图5.25），也用于制造餐具、镜子和牙科合金。如果设计一件珠宝需要0.750mol银，那需要多少克银？

图5.25 银饰

5.23 计算下列物质的摩尔质量：

　　a.Cl_2　　　b.$C_3H_6O_3$　　c.$Mg_3(PO_4)_2$

　　d.$C_4H_8O_4$　e.$CaCO_3$　　　f.SnF_2

5.24 计算下列物质的摩尔质量：

　　a.O_2　　　b.KH_2PO_4　　c.$Fe(ClO_4)_3$

　　d.$C_4H_8O_4$　e.$Ga_2(CO_3)_3$　f.$KBrO_4$

5.25 计算下列物质的质量（g）：

　　a.2.00mol Na　　　　b.2.80mol Ca

　　c.0.125mol Sn　　　d.1.76mol Cu

　　e.0.015mmol H_2O　f.5.2mol NH_3

5.26 计算下列物质的质量（g）：

　　a.1.50mol K　　　　b.2.5mol C

　　c.0.25mol P　　　　d.12.5mol He

5.27 计算下列物质的质量（g）：

　　a.0.500mol NaCl　　b.1.75mol Na_2O

　　c.0.225mol H_2O　　d.4.42mol CO_2

5.28 计算下列物质的质量（g）：

　　a.2.0mol $MgCl_2$　　b.3.5mol C_6H_6

　　c.5.00mol C_2H_6O　d.4.42mol CO_2

5.29 a.$MgSO_4$俗称泻盐，如果洗澡需要5mol的泻盐，合多少克？

　　b.0.25mol小苏打能产生有多少克的CO_2气体？

5.30 a.环丙烷（C_3H_6）是一种吸入的麻醉剂，0.25mol的环丙烷是多少克？

　　b.$C_{15}H_{22}ClNO_3$是一镇静剂的分子式，则0.25mol $C_{15}H_{22}ClNO_3$为多少克？

5.31 下面物质各有多少摩尔。

　　a.50g Ag　　　　　　b.0.200g C

　　c.15.0g NH_3　　　　d.75.0g SO_2

5.32 下面物质各有多少摩尔。

　　a.25.0g Ca　　　　　b.5.00g S

　　c.40.0g H_2O　　　　d.100.0g O_2

5.33 计算以下物质在25.0g时的物质的量。

　　a.Ne　　　　　　　　b.O_2

　　c.$Al(OH)_3$　　　　　d.Ga_2S_3

5.34 计算以下物质在4.00g时物质的量。

a.He   b.SnO_2

c.$Cr(OH)_3$ d.Ca_3N_2

5.35 下列各物质中硫原子的物质的量各是多少？

a.25g S   b.125g SO_2 c.2.0mol Al_2S_3

5.36 下列物质中含碳原子数各是多少？

a.75g C   b.0.25mol C_2H_6 c.88g CO_2

5.37 丙烷(C_3H_8)，一种碳氢化合物，可用作烧烤的燃料。

a.34.0g 丙烷为多少摩尔？

b.34.0g 丙烷中含碳原子多少克？

5.38 二烯丙基硫醚($C_6H_{10}S$)具有大蒜气味。

a.23.2g $C_6H_{10}S$ 中硫原子有多少摩尔？

b.0.75mol $C_6H_{10}S$ 中氢原子有多少摩尔？

c.在44.0g $C_6H_{10}S$ 中有碳原子多少克？

学习目标

- 能根据化学反应方程式的系数，由已知量求未知量的物质的量或质量。

5.6 化学反应中的相关计算

我们知道化学反应方程是根据反应物和产物中各种元素原子的数目来配平的。然而，在实验室做实验或在药房配制药物时，使用的样品含有数十亿个原子、离子或分子，这些微粒数量如此庞大而每个微粒又如此之小，这使得我们根本不可能一个个数它们。能测量的只是这些样品的质量，再通过摩尔质量的联系，将质量转化为物质的量，这样就间接获得了微粒数或者物质的量。

5.6.1 质量守恒

在任何化学反应中，反应物的总量等于产物的总量。如果把所有反应物称重，它们的总质量一定等于产物的总质量，这就是"**质量守恒定律**"，它指出在化学反应中，物质的总质量不会发生任何变化。因此，当最初的物质变成新的物质时，没有物质会凭空减少或者增加，它们一定是在进行相互间的转化。

例如，当银和硫发生反应，形成银的硫化物。

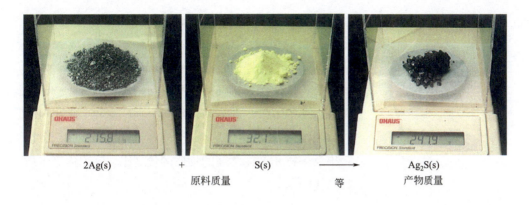

2Ag(s) + S(s) ⟶ Ag₂S(s)
原料质量　　　等　　　产物质量

质量守恒定律告诉我们，化学反应中物质不会凭空消失或增加。

在这个反应中，反应的银原子数目是硫原子的两倍。当200个银原子反应时，需要100个硫原子。然而，在这个反应中实际上会有更多的原子存在。如果我们需反应 $2×6.02×10^{23}$ 个银原子，那就需要 $6.02×10^{23}$ 个硫原子，两者反应完全就生成 $6.02×10^{23}$ 个硫化银微粒。这样，方程中的系数也就代表了物质的量。

因此，可表示为2mol的银与1mol的硫反应生成2mol硫化银。由于每种物质有其固定的摩尔质量，所以它们的质量也可以确定。因此，对于一个化学反应方程式，反应物与生成物之间有如下的一些数量关系，如表5.7所示。

表5.7　从配平的化学反应方程中得到的信息

	反应物		产物
方程式	2Ag	S	Ag₂S
原子	2个银原子	1个硫原子	1个硫化银微粒
阿伏伽德罗常数个原子	$2×6.02×10^{23}$ 个银原子	$1×6.02×10^{23}$ 个硫原子	$1×6.02×10^{23}$ 个硫化银微粒
物质的量	2mol银	1mol硫	1mol硫化银
质量	2×107.9g银	1×32.1g硫	1×247.9g硫化银
总质量	247.9g		247.9g

（1）化学反应方程式中的物质的量之比

当铁与氯气反应时，产物是氯化铁（Ⅲ）。

$$2Fe+3Cl_2 \xrightarrow{\triangle} 2FeCl_3$$

由于反应已配平，也就知道了反应时铁和硫的比例。由这个反应可看到2mol铁与3mol氯气反应生成2mol氯化铁。实际上，任何数量的铁和氯气都能反应，但两者的物质的量比例是一样的，即 $n(Fe):n(Cl_2)=2:3$，当有2mol铁反应时，根据质量守恒定律，一定有2mol的 $FeCl_3$ 生成，即三者比例为2∶3∶2。从系数中，可以写出反应物和产物之间的物质的量之比，这比用摩尔质量方便得多。

【例题5.9】

在反应 $2Na+O_2 \xrightarrow{\triangle} Na_2O_2$ 中，各反应物和生成物之间的物质的量之比是多少？

解：由配平的化学方程式不难看出，各反应物和生成物的系数比就是其物质的量之比，即2∶1∶1。

（2）用物质的量之比进行计算

在进行化学反应前的原料准备时，可根据化学反应方程式中反应物的系数比来进行原料准备，以使原料反应完全，也可根据反应物与生成物的系数比来推断生成物的量。因此，利用化学反应方程式就可以由已知量求未知量。

【例题5.10】

丙烷气体是野营炉和热气球等的燃料，与氧气反应产生二氧化碳和水。当2.25mol的 C_3H_8 反应时可产生多少摩尔的 CO_2？

解：

第一步，列出化学反应方程式并配平。

$$C_3H_8+5O_2 \xrightarrow{\triangle} 3CO_2+4H_2O$$

第二步，根据方程式各反应物和生成物的系数，列出已知量和未知量的系数比

如：$\dfrac{n(C_3H_8)}{n(CO_2)}=\dfrac{1}{3}$

第三步，将已知的实际反应量代入上述公式，计算未知量。

练一练

在反应 $SO_2+H_2S \xrightarrow{\triangle} H_2O+S\downarrow$ 中，各反应物和生成物之间的物质的量之比是多少？

$$\frac{2.25}{n(CO_2)} = \frac{1}{3}$$

所以，$n(CO_2)$=6.75mol

答：2.25mol 的 C_3H_8 反应可产生 6.75mol 的二氧化碳。

练一练

现有1mol氢气与足量的氧气反应，会产生多少摩尔的水？

第 5 章

化学反应

5.6.2 化学反应的质量计算

当你在实验室里进行化学实验时，你称量一个反应物的质量，可以通过质量和物质的摩尔质量计算出反应物的物质的量。通过使用反应物和生成物的物质的量之比，可以预测产物的物质的量。然后用该产品的摩尔质量将物质的量转化为质量。

【例题5.11】

由反应物的质量计算产物的质量。

乙炔在氧气中燃烧时，会产生高温，用于焊接金属。$2C_2H_2+5O_2 \xrightarrow{\triangle} 4CO_2+2H_2O$，当54.6g C_2H_2 燃烧时会产生多少克 CO_2？

解： 应用物质的量之比解决此类问题

第一步，用摩尔质量来转换已知的质量为物质的量

$$n(C_2H_2) = \frac{m(C_2H_2)}{M(C_2H_2)} = \frac{54.6g}{26g/mol} = 2.1mol$$

第二步，由反应方程中的系数比写出已知量和未知量的比例式

$$\frac{n(C_2H_2)}{n(CO_2)} = \frac{2}{4} = \frac{1}{2}$$

第三步，将已知量代入上述公式，计算未知量的物质的量

$$n(CO_2)=n(C_2H_2) \times 2=2.1 \times 2=4.2mol$$

第四步，用摩尔质量将所需物质的物质的量转化为质量

$$m(CO_2)=n(CO_2) \times M(CO_2)=4.2mol \times 44g/mol=184.8g$$

答：该反应会产生184.8克二氧化碳。

思考与练习

5.39 钠可与氧反应生成氧化钠（Na_2O），
  a. 当 57.5g Na 反应时能生成多少克 Na_2O？
  b. 如果有 18.0g Na，在反应中会消耗多少克的 O_2？
  c. 生成 75.0g Na_2O 需要多少克 O_2？

5.40 氮气与氢气在一定条件下反应生成氨（NH_3），
  a. 如果有 3.64g H_2 完全反应，会产生多少克 NH_3？
  b. 与 2.80g N_2 完全反应会消耗 H_2 多少克？
  c. 从 12.0g H_2 中生成多少克 NH_3？

5.41 氨气与氧气在一定条件下反应生成氮气和水，
  a. 与 13.6g 的 NH_3 反应需要 O_2 多少克？
  b. 当 6.5g NH_3 完全反应会生成多少克 N_2？
  c. 当 34.0g NH_3 完全反应会生成多少克水？

5.42 三氧化二铁和碳一定条件下能生成铁和一氧化碳
  a. 与 16.5g Fe_2O_3 完全反应需要多少克碳？
  b. 当 36.0g 碳完全反应会生成 CO 多少克？
  c. 当 32.0g Fe_2O_3 完全反应后会生成多少克 CO？

5.43 二氧化氮和水生成硝酸和一氧化氮
  a. 与 28.0g NO_2 反应需要多少克 H_2O？
  b. 15.8g NO_2 完全反应会获得多少克 NO？
  c. 8.25g NO_2 完全反应生成多少克 HNO_3？

5.44 氰化钙［$Ca(CN)_2$］和水反应生成碳酸钙和氨气
  a. 与 75.0g $Ca(CN)_2$ 完全反应需要多少克水？
  b. 5.24g $Ca(CN)_2$ 完全反应会产生多少克 NH_3？
  c. 若 155g 水完全反应生成多少克 $CaCO_3$？

5.45 硫代硫酸钠和盐酸反应如下：
  $Na_2S_2O_3 + 2HCl \longrightarrow 2NaCl + S\downarrow + H_2O + SO_2\uparrow$
  a. 当有 3.2g 硫生成时，需要硫代硫酸钠多少克？
  b. 现有硫代硫酸钠 1.58g，需多少 mol 的盐酸才能反应完全？

5.46 高锰酸钾和盐酸反应如下：
  $2KMnO_4 + 16HCl \longrightarrow 2KCl + 2MnCl_2 + 5Cl_2\uparrow + 8H_2O$
  a. 3.16g 高锰酸钾完全反应可产生多少克氯气？
  b. 若 0.1mol 盐酸完全反应，需多少克高锰酸钾？

5.47 由过氧化钠（Na_2O_2）和水反应制氢氧化钠和氧气，若要制得2mol氧气，至少需消耗多少克过氧化钠？

5.48 铁和氯化铁溶液反应可制氯化亚铁。现需制取38.1g的氯化亚铁，需铁和氯化铁各多少克？

5.49 电解水可制氢气和氧气，若需生产3mol的氢气，至少需多少克水？

5.50 由高锰酸钾和盐酸反应生成氯气，再和铁粉反应生成氯化铁，若最终生成氯化铁8.125g，需高锰酸钾多少克？

5.51 电解水制氢气和氧气，若生成氧气1mol时，生成氢气可完全制得氯化氢多少克？

第5章

化学反应

学习目标

- 能描述焓变、放热反应、吸热反应的概念。
- 能正确书写热化学反应方程式。

5.7 化学反应中的能量

早在50万年前，人类就开始使用火，考古学发现，古人类族群中看管火源的人具有崇高的地位，可见火对于人类的重要性。人类对火的利用是科学技术史上的一次伟大创举。有了火，人们不仅可以获得热和光，不再惧怕严寒和夜晚；也可以烹饪食物，使食物的口感及卫生条件大幅提升。正因为火的巨大作用及其神秘性，使得东西方的传统文化中都信奉火是组成自然界的一种必需元素。而对火的研究又直接促进了人们对化学，以及化学反应本质的进一步认知。

现在我们知道，我们所见的火是可燃物与氧气发生剧烈氧化时发出光和热的一种自然现象，在这过程中会有物质的变化和能量的变化。其实对于几乎所有的化学反应过程，都既有物质变化又有能量变化。在这过程中，释放或吸收热量是化学反应中能量变化的主要形式之一。人们现在已广泛利用化学反应中释放或吸收的热量为生产生活服务，如对人体补充糖分可增加人体的热量，燃烧煤或石油等矿物获取巨大能源等都是化学反应热效应的重要应用（见图5.26）。

5.7.1 化学反应的焓变

在化学反应过程中，当反应物和生成物具有相同温

(a)氧气-乙炔焰焊接

(b)火箭发射

图5.26 化学反应中能量变化的应用

度时，所吸收或放出的热量称为化学反应的反应热。在化工生产和科学实验中，化学反应通常是在敞口容器中进行的，反应体系的压强与外界压强相等，即反应是在相同压强下进行的。在恒温、恒压条件下，化学反应过程中吸收或释放的热量称为反应的**焓变**，用 ΔH 表示，单位常用 kJ/mol。

$$\Delta H = 生成物总能量 - 反应物总能量$$

一个化学反应是吸收能量还是放出能量，取决于反应物的总能量和生成物的总能量的相对大小。若反应物的总能量小于生成物的总能量，则反应过程中吸收能量；若反应物的总能量大于生成物的总能量，则反应过程中放出能量（见图5.27）。

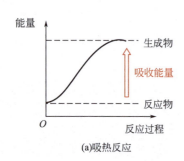

(a)吸热反应

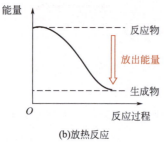

(b)放热反应

图5.27 化学反应中能量的变化

5.7.2 热化学方程式

在化学反应中能量的变化通常以热量等形式表现出来，只是对于有些反应这热量很小，以至于不能被我们所感知，但如果用精密的仪器还是能测量的。我们将吸收热量的反应，即反应物的总能量小于生成物的总能量的反应，称为**吸热反应**，吸热反应的 $\Delta H > 0$；放出热量的反应，即反应物的总能量大于生成物的总能量的反应，称为**放热反应**，放热反应的 $\Delta H < 0$。能够表示反应热的化学方程式叫做**热化学方程式**。

例如铝热反应，即铝和氧化铁的反应。反应放出巨大的热量，温度可达到2500℃。铝热反应常被用于切割或焊接铁轨（见图5.28）。

$$2Al(s) + Fe_2O_3(s) \longrightarrow 2Fe(l) + Al_2O_3(s) \quad \Delta H = -850 \text{kJ/mol}$$

有些反应在反应过程中会吸取环境的能量，称为吸热反应。比如将八水合氢氧化钡晶体研磨后与氯化铵晶体在烧杯中混合，混合的过程会吸收大量的热量，能冻结住烧杯下的水滴，从而"粘住"玻璃片（见图5.29）。反应的原理是铵根离子水解时需吸收能量，从而使水的温度下降至冰点。

$$Ba(OH)_2 \cdot 8H_2O + 2NH_4Cl \longrightarrow BaCl_2 + 2NH_3\uparrow + 10H_2O$$

下面来观察下列表示氢气在氧气中燃烧生成水的反应热效应的化学方程式，观察其在书写上与化学反应方

图5.28 应用铝热反应的剧烈放热熔融铁渣，使其焊接铁轨

程式有何不同。

$$2H_2(g)+O_2(g) \longrightarrow 2H_2O(l) \quad \Delta H=-571.6kJ/mol$$
$$2H_2(g)+O_2(g) \longrightarrow 2H_2O(g) \quad \Delta H=-483.6kJ/mol$$
$$H_2(g)+\frac{1}{2}O_2(g) \longrightarrow H_2O(l) \quad \Delta H=-285.8kJ/mol$$
$$H_2(g)+\frac{1}{2}O_2(g) \longrightarrow H_2O(g) \quad \Delta H=-241.8kJ/mol$$

可以看到，虽然原料一样，产物水的状态不一样，放出的热量也是不一样的，同时由于反应热的量是和反应物的量相关的，所以2mol氢气燃烧生成水放出的热量是1mol氢气燃烧生成水放出热量的2倍。

由于反应热与温度、压强、反应物及生成物的状态等因素相关，在书写热化学方程式时应标明反应物及生成物的状态、反应温度和压强。若不标明温度和压强，则表示在25℃，101kPa条件下的反应热，这样的方程称为**热化学方程式**。在热化学方程式中，反应物和生成物的聚集状态必须标注，因为同一种物质聚集状态不同，其能量是不同的，比如1mol液态水和1mol气态水的能量不同，所以反应放出的热量也是不同的。在热化学方程式中，物质化学式前面的系数，即化学计量数表示物质的量，可以用整数或分数表示。同一化学反应，热化学方程式中物质的化学计量数不同，反应的 ΔH 也不同。

【例题5.12】

发射卫星时可用肼（N_2H_4）作燃料，已知在25℃时1g肼气体与气态氧气燃烧生成氮气和水蒸气，放出16.7kJ的热量，请判断下列肼燃烧反应的热化学方程式是否正确。

（1）$N_2H_4(g)+O_2(g) \longrightarrow N_2(g)+2H_2O(g)$
　　$\Delta H=534.4kJ/mol$

（2）$N_2H_4(g)+O_2(g) \longrightarrow N_2(g)+2H_2O(g)$
　　$\Delta H=-534.4kJ/mol$

（3）$N_2H_4(g)+O_2(g) \longrightarrow N_2(g)+2H_2O(l)$
　　$\Delta H=-534.4kJ/mol$

（4）$N_2H_4+O_2 \longrightarrow N_2+2H_2O \quad \Delta H=-534.4kJ/mol$

（5）$\frac{1}{2}N_2H_4(g)+\frac{1}{2}O_2(g) \longrightarrow \frac{1}{2}N_2(g)+H_2O(g)$
　　$\Delta H=-267.2kJ/mol$

图5.29　八水合氢氧化钡晶体与氯化铵晶体反应吸收大量的热，能将水结冰，粘住玻璃片

解：先来算算反应热的数值是多少，1g肼气体与气态氧气燃烧生成氮气和水蒸气，放出16.7kJ的热量，而肼（N_2H_4）的摩尔质量为32g/mol，所以1mol肼放出的热量为32g/mol×16.7kJ/g=534.4kJ/mol。放热反应$\Delta H<0$，所以（1）不对。再来看热反应方程式的要求，其规定必须标注反应物和生成物的状态，所以（4）不对，同时题目中写明是产生水蒸气，所以（3）不对。根据各项要求，（2）是符合要求，但如果把（2）式反应前后的系数均除以2，且反应热也除以2，那就得到了（5），所以（5）也正确，同样可以表达该热化学反应。

像第2章中介绍的测量食物卡路里值的量热计，化学反应的反应热也可用量热计测量。在实验过程中，尽可能保证反应物能充分反应，同时减少与外界的热交换，以减小实验误差。

25℃时，1g甲烷气体在氧气中完全燃烧生成二氧化碳气体和液态水，放出55.64kJ的热量，写出该反应的热化学方程式。

思考与练习

5.52 1mol碳与1mol水蒸气反应生成1mol一氧化碳和1mol氢气，需要吸收131.5kJ的热量，该反应的反应热ΔH为多少？

5.53 已知在25℃、101kPa下，1g液态C_8H_{18}（辛烷）燃烧生成二氧化碳气体和液态水时放出48.40kJ热量，表示上述反应的热化学方程式正确的是：

a. $C_8H_{18}(l)+\dfrac{25}{2}O_2(g) \longrightarrow 8CO_2(g)+9H_2O(l)$
$\Delta H=-48.40\text{kJ/mol}$

b. $C_8H_{18}(l)+\dfrac{25}{2}O_2(g) \longrightarrow 8CO_2(g)+9H_2O(l)$
$\Delta H=-5518\text{kJ/mol}$

c. $C_8H_{18}(l)+\dfrac{25}{2}O_2(g) \longrightarrow 8CO_2(g)+9H_2O(l)$
$\Delta H=+5518\text{kJ/mol}$

d. $C_8H_{18}(l)+\dfrac{25}{2}O_2(g) \longrightarrow 8CO_2(g)+9H_2O(g)$
$\Delta H=-5518\text{kJ/mol}$

5.54 常温下14g CO在足量氧气中充分燃烧，放出141.3kJ热量，写出该热化学方程式。

5.55 已知：$C(s)+O_2(g) \longrightarrow CO_2(g)$
$\Delta H=-393.5\text{kJ/mol}$，要获得1000kJ热量，需燃烧多

少克碳？

5.56 已知：S(s)+O$_2$(s)=SO$_2$(s)
ΔH=−290.6kJ/mol　求1.6g硫燃烧成为SO$_2$气体，放出多少热量？

5.57 若2.6g乙炔（C$_2$H$_2$，气态）完全燃烧生成液态水和CO$_2$气体时放热130kJ。请写出乙炔燃烧的热化学方程式。

5.58 已知
C(s)+O$_2$(s) ⟶ CO$_2$(g)　ΔH=−393.5kJ/mol
CaCO$_3$(s) ⟶ CaO(s)+CO$_2$(g)　ΔH=+178.2kJ/mol
若要将1t碳酸钙煅烧成生石灰，理论上至少需要多少千克焦炭？

5.59 家用液化气主要成分之一是丁烷，当10kg丁烷完全燃烧并生成二氧化碳和液态水时，放出热量5×10^{5}kJ，写出该反应的热化学方程式。

5.8　化学反应速率

5.8.1　化学反应速率

我们生活在千变万化的地球上，可以接触到许许多多的化学反应。化学反应有快有慢，如酸碱中和、炸药爆炸等反应进行得非常迅速，在瞬间就能完成；但有些反应，如岩石风化、石油的形成等进行得非常缓慢，在有限的时间内难以察觉。那么如何表示化学反应速率的大小呢？

化学反应速率是描述化学反应快慢的物理量，用单位时间内某反应物浓度的减少或某生成物浓度的增加来表示。如果浓度单位用mol/L，时间单位用s（秒）、min（分钟）或h（小时）等，化学反应速率单位即为mol/（L·s）、mol/（L·min）或mol/（L·h）等。

某一化学反应的速率，可用该反应中某一物质的浓度变化表示。如在合成氨反应N$_2$+3H$_2$ ⇌ 2NH$_3$的某一时刻，H$_2$的浓度为2mol/L，经过2min后，H$_2$的浓度为1.6mol/L，由于H$_2$的浓度在2min内减少了0.4mol/L，所

学习目标

● 理解化学反应速率的含义。
● 列举影响化学反应速率的因素。

以在这2min内，该反应的平均反应速率

$$v(H_2) = \frac{0.4\text{mol/L}}{2\text{min}} = 0.2\text{mol/(L·min)}$$

即化学反应的速率针对某一反应物或生成物，$v = \frac{\Delta c}{\Delta t}$。

5.8.2 化学反应速率的影响因素

不同的化学反应，反应速率是不同的。影响化学反应速率的因素，最主要的是内因，其次才是外因。所谓内因，即反应物本身的结构和性质，如氢气和氟气，光照即爆炸迅速化合，氢气和碘即使加热条件下化合反应也很慢；外因则是指外界条件对化学反应的影响，如反应的温度、反应物的浓度、压力及催化剂等。

（1）温度

【演示实验5.1】 取2支试管，各加入4mL 0.1mol/L $Na_2S_2O_3$溶液，另取2支试管，各加入2mL 0.1mol/L H_2SO_4溶液。将1支盛有$Na_2S_2O_3$溶液的试管和1支盛有H_2SO_4溶液的试管浸入热水浴，将另外2支试管浸入冰水浴。一段时间后，同时分别将2组温度相同的试管中的溶液混合。观察哪个试管中先出现浑浊。

实验现象：热水浴中试管先出现浑浊现象，而冰水浴中的反应出现浑浊缓慢。

实验原理：$Na_2S_2O_3$与H_2SO_4反应的化学方程式为

$$Na_2S_2O_3 + H_2SO_4 \longrightarrow Na_2SO_4 + SO_2\uparrow + S\downarrow + H_2O$$

说明温度的变化能显著影响化学反应速率：温度高的化学反应速率高，温度低的化学反应速率低。可以得出结论：**当其他条件不变时，升高反应温度，可以提高化学反应速率；降低反应温度，可以降低化学反应速率。** 1884年，荷兰化学家范特霍夫通过大量实验，总结出一条经验规律：温度每升高10℃，化学反应速率增大到原来的2～4倍。

在较高的温度下，反应物的动能增加，使它们运动得更快，反应物之间的碰撞更频繁。它提供了更多的与活化作用所需能量的碰撞，这种碰撞称为"有效碰撞"。例如，想煮食物煮得更快，就提高温度。另一方面，也通过降低温度来减缓反应速率。例如，通过冷藏使易腐食品保存更久。

(2) 反应物浓度

【演示实验5.2】 取2支试管，在其中1支试管中加入4mL 0.1mol/L $Na_2S_2O_3$溶液，在另1支试管中加入2mL 0.1mol/L $Na_2S_2O_3$溶液和2mL H_2O；另取2支试管，各加入2mL 0.1mol/L H_2SO_4溶液。随后将2支试管中的0.1mol/L H_2SO_4溶液同时分别倒入2支盛有$Na_2S_2O_3$溶液的试管中。观察哪个试管中先出现浑浊。

实验现象：2支试管中先后出现浑浊现象，未加水的试管中先出现浑浊，加水稀释的试管中出现浑浊比较缓慢。

说明反应物的浓度可以影响化学反应速率，反应物浓度小的反应速率低。可以得出结论：**当其他条件不变时，增大反应物的浓度，可以提高化学反应速率；减小反应物的浓度，可以降低化学反应速率。**

反应速率会随着反应物浓度的增加而增加，这是因为浓度增加后，反应物间的碰撞机会增多，反应速度变快。

(3) 压强

在一定温度下，压强的改变会影响气体体积的变化。压强增大，气体体积减小；气体体积减小，单位体积内分子的数目就会增加，即气体物质的浓度相应增大。所以，有气体参加的化学反应，改变反应的压强，就相当于改变了气体反应物的浓度，导致化学反应速率发生变化。

可以得出结论：**对于有气体参加的化学反应，当其他条件不变时，增大反应的压强，可以提高化学反应速率；减小反应的压强，可以降低化学反应速率。**

(4) 催化剂

【演示实验5.3】 取2支试管，分别加入3%的H_2O_2溶液2mL，向其中一支试管中再加入少量MnO_2粉末。观察两支试管里的现象有什么不同？

实验现象：加MnO_2的试管中产生的气泡比另一支多得多。

MnO_2能加速H_2O_2的分解，同时反应后MnO_2没有变化。这种能加快反应速率而它本身的组成、质量和化学性质在反应前后保持不变的物质，称为催化剂。有催化

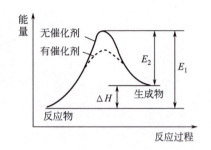

图 5.30 催化剂催化反应原理示意图

剂参加的反应叫催化反应。

催化剂为什么能加快反应？我们认为化学物质往往不是一接触就能发生反应的，它们要像爬山一样，先给它们一个"活化能"，变成"活化分子"，活化分子之间碰撞才能发生反应。而催化剂的作用就是降低活化所需的能量，就像爬山时需要的能量，如果我们找到了一条穿过山丘的隧道，我们就不需要消耗太多能量到另一边（催化原理见图5.30）。

下面以二氧化锰催化分解过氧化氢为水和氧气为例，看看二氧化锰的作用。

$$2H_2O_2 \longrightarrow 2H_2O+O_2\uparrow \text{ 反应速率慢}$$
$$2H_2O_2 \xrightarrow{\text{催化剂}} 2H_2O+O_2\uparrow \text{ 反应速率快}$$

如果没有二氧化锰或其他催化剂，过氧化氢也会缓慢分解，只是速率很慢，但加入二氧化锰之后反应瞬间就变得非常剧烈了。探究其机理，会发现二氧化锰会先和过氧化氢发生氧化还原反应 $H_2O_2+MnO_2 \longrightarrow H_2O+MnO_3$，之后生成的三氧化锰再迅速分解放出氧气和二氧化锰，$2MnO_3 \longrightarrow 2MnO_2+O_2\uparrow$，中间生成的三氧化锰就是反应的"活化分子"，其易形成也易分解，二氧化锰作为催化剂参与了反应，但最后又形成了同等数量的二氧化锰，只是由于它的参与加速了反应。

催化剂能给予能量使较低能量的分子达到活化分子状态，从而使分子间的有效碰撞增多，反应更容易发生。正由于催化剂具有这神奇的作用，使得催化剂成为化学工业中璀璨的明珠。目前，各类反应都在寻找适合的、高效催化剂。

影响反应速率的因素很多，除温度、浓度、压强、催化剂外，还有光、超声波、激光、放射线、电磁波、固体表面积等，也可以影响反应速率。例如光照能使溴化银很快分解析出银，这个原理被应用在照相术上。

化学与医药——酶的催化

演示实验5.3中除了用MnO_2作催化剂之外，还可以用一小块猪肝作催化剂，同样能使过氧化氢迅速分解，这是为什么呢？我们吃了食物，身体很快就可以获得能量，食物为什么能够快速消化、吸收并转化成能量呢？这都是因为生物体内有天然活体催化剂——酶。

酶是存在于生物体内的一种特殊催化剂。酶的种类很多，如淀粉酶、胃蛋白酶、胰蛋白酶等。酶催化作用的选择性极强，一种酶只对一种或一类物质起催化作用，就像一把钥匙开一把锁一样（见图5.31）。例如，淀粉和纤维素都能够发生水解生成葡萄糖，由于人体中含有对淀粉水解反应具有催化作用的淀粉酶，但没有纤维素水解酶，所以人的主食是含有大量淀粉的谷物。淀粉酶催化淀粉迅速水解转化为葡萄糖，葡萄糖在酶作用下氧化，为人体提供能量。酶催化作用的效率极高，如实验室进行蛋白质水解反应，需要在强酸中加热到100℃、约24h才能反应完全；若在人体胃液中，由于胃蛋白酶的作用，蛋白质在体温（约37℃）下就能很快地水解为氨基酸。动物的肝脏中富含各类酶，其与各类进入人体内物质的代谢相关，由于猪肝中有过氧化氢酶，所以能催化过氧化氢分解。

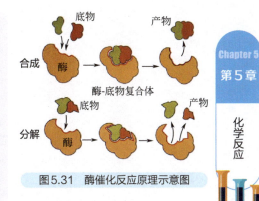

图5.31 酶催化反应原理示意图

练一练

指出下列变化是否会影响化学反应速率：

a. 升高温度；

b. 减少反应物的浓度；

c. 加催化剂；

d. 固体物料反应时将固体物料磨碎；

e. 气体在一密闭容器中反应时，将容器体积缩小一倍。

思考与练习

5.60 决定化学反应快慢的主要因素是：
   a. 反应物浓度　　　　b. 反应温度
   c. 反应物本身性质　　d. 是否有催化剂

5.61 $2SO_2+O_2 \longrightarrow 2SO_3$ 反应中，以下哪项措施可影响反应的速率：
   a. 增加 SO_2 浓度
   b. 升高温度
   c. 加催化剂

5.62 $CaCO_3+2HCl \longrightarrow CaCl_2+H_2O+CO_2\uparrow$ 碳酸钙与过量盐酸反应中，以下哪项措施可加快反应的速率？
   a. 增加HCl的浓度　　　b. 加水
   c. 增加同浓度盐酸的量　d. 将 $CaCO_3$ 块状磨成粉

5.63 在密闭容器里，通入 x mol H_2 和 y mol I_2（g），改变下列条件，反应速率将如何改变？

a. 升高温度

b. 冲入更多的氢气

c. 扩大容器体积

5.64 下列各选项会如何改变反应速率？

$2NO + 2H_2 \longrightarrow N_2 + 2H_2O$

a. 加 NO

b. 降低温度

c. 加催化剂

5.65 足量铁粉与一定量盐酸反应，为了减慢反应速率，但不减少氢气的产量，可加入下列物质中的（　　）。

a. 水　　　　　　　　b. NaOH 固体

c. Na_2CO_3 固体　　　d. NaCl 溶液

- 能描述化学平衡的特征。
- 能列举影响化学平衡的因素。

5.9 化学平衡

5.9.1 可逆反应

$Fe_2O_3 + 3CO \xrightarrow{\text{高温}} 2Fe + 3CO_2$ 是高炉炼铁的主要反应。在 19 世纪后期，人们发现从炼铁高炉的炉口排出的尾气中含有一定量的 CO（见图 5.32）。有的工程师认为，这

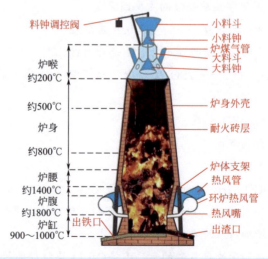

图 5.32　炼铁炉剖面图

是由于CO与铁矿石接触时间不够长的原因。于是在英国耗费了大量资金建造了一个高大的炼铁高炉，以增加CO和Fe_2O_3的接触时间。可后来发现，用这个高炉炼铁，排出的高炉气中CO的含量并未减少。这是为什么呢？

经过长期的研究，人们发现有些化学反应在一定条件下一旦发生，反应物就能几乎完全转化为生成物，即反应只向一个方向进行。这样的单向反应称为不可逆反应。如在二氧化锰的催化下，用氯酸钾制备氧气的反应。

$$2KClO_3 \xrightarrow{MnO_2} 2KCl+3O_2\uparrow$$

但大多数化学反应，在一定条件下，能同时向两个相反的方向进行，这类化学反应称为**可逆反应**。为了表示反应的可逆性，化学方程式常用可逆符号"$\rightleftharpoons$"，代替反应符号"$\longrightarrow$"，如合成氨反应：

$$N_2+3H_2 \xrightleftharpoons[]{\text{高温高压，催化剂}} 2NH_3$$

在可逆反应中，通常将从左往右进行的反应称为**正反应**，将从右向左进行的反应称为**逆反应**。

可逆反应的特点是在密闭容器中一定量的反应物不能完全转化为生成物。因为在反应开始时，容器中只有反应物，反应物的浓度最大，正反应速率最大，可逆反应以正反应为主。随着反应的进行，反应物的浓度逐渐减小，正反应速率逐渐减小，同时，随着生成物的浓度逐渐增大，逆反应速率也逐渐增大，当反应进行到一定程度时，就会出现正反应速率等于逆反应速率的状态，此时化学反应并没有停止，但各反应物和生成物的浓度均不再随时间而改变，此时可逆反应处于一种特殊的状态，我们称之为**化学平衡**状态。

5.9.2 化学平衡

在一定条件下，可逆反应中的正反应速率和逆反应速率相等，各物质的浓度不再随时间而改变的状态，称为化学平衡。

化学平衡的特征主要表现在三个方面。

（1）动——化学平衡是一个动态平衡，平衡状态下可逆反应仍在进行，只是正、逆反应速率相等。

(2)定——化学平衡是可逆反应进行的最大限度,在可逆反应的平衡体系中,各物质的浓度保持恒定,这是化学平衡的标志。

(3)变——化学平衡是可以改变的,由于化学平衡是在一定条件下建立的暂时的状态,如果平衡体系内某个条件发生改变,原有的平衡即被破坏,进而建立新的化学平衡。

对于可逆反应的平衡状态,可以用化学平衡常数定量描述。化学平衡常数的大小,可以反映一定条件下可逆反应进行的程度,而一个反应的化学平衡常数随着温度的变化而变化。有关化学平衡常数的表达及计算,将在本科阶段进行学习。

5.9.3 化学平衡的移动

化学平衡是有条件的,是相对的。如果平衡体系中的某个条件发生改变,就会使正、逆反应速率不再相等,从而导致可逆反应主要向反应速率较大的方向进行。经过一段时间,可逆反应在新的条件下,又可以建立一个新的平衡状态。因反应条件的改变,使可逆反应从一种平衡状态向另一种平衡状态转变的过程,称为**化学平衡的移动**。

影响化学平衡移动的主要因素有浓度、压强和温度。

(1)浓度对化学平衡移动的影响

【**演示实验5.4**】在烧杯中,加入5mL 0.01mol/L $FeCl_3$溶液和5~10滴0.01mol/L KSCN溶液,加适量的水稀释。再取3支试管,各加入适量上述混合溶液。在第1支试管中加入3~5滴0.01mol/L $FeCl_3$溶液,在第2支试管中加入3~5滴0.01mol/L KSCN溶液。将这2支试管中溶液的颜色和第3支试管中溶液的颜色进行比较。

实验现象:$FeCl_3$和KSCN混合后,溶液颜色呈血红色。在稀释后的血红色溶液中再加入$FeCl_3$或KSCN,均可以使溶液的颜色加深。

实验原理:

$$FeCl_3 + 6KSCN \rightleftharpoons K_3[Fe(SCN)_6] + 3KCl$$
血红色

实验表明任意增加一种反应物的浓度,都能使产物$K_3[Fe(SCN)_6]$的浓度变大,即平衡向右移动,或者说平衡向正反应方向移动。

当可逆反应达到平衡后,如果改变任何一种反应物或生成物的浓度,都会改变正反应或逆反应的速率,引起化学平衡的移动。平衡移动的结果是反应物和生成物的浓度都发生改变,并在新的条件下建立新的平衡。

浓度对化学平衡移动的影响可以叙述为:**在其他条件不变时,增大反应物的浓度或减小生成物的浓度,化学平衡向正反应方向移动;增大生成物的浓度或减小反应物的浓度,化学平衡向逆反应方向移动。**

(2)压强对化学平衡移动的影响

对于有气体参与的可逆反应,如果反应前后气体分子总数相等,则压强的变化对平衡没有影响,因为对反应物和生成物浓度的改变是一样的。但如果反应前后气体分子总数是不相等的,那压强的改变对气体参与反应的正、逆反应速率的影响是不同的。如反应:

$$2NO_2 \rightleftharpoons N_2O_4$$
红棕色　　　无色

实验证明,该可逆反应达到平衡后,如果增大平衡体系的压强,混合气体的颜色先变深后变浅,颜色先变深是由于加压,体积缩小,NO_2 和 N_2O_4 的浓度都增大;后变浅说明平衡向正反应方向移动了。如果减小平衡体系的压强,混合气体的颜色先变浅后变深,颜色先变浅是由于减压,体积增大,NO_2 和 N_2O_4 的浓度都减小;后变深,说明平衡向逆反应方向移动了。

从化学方程式可以看出,反应前气体分子(气态反应物分子)总数为2,反应后气体分子(气态生成物分子)总数为1,即正反应方向是气体分子总数减少的方向。由于反应物的气态分子数多、生成物的气态分子数少,所以增大压强时,正反应速率比逆反应速率提高得多,导致化学平衡向气体分子总数减少的方向,即向正反应方向移动。

压强对化学平衡移动的影响可以叙述为:**在其他条件不变时,增大压强,化学平衡向气体分子总数减少**

（气体体积缩小）的方向移动；减小压强，化学平衡向气体分子总数增加（气体体积增大）的方向移动。

对于反应前后气体分子总数相等的可逆反应，改变压强，不会使化学平衡移动。

（3）温度对化学平衡移动的影响

【演示实验 5.5】 如图 5.33 所示，使用充有二氧化氮和四氧化二氮混合气体的平衡仪。将平衡仪一端放入盛有热水的烧杯中，另一端放入盛有冰水的烧杯中。几分钟后观察两端球中气体颜色的变化。

实验现象：浸入热水一端中气体的红棕色比室温时的颜色深，浸入冰水一端中气体的红棕色比室温时的颜色浅。

图 5.33　温度对化学平衡移动的影响

实验原理：
$$2NO_2 \rightleftharpoons N_2O_4 \quad \Delta H < 0$$
　　　　　红棕色　　　无色

二氧化氮生成四氧化二氮是放热反应，逆反应是吸热反应。

这实验说明升高温度，红棕色二氧化氮的浓度增加，平衡向逆反应方向即吸热方向移动；降低温度，无色四氧化二氮的浓度增加，平衡向正反应方向即该放热方向移动。

化学反应常伴有吸热或放热现象的发生，同时温度对化学反应速率有影响，所以温度对化学平衡也有影响。升高温度能同时增加正、逆反应的速率，但增加的幅度不同，所以平衡会移动。

温度对化学平衡移动的影响可以叙述为：**在其他条件不变时，升高温度，化学平衡向吸热反应方向移动；降低温度，化学平衡向放热反应方向移动。**

由于催化剂能够同时同等程度地影响正、逆反应速率，所以在化学反应中使用催化剂，不能使化学平衡移动，即**催化剂对化学平衡的移动没有影响**，但催化剂可以改变可逆反应达到平衡状态的时间。

【例题 5.13】

牙齿的损坏实际是牙釉质[$Ca_5(PO_4)_3OH$]溶解的结果。在口腔中存在着如下平衡：$Ca_5(PO_4)_3OH(s) \rightleftharpoons$

$5Ca^{2+}+3PO_4^{3-}+OH^-$。当食物残渣糖附着在牙齿上发酵时，会产生H^+，试用化学平衡理论说明经常吃甜食对牙齿的影响。

解：食物残渣或糖发酵产生的H^+会中和牙釉质溶解产生的OH^-，使得平衡中OH^-浓度变小，生成物浓度减小，平衡向正反应方向移动，结果是牙釉质不断溶解，最终造成牙齿的损坏。

 链接

化学与医药——高压氧舱治疗

血液中的血红蛋白（Hb）具有输送氧的功能，遇氧结合成氧合血红蛋白（HbO_2）。血红蛋白输送氧的功能基于下列可逆反应：$Hb+O_2 \rightleftharpoons HbO_2$，由于氧气的吸入，肺部氧气浓度增大，平衡向生成氧合血红蛋白的方向移动；当氧合血红蛋白随血液循环流经组织时，氧气被利用，浓度降低，平衡向氧合血红蛋白分解的方向移动，从而以维持组织对氧的需要。临床输氧抢救病人正是利用了这一化学平衡移动的原理。

高压氧舱（图5.34）密闭耐压，通过向舱内输入高压氧或高压空气，使舱内形成一个高压环境，病人在舱内吸氧治疗，向缺氧机体提供有效、充足的氧，增加组织中的氧储量。

高压氧是目前治疗一氧化碳中毒重要的手段之一，目的在于促进一氧化碳的快速排出，而加压吸纯氧，一氧化碳的排出速度则会更快。同时，高压氧能够及时为患者纠正缺氧，使碳氧血红细胞处于正常水平。它还有助于驱使一氧化碳和与其结合的各种分子分离，并使其恢复功能，阻止碳氧血红蛋白向一氧化碳血红蛋白的转变以及减少一氧化碳与其他分子的结合，纠正一氧化碳引起的组织中毒。

高压氧舱除可以用于治疗或辅助治疗一氧化碳、硫化氢、农药等中毒，急性减压病、气性坏疽、脑外伤、肺水肿、脑缺血性疾病、重度神经衰弱、偏头痛、药物中毒；也可对老年人进行保健治疗，改善心脑功能；还可抑制细菌生长，增强放疗和化疗对恶性肿瘤的疗效。

图5.34 高压氧舱

思考与练习

5.66 下列为可逆反应的是：

a. 氢气与氧气点燃可化合成水，水电解可生成氢气和氧气

b. 实验室制氧气的反应

c. 在催化剂的作用下，二氧化硫与氧气反应生成三氧化硫的同时，三氧化硫也有分解

d. 碳酸钙在高温下分解生成氧化钙和二氧化碳，氧化钙和二氧化碳在常温下生成碳酸钙

e. 工业合成氨的反应

5.67 在一定条件下，向一固定容积的容器中投入2mol NO_2 进行反应：$2NO_2 \rightleftharpoons 2NO+O_2$，一段时间后测得 NO_2、NO、O_2 的物质的量可能是

a. 2mol NO、0.75mol O_2

b. 1mol NO_2、1.2mol NO

c. 2mol NO

d. 0.7mol O_2

5.68 当可逆反应 $2SO_2+O_2 \rightleftharpoons 2SO_3$ 达平衡时，通入 $^{18}O_2$，再次平衡时，^{18}O 存在于

a. SO_3 O_2

b. SO_2 SO_3

c. SO_2 O_2

d. SO_2 O_2 SO_3

5.69 现有一已配平的化学反应 $P+Q \rightleftharpoons R+S$，反应物和生成物均为气态，则在恒温下已达平衡状态的是

a. 反应容器内压强不随时间变化

b. P和S的生成速率相等

c. 反应容器内P、Q、R、S四者共存

d. 反应容器内总物质的量不随时间变化

5.70 分别判断下列反应，在压强增加或温度下降时平衡移动的情况。

a. $CaO+3C \rightleftharpoons CaC_2+CO$ $\Delta H>0$

b. $4NH_3+5O_2 \rightleftharpoons 4NO+6H_2O$ $\Delta H<0$

c. $3NO_2+H_2O \rightleftharpoons 2HNO_3+NO$ $\Delta H<0$

d.$N_2+O_2 \rightleftharpoons 2NO \quad \Delta H>0$

e.$CaCO_3 \rightleftharpoons CaO+CO_2 \quad \Delta H>0$

f.$2NH_3 \rightleftharpoons N_2+3H_2 \quad \Delta H>0$

5.71 在新制的氯水中存在下列平衡：$Cl_2+H_2O \rightleftharpoons HCl+HClO$ 若向氯水中投入少量$CaCO_3$粉末，则：

a.平衡不移动

b.平衡向正反应方向移动，氯水颜色变浅

c.平衡移动，且HClO浓度减小

d.平衡移动，且HClO浓度增大

5.72 试用化学平衡移动的原理解释下列现象

a.手上有油污，用热水加肥皂洗得更干净

b.打开汽水瓶，有大量气体逸出

本章小结

5.1 化学反应方程式

学习目标：能根据反应物和生成物写出化学方程式；能确认反应物和生成物的数量及反应条件。

在化学反应中，反应物的化学式在单箭头左边，生成物的化学式在单箭头右边。当在同一边有两个或者更多的化学式时，用加号分开，用三角符号表示需加热的反应。如果反应物没有气体而生成物中有气体，用"↑"在该气体的化学式后标注出来；如果反应物在水溶液中均可溶而生成物中有难溶性物质，用"↓"标注出该沉淀；如果一个反应是可逆反应，用双箭头，即可逆符号 $\rightleftharpoons$ 表示。每一个方程式必须写成一个平衡方程，以表示反应前后原子组合不同，但个数相同（即原子守恒定律）。

5.2 化学反应类型

学习目标：能说明化合反应、分解反应、置换反应、复分解反应及燃烧反应的主要特点。

化合反应是指由两种或两种以上的物质反应生成一种新物质的化学反应。**分解反应**是指由一种物质生成两种或者多种新物质的化学反应。**置换反应**是单质与化合物反应生成另一种单质与化合物的化学反应。**复分解反应**是由两种化合物互相交换成分，生成另外两种化合物的化学反应。**燃烧反应**，通常是燃料，与空气中的氧气反应，伴随热或火焰的形式产生能量，并生成二氧化碳和水。

5.3　氧化还原反应

学习目标：能判断反应是否属于氧化还原反应；能利用电子得失或化合价升降来配平氧化还原反应；能列举常见的氧化剂与还原剂。

在反应过程中电子有转移的就叫**氧化还原反应**。在反应中失去电子（或者说提供电子）的反应物称为**还原剂**；在反应中得到电子（或者说接受电子）的反应物，称为**氧化剂**；还原剂在氧化还原反应后有关元素的化合价升高，它被氧化剂氧化，发生**氧化反应**；氧化剂在氧化还原反应后有关元素的化合价降低，它被还原剂还原，发生**还原反应**。

配平氧化还原反应方程式的原则是：还原剂失去电子的总数（或化合价升高的总数）与氧化剂得到电子的总数（或化合价降低的总数）必相等；反应前后每一元素的原子数相等。

常见的氧化剂是氧化还原反应中其有关元素化合价易降低的物质；常见的还原剂是其有关元素化合价容易升高的物质。

5.4　物质的量

学习目标：能理解物质的量的概念；能利用阿伏伽德罗常数进行物质的量与微粒数之间的换算。

物质的量，用 n 表示。物质的量的单位是摩尔，符号 mol，1 摩尔包含 6.02×10^{23} 个微粒。这个数字，叫作阿伏伽德罗常数，用 N_A 表示。

1 mol 微粒 = 6.02×10^{23} 个微粒

5.5 摩尔质量

学习目标：能利用化学式计算化合物的摩尔质量；能利用摩尔质量转换质量和摩尔。

摩尔质量，就是每摩尔物质所具有的质量，用 M 表示。物质的摩尔质量数值上等同于其原子（分子或化学式）量，单位为 g/mol。用摩尔质量可将某物质的物质的量转换为质量，或者将某物质的质量转换为物质的量。

它们之间的关系为 $n=\dfrac{m}{M}$。

5.6 化学反应中的相关计算

学习目标：能根据化学反应方程式的系数，由已知量求未知量的物质的量或质量。

在任何化学反应中，反应物总量等于产物总量。如果把所有反应物称重，它们的总质量一定等于产物的总质量。这就是所谓的"**质量守恒定律**"。

配平的化学方程式中，各反应物和生成物的系数比就是其参与反应的物质的量之比。

5.7 化学反应中的能量

学习目标：能描述焓变、放热反应、吸热反应的概念；能正确书写热化学反应方程式。

在化学反应过程中，当反应物和生成物具有相同温度时，所吸收或放出的热量称为化学反应的**反应热**。在恒温、恒压的条件下，化学反应过程中吸收或释放的热量称为反应**焓变**，用 ΔH 表示，单位常用 kJ/mol。ΔH= 生成物总能量−反应物总能量。吸收热量的反应，即反应物的总能量小于生成物的总能量的反应，称为**吸热反应**，吸热反应的 $\Delta H>0$；放出热量的反应，即反应物的总能量大于生成物的总能量的反应，称为**放热反应**，放热反应的 $\Delta H<0$。

能够表示反应热的化学方程式叫做热化学方程式。在热化学方程式中，反应物和生成物的聚集状态必须标注；物质化学式前面的系数，即化学计量数表示物质的量，可以用整数或分数表示。同一化学反应,热化学方程式中物质的化学计量数不同,反应的 ΔH 也不同。

5.8 化学反应速率

学习目标:理解化学反应速率的含义,列举影响化学反应速率的因素。

化学反应速率是描述化学反应快慢的物理量,用单位时间内某反应物浓度的减少或某生成物浓度的增加来表示。如果浓度单位用mol/L,时间单位用s(秒)、min(分钟)或h(小时)等,化学反应速率单位即为mol/(L·s)、mol/(L·min)或mol/(L·h)等。

不同的化学反应,反应速率是不同的,影响化学反应速率的因素,最主要的是内因,其次才是外因。所谓内因,即反应物本身的结构和性质;外因则是指外界条件对化学反应的影响,如反应的温度、反应物的浓度、压力及催化剂等。

5.9 化学平衡

学习目标:能描述化学平衡的特征;能列举影响化学平衡的因素。

在一定条件下,能同时向两个相反的方向进行,这类化学反应称为**可逆反应**。当反应进行到正反应速率等于逆反应速率的状态,此时化学反应并没有停止,但各反应物和生成物的浓度均不再随时间而改变,我们称之为**化学平衡状态**。因反应条件的改变,使可逆反应从一种平衡状态向另一种平衡状态转变的过程,称为**化学平衡的移动**。

影响化学平衡移动的主要因素有浓度、压强和温度。催化剂对化学平衡的移动没有影响。

 习题

概念及应用题

5.73 各列举一个水作为反应物或生成物参与的化

合反应、分解反应、置换反应、复分解反应和燃烧反应。

5.74 以物质的量 n 为核心，绘制出其与质量 m、微粒数之间的关系图。

5.75 各列举三种含金属的氧化剂，三种不含氧的氧化剂，三种不含氢的还原剂。

5.76 根据图5.30解释催化剂加快反应速率的原因。

5.77 列举能影响反应速率的因素。

5.78 列举能影响化学平衡的因素。

5.79 图5.30描述的是吸热反应，请绘制催化剂对放热反应影响的示意图，并解释放热反应是不是不用加热就能自发进行？

5.80 火箭发射使用的一种固体燃料，它燃烧的化学方程式为 $3Al+3NH_4ClO_4 \longrightarrow Al_2O_3+AlCl_3+3NO\uparrow+6X\uparrow$，X 的化学式为（　　）。

　　a. H_2O　　　　b. NH_3

　　c. NO_2　　　　d. NO

5.81 下列方程式书写正确的是（　　）。

　　a. $2Fe+6HCl \longrightarrow 2FeCl_3+3H_2\uparrow$

　　b. $CO+Fe_2O_3 \longrightarrow 2Fe+CO_2$

　　c. $2NaOH+CuSO_4 \longrightarrow Na_2SO_4+Cu(OH)_2$

　　d. $NaHCO_3+HCl \longrightarrow NaCl+CO_2\uparrow+H_2O$

5.82 化学反应前后，下列各项中，肯定没有变化的是（　　）。

　　① 原子数目；② 原子的种类；③ 分子数目；④ 分子的种类；⑤ 元素的种类；⑥ 物质的总质量；⑦ 物质的种类

　　a. ①②⑤⑥　　　b. ①②③⑤

　　c. ①②⑤⑦　　　d. ③④⑥⑦

5.83 蜡烛燃烧后生成二氧化碳和水，下列说法中正确的是（　　）。

　　a. 蜡烛燃烧前后质量不变

　　b. 蜡烛减少的质量等于生成的二氧化碳和水的质量

Chapter 5
第5章
化学反应

c.蜡烛燃烧后生成物的质量之和等于蜡烛减少的质量与消耗氧气的质量之和

d.燃烧前蜡烛质量加上消耗氧气质量等于生成的二氧化碳和水的质量之和

5.84 下列说法中符合质量守恒定律的是（　　）。
　　a.煤燃烧后剩余残渣的质量减轻了
　　b.一定条件下，10g SO_2 和 5g O_2 反应生成 15g SO_3
　　c.8g 镁和 8g 铝的混合物是 16g
　　d.某有机物在空气中燃烧只生成 CO_2 和 H_2O，则该有机物中一定含有碳、氢、氧元素

5.85 将 m g 硫在 n g 氧气中燃烧，选项中，对于所生成二氧化硫的质量描述最合理的是（　　）。
　　a.一定等于 $(m+n)$ g
　　b.一定小于 $(m-n)$ g
　　c.可能是小于或等于 $(m+n)$ g
　　d.以上答案都正确

5.86 下列关于 $S+O_2 \xrightarrow{\text{点燃}} SO_2$ 的理解不正确的是（　　）。
　　a.表示硫与氧气在点燃条件下反应生成二氧化硫
　　b.参加反应的硫与氧气的质量比是 2∶1
　　c.反应前后硫原子、氧原子的个数均不变
　　d.参加反应的氧气与生成的二氧化硫的分子个数比为 1∶1

5.87 根据化学方程式不能获得的信息是（　　）。
　　a.反应中的反应物和生成物
　　b.各反应物、生成物之间的质量比
　　c.化学反应速率的快慢程度
　　d.反应发生所需要的条件

5.88 下列说法中错误的（　　）。
　　a.在复分解反应中，没有单质参与
　　b.化合反应一定要加热
　　c.置换反应一定有新的单质生成
　　d.分解反应可能有单质生成

5.89 下列关于化学反应"$X_2+3Y_2 \longrightarrow 2W$"的说法中，错误的是（　　）。

　　a.W 的化学式为 XY_3

　　b.若 m g X_2 和 n g Y_2 恰好完全反应，则生成（$m+n$）g W

　　c.若 X_2 和 Y_2 的摩尔质量分别为 M 和 N，则 W 的摩尔质量为（$M+N$）g/mol

5.90 下雪时常用融雪剂清理路面，醋酸钾（CH_3COOK）是效果较好的融雪剂。下列关于 1mol CH_3COOK 的叙述中，正确的是（　　）。

　　a.摩尔是国际单位制中七个基本物理量之一

　　b.CH_3COOK 的摩尔质量为 98g

　　c.1mol CH_3COOK 含有 2mol 氧

　　d.1mol CH_3COOK 含有 $3×6.02×10^{23}$ 个氢原子

5.91 若 a mol H_2SO_4 中含有 b 个氧原子，则阿伏伽德罗常数可以表示为（　　）。

　　a.$a/(4b)$ mol^{-1}　　　b.b/a mol^{-1}

　　c.$a/4b$ mol^{-1}　　　d.$b/(4a)$ mol^{-1}

5.92 1.28g 某气体含有的分子数目为 $1.204×10^{22}$，则该气体的摩尔质量为（　　）。

　　a.32　　　　　　b.64

　　c.64g/mol　　　d.32g/mol

5.93 下列物质中含有原子数最多的是（　　）。

　　a.0.2mol 氨气

　　b.32g 二氧化硫

　　c.$6.02×10^{22}$ 个硫酸分子

　　d.64g 铜

5.94 铝在氧气中燃烧生成氧化铝，该反应中，铝、氧气、氧化铝的质量比为（　　）。

　　a.27∶32∶102

　　b.9∶8∶17

　　c.4∶3∶2

　　d.108∶96∶102

5.95 请配平以下氧化还原反应，标出电子转移的

方向与数量

a. $H_2S+SO_2 \longrightarrow S+H_2O$

b. $NO_2+H_2O \longrightarrow HNO_3+NO$

c. $K_2MnO_4+FeSO_4+H_2SO_4 \longrightarrow MnSO_4+Fe_2(SO_4)_3+K_2SO_4+H_2O$

d. $FeCl_2+H_2O_2+HCl \longrightarrow FeCl_3+H_2O$

e. $HClO_3+P_4+H_2O \longrightarrow HCl+H_3PO_4$

f. $Zn+HNO_3 \longrightarrow Zn(NO_3)_2+NH_4NO_3+H_2O$

g. $K_2Cr_2O_7+C+H_2SO_4 \longrightarrow Cr_2(SO_4)_3+K_2SO_4+CO_2+H_2O$

h. $Fe+NaNO_2+NaOH \longrightarrow Na_2FeO_2+NH_3+H_2O$

i. $Na_3AsO_3+I_2+H_2O \longrightarrow Na_3AsO_4+HI$

j. $H^++NO_3^-+Fe^{2+} \longrightarrow Fe^{3+}+NO+H_2O$

5.96 已知反应 $H_2(g)+Br_2(l) \longrightarrow 2HBr(g)$，$\Delta H=-72.8kJ/mol$，下列说法正确的是（　　）。

a. 该反应放热，无需加热即可反应

b. 反应物总能量小于生成物总能量

c. 1mol H_2 与 1mol Br_2 反应放出 72.8kJ 热量

d. 反应 $H_2(g)+Br_2(g) \longrightarrow 2HBr(g)$ 的焓变 $\Delta H>72.8kJ$

5.97 化学反应速率一般用单位时间内反应物浓度的_____或生成物浓度的_____来表示，单位常用_____。

5.98 反应 $2A(g)+B(g) \longrightarrow 2C(g)$，若 2min 内 A 由 1.2mol/L 变为 0.6mol/L，则 $v(A)=$_____，$v(B)=$_____，$v(C)=$_____。

5.99 影响化学反应速率的因素：

a. 内因，即物质的_____。

b. 外因，即_____。

① 温度：其他条件不变时，升高温度，无论对吸热反应还是对放热反应，反应速率都_____。

② 浓度：其他条件不变时，增大反应物的浓度，反应速率将_____；同样绿豆大小的两块金属钠分别与不同量的水反应，速率

有区别吗_____；石灰石与盐酸反应时，再加一块同样大小的石灰石，反应速率有变化吗_____；若往盐酸中加少量水，反应速率如何变化_____。

③ 压强：对有气体参加的反应，增大压强，反应速率将_____。

④ 催化剂：其他条件不变时，使用适宜的催化剂，反应速率将_____。一般认为，使用适宜催化剂能改变反应进行的途径，降低_____。

5.100 可逆反应是指_____，化学平衡状态是指_____，其特征是_____，化学平衡状态的判定：对任何可逆反应，判断是否达到平衡的根本依据都是_____。

5.101 化学平衡的条件改变时，平衡就会发生_____。

a. 当 v（正）>v（逆）时，平衡向_____方向移动；

b. 当 v（正）<v（逆）时，平衡向_____方向移动。

5.102 影响化学平衡的因素

a. 浓度：增大反应物的浓度或减小生成物的浓度，平衡向_____方向移动；增大生成物的浓度或减小反应物的浓度，平衡向_____方向移动。

b. 温度：升高温度，平衡向_____的方向移动，此时吸热反应和放热反应的速率都_____，但_____增大得更多；降低温度，平衡向_____方向移动，此时吸热反应和放热反应的速率都_____，但降低得更多。

c. 压强：增大压强，平衡向_____的方向移动，此时体积增大的反应和体积减小的反应速率都_____，但_____增大得更多；减小压强，平衡向_____方向移动，此时体积增大的反应和体积减小的反应速率都_____，但_____减小得更多。

拓展题

5.103 属于可逆反应的是（ ）。
a. 碘受热变成碘蒸气，遇冷又变成碘固体
b. 在同一反应条件下，氮气和氢气化合生成氨气，氨气同时又可分解成氮气和氢气
c. NH_3 和 H_2O 结合生成 $NH_3·H_2O$，$NH_3·H_2O$ 受热又可分解成 NH_3 和 H_2O
d. NH_4Cl 受热分解成 NH_3 和 HCl，NH_3 和 HCl 反应生成 NH_4Cl

5.104 影响化学反应速率的因素是（ ）。
a. 反应物浓度　　b. 反应的温度
c. 催化剂　　　　d. 反应的压强
e. 反应物的本性

5.105 增加反应物的浓度，能够产生影响的是（ ）。
a. 加快化学反应速率
b. 使平衡向正反应方向移动
c. 使平衡向右移动
d. 使平衡向吸热反应方向移动
e. 无法判断

5.106 在一固定体积的密闭容器中，进行如下反应 $C(s)+H_2O(l) \rightleftharpoons CO(g)+H_2(g)$，完成下列填空。
a. 若容器体积为 2L，反应 10s 氢气质量增加了 0.4g，则该时间内一氧化碳的平均反应速率为_____mol/（L·s）。若增加碳的质量，则正反应速率_____。（填"变大""减小"或"不变"）
b. 该反应达到平衡状态的标志是_____。
① 压强不再变化
② $v_正(H_2)=v_正(H_2O)$
③ $c(CO)$ 不变
④ $c(H_2O)=c(CO)$

c. 若升高温度，平衡向右移动，则正反应是_____反应。（填"吸热"或"放热"）

5.107 已知反应 $AgF+Cl_2+H_2O \longrightarrow AgCl+AgClO+HF+O_2$。

a. 反应中氧化剂和还原剂的物质的量之比是多少？

b. 当转移1mol电子时，被氧化的Cl_2的物质的量是多少？

c. 每产生1mol的O_2时，被氧元素还原的Cl_2的物质的量是多少？

d. 反应中的水有多少被氧化？

无 机 化 学
（中职阶段）

Chapter 6

第 6 章

溶液

内容提要

6.1 溶液的组成和类型

6.2 电解质和电离

6.3 溶解性

6.4 溶液的浓度

6.5 溶液稀释与配制

6.6 分散系及胶体的性质

6.7 渗透与渗透压

溶液是由一种或多种物质均匀分散在另一种物质中形成的。比如，生理盐水是固体氯化钠（NaCl）均匀分散在水中形成的水溶液，茶水是茶叶中多种成分均匀分散在水中形成的水溶液，碳酸饮料是二氧化碳（CO_2）气体和糖均匀分散在水中形成的水溶液。海洋也是一个巨大溶液，它由溶解在水里的各种盐组成。在药箱里，消毒的碘酒是在酒精里溶解了碘（I_2）和碘化钾（KI）组成。

人的体液中包含了水、葡萄糖、尿素，以及钾离子、钠离子、氯离子、镁离子、碳酸氢根离子、磷酸氢根离子等。这些物质和水在人体内必须保持适当的数量和浓度，即便是其浓度很小的变化，也可能造成身体的"电解质紊乱"，严重干扰细胞的正常工作而危害健康。所以，测量这些物质的浓度是一种常规的身体检查方法。

通过渗透和透析过程，水、必需的营养物质和废物会进出细胞。在渗透过程中，水流进流出细胞。在透析中，溶液中的小分子和水渗析进细胞膜这一半透膜。人体的肾脏就是通过渗透和透析作用来调节水和体内电解质的量。

- 能解释溶液的相关名词。
- 能应用"相似相溶"原理判断物质的溶解性。

6.1 溶液的组成和类型

溶液是一种均匀的混合物，在溶液中，溶质均匀地分散在另一种物质即溶剂中，且呈现出同一种状态。溶质和溶剂应不发生反应，它们可以按不同比例混合。一点点盐溶解在水中尝起来有一点咸，当更多的盐溶解后，水尝起来更咸了。通常，溶质（在这里是盐）是量小的物质，而溶剂（在这里是水）是量多的物质（见图6.1）。在溶液中，溶质微粒均匀地分散在溶剂微粒中。

【例题6.1】

辨别溶质和溶剂：

a.15g糖溶解在100mL水中；

b.75mL水与25mL异丙醇混匀；

c.用0.10g I_2 和0.06g KI溶解于10.0mL乙醇配制的碘酒。

图6.1 少量盐溶于水，盐是溶质，水是溶剂

解：
a. 糖是溶质，水是溶剂；
b. 异丙醇是溶质，水是溶剂；
c. 碘和碘化钾是溶质，乙醇是溶剂。

6.1.1 溶质和溶剂种类

溶质和溶剂可以是固体、液体或气体，形成的溶液与溶剂一般有同样的物理特性。当糖在水中溶解时，形成的糖溶液是液体。糖是溶质，水是溶剂。苏打水由在水中溶解的二氧化碳及碳酸氢钠（$NaHCO_3$）形成，二氧化碳气体和碳酸氢钠固体是溶质，水是溶剂。表格 6.1 列举了溶质和溶剂以及它们组成的溶液。

表6.1　一些溶液举例

类型	举例	主要溶质	溶剂
气体溶液			
气体溶于气体	空气	氧气	氮气
液体溶液			
气体溶于液体	苏打水 氨水	二氧化碳 氨	水 水
液体溶于液体	食醋	乙酸	水
固体溶于液体	生理盐水 碘酒	氯化钠 碘和碘化钾	水 乙醇
固体溶液			
液体溶于固体	银汞齐	汞	银
固体溶于固体	黄铜 钢	锌 碳	铜 铁

6.1.2 水作溶剂

水是大自然中最常见的溶剂。在水分子中，一个氧原子与两个氢原子共用电子。因为氧电负性比氢强，所以 O—H 键是极性键。在每个极性键中，氧原子带部分负电荷（δ^-），氢原子带部分正电荷（δ^+）。因为水分子的形状是折线形而非直线形，所以水分子是极性分子且极性较强，由其形成的溶剂为极性溶剂（见图 6.2）。

水作溶剂除了其有极性之外，还有一个特点是水分

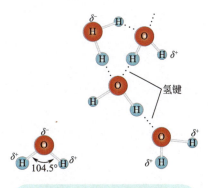

图6.2　水分子的结构
（球棍模型和比例模型）

子之间或水分子与某些极性溶质分子之间会形成氢键。在第4章中已学过氢键，氢键会发生在带部分正电荷的氢原子与那些强电负性的原子，诸如O、N、F原子之间。在图6.2中虚线代表的就是水分子之间的氢键。虽然氢键要比共价键和离子键弱得多，但是会有无数个氢键把水分子连在一起，使得水分子之间的相互作用力更强，这也是常温下水呈液态，而分子量更大的硫化氢呈气态的主要原因。液态的水能溶解许多固体物质，并能让物质在其中相互反应，也正是液态的水孕育了地球上最早的生命。

化学与健康——人体水分的摄入与流失

成人身体质量的60%是水，婴儿体内水含量更高，为其身体质量的75%。大约身体中60%的水在细胞中，称为细胞内液，另外的40%组成细胞外液包括在组织中的细胞间液和血浆。这些细胞外液起到在细胞和循环系统中运输营养成分和废物的作用。

成年人每天会通过尿液、皮肤出汗、肺呼气及肠胃道共排出1500～3000mL的水。成年人如果损失全部体液中10%的水分就会严重脱水，损失20%就会致命。而婴儿损失5%～10%体液即会严重脱水。

人体流失的水分会不断地被喝下去的水或每餐中食物代谢产生的水所补充。表6.2列出了在一些食物中的水比重。

表6.2　一些食物中水的比重

食物	水含量（质量百分比）	食物	水含量（质量百分比）
蔬菜		肉/鱼	
胡萝卜	88	烤鸡	71
西芹	94	煎牛肉饼	60
黄瓜	96	三文鱼	71

续表

食物	水含量（质量百分比）	食物	水含量（质量百分比）
番茄	94		
水果		奶制品	
苹果	85	奶酪	78
哈密瓜	91	全奶	87
橙子	86	酸奶	88
草莓	90		
西瓜	93		

6.1.3 溶液的形成

溶质和溶剂间的相互作用会决定溶液能否形成。当溶质和溶剂分子中有足够大的吸引力，这吸引力大到能让溶质微粒脱离原来的结构时，溶液就形成了。这样的吸引一般在溶质和溶剂有相似的极性时才会产生，即"**相似相溶性**"。

（1）溶质是离子或极性物质所组成的溶液

离子型的溶质，比如氯化钠，溶质和溶质间很强的吸引力发生于带正电荷 Na^+ 和带负电荷的 Cl^- 之间。当氯化钠晶体放入水中，水分子中带部分负电荷的氧原子吸引正电荷的钠离子，其他的水分子中带部分正电荷的氢原子吸引负电荷的氯离子，这时溶解就开始了（见图 6.3）。一旦 Na^+ 和 Cl^- 形成溶液，每个离子都和周围的水分子发生**水合作用**。水合化的离子会减弱其对其他离子的吸引力，从而使其能溶解于溶液中。这样发生在 Na^+、Cl^- 和极性水分子间的、强烈的溶质–溶剂间的吸引作用，提供了形成溶液的能量。

甲醇，CH_3—OH，溶于水形成甲醇水溶液，其分子中极性的羟基（—OH）可以和水分子之间形成氢键（见图 6.4）。类似甲醇，很多极性分子都能与水分子之间形成氢键，通过形成氢键可以极大地增加其在水中的溶解度。比如，甲醇、多羟基的甘油等，均可以和水以任意比例混合。

（2）溶质是非极性物质所组成的溶液

非极性分子，比如碘（I_2）、二硫化碳（CS_2）或四

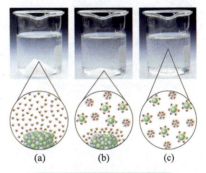

图 6.3 氯化钠晶体表面的离子被水分子所吸引，形成水合钠离子和水合氯离子溶解于水中，氯化钠晶体渐渐减少

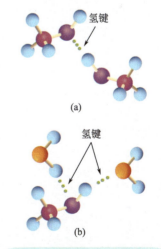

图 6.4 甲醇溶于水，甲醇分子之间，水分子之间，甲醇和水分子之间都会形成氢键

图6.5 碘是非极性分子,在水中溶解度很小,但在非极性的四氯化碳中溶解度很大,所以可以利用四氯化碳将水中的碘萃取出来

氯化碳(CCl_4)等,这些物质在水中的溶解度都很小或不溶解。因为本质上,非极性溶质和极性溶剂之间相互作用很弱,无法均匀分散形成稳定的溶液。非极性溶质可以均匀分散在非极性溶剂中形成均一、稳定的混合物,即溶液。比如,碘难溶于水,但易溶于四氯化碳中,形成紫红色的溶液(见图6.5)。

"相似相溶"指的是溶质和溶剂极性需相似才易于形成溶液,根据"相似相溶"原理,可以初步判断两种物质是否容易形成溶液,或者说初步判断溶质在溶剂中的溶解度,具体见表6.3。

表6.3 溶质和溶剂可能的组合

易于形成溶液,溶质在溶剂中溶解度较大		不易形成溶液,溶质在溶剂中溶解度较小	
溶质	溶剂	溶质	溶剂
极性化合物或离子型化合物	极性溶剂	极性化合物或离子型化合物	非极性溶剂
非极性物质	非极性溶剂	非极性物质	极性溶剂

【例题6.2】

判断并解释以下物质是否会在水中溶解:

a. KCl

b. 辛烷(C_8H_{18}),汽油中的组分之一

解:

a. 会溶解。KCl是离子型化合物。K^+和Cl^-间的吸引力(离子键)会被极性水分子打破,形成水合离子,所以,KCl能溶于水形成水溶液。

b. 不会溶解。C_8H_{18}是烃类化合物,非极性分子,它不会和极性水分子形成溶液。

思考与练习

6.1 指出以下溶液组成中的溶质和溶剂:
  a. 10.0g NaCl 和 100.0mL H_2O 混合
  b. 5.0mL 甘油和 10.0mL H_2O 混合
  c. 0.20L O_2 和 0.80L N_2 混合

6.2 指出以下溶液组成中的溶质和溶剂。
a.50.0g 银和 4.0g 水银混合
b.100.0mL 水和 5.0g 糖混合
c.1.0g Br_2 和 50.0mL 四氯化碳

6.3 描述 KI 水溶液的形成过程。

6.4 描述 LiBr 水溶液的形成过程。

6.5 人们常说炒胡萝卜时要多放油才好吃,也更有营养,通过网络搜索,判断这样的说法是否有科学依据?

6.6 水是极性溶剂,CCl_4 是非极性溶剂。试判断下列物质分别易溶于哪种溶剂?
a.$NaNO_3$　　　　b.I_2
c.蔗糖　　　　　　d.汽油

6.7 水是极性溶剂,CCl_4 是非极性溶剂。试判断下列物质分别易溶于哪种溶剂?
a.植物油　　　　　b.苯
c.LiCl　　　　　　d.Na_2SO_4

6.2　电解质和电离

 学习目标

- 能判断物质为强、弱电解质或非电解质。
- 能正确书写强、弱电解质的电离方程式。

我们知道,有些物质如氯化钠溶于水后,它的水溶液能导电。但有些物质如蔗糖溶于水后,它的水溶液不能导电。为了测试溶液是否导电,可以使用一个由电池、一个用导线串联有小灯泡的电极组成的装置来测试(如图 6.6 所示)。

【演示实验 6.1】如图 6.6,在物质导电试验装置的烧杯内,分别放入硝酸钾、氢氧化钠、蔗糖固体,接通电源观察灯泡现象;再在上述装置中分别放入硝酸钾、氯化氢、氢氧化钠、蔗糖、酒精、甘油等物质的水溶液,接通电源观察灯泡现象。

实验现象:烧杯内为固体时,灯泡均不亮。当烧杯内为硝酸钾、氯化氢、氢氧化钠的水溶液时,灯泡发亮;烧杯内为蔗糖、酒精、甘油的水溶液时,灯泡不亮。

实验原理:固体状态下无论电解质或非电解质均无可自由移动的带电微粒,所以灯泡均不亮。将电极插在硝酸钾、氯化氢、氢氧化钠的水溶液中,将导线连上电

图 6.6　物质导电试验装置

池，当有电流通过时，这些物质溶解后形成的离子在电极之间定向移动，形成了封闭的电路，继而才有电子流经导线，点亮灯泡。蔗糖、酒精、甘油的水溶液中没有或者有极少的自由离子，无电流通过导线，所以灯泡不亮。

6.2.1 电解质和电离

凡是在水溶液中或熔融状态下能导电的化合物叫做**电解质**，如氯化钠。在水溶液中和熔融状态下都不能导电的化合物叫做**非电解质**，如蔗糖。常见的酸、碱、盐都是电解质。

硝酸、氢氧化钾、氯化钾等电解质在水溶液中能够导电；氯化钠、硝酸钾等电解质在熔融状态下也能导电。这是为什么呢？因为这些物质在水溶液中或熔融状态时产生自由移动的离子，因此构成通路而导电。

这些自由移动的离子是怎样产生的呢？通过对电解质的组成进行分析，可以知道有些电解质是离子化合物，有些是共价化合物。离子化合物由离子构成，固态时离子按一定规则紧密排列着，不能自由移动［见图6.7（a）］，溶于水后，受到水分子的作用，能产生自由移动

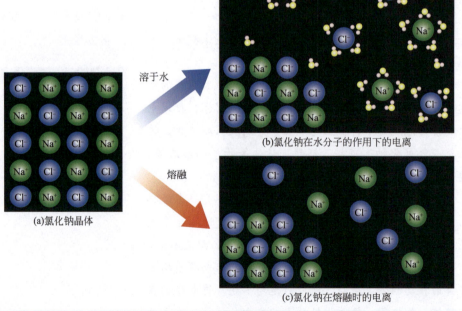

(a)氯化钠晶体
(b)氯化钠在水分子的作用下的电离
(c)氯化钠在熔融时的电离

图6.7 氯化钠的电离

的离子［见图6.7（b）］，或熔化时也能产生自由移动的离子［见图6.7（c）］，因此能导电。

某些共价化合物，例如气态氯化氢、无水醋酸等都不能导电，但将它们溶于水中，在水分子的作用下，发生了离子化过程，进而形成能自由移动的离子，所以它们也能导电（见图6.8）。

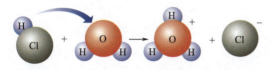

图6.8　氯化氢分子在水中的解离

电解质在水溶液中或熔融状态下，解离产生自由移动的离子的过程叫做电离。实际上，电解质在水中的溶解过程也是它的电离过程。

6.2.2　强电解质和弱电解质

【演示实验6.2】 按图6.6所示，在物质导电试验装置的烧杯内，分别放入20mL 0.1mol/L的氯化钾溶液、氢氧化钾溶液、盐酸和醋酸溶液，接通电源，观察灯泡明亮程度。

实验现象：氯化钾、氢氧化钾和盐酸溶液灯泡较亮（见图6.9），而醋酸溶液的灯泡较暗（见图6.10）。

实验原理：氯化钾、氢氧化钾、氯化氢、醋酸都是电解质，氯化钾溶液、氢氧化钾溶液、盐酸和醋酸溶液都能导电，但由于电离出的离子数不同，所以自由移动的电子数也不同，通过灯泡的电流大小不同造成了灯泡的明暗不同。

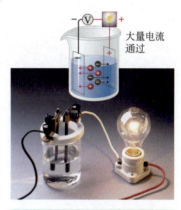

图6.9　0.1mol/L 氯化钾或氢氧化钾或盐酸溶液的导电试验

氯化钾、氢氧化钾、氯化氢等物质，在水中能完全电离成自由移动的离子，而醋酸和氨水等物质在水溶液中只有一部分分子电离成为自由移动的离子，大部分仍以分子存在。例如，经测定，在25℃时0.1mol/L醋酸溶液中，每1000个醋酸分子大约只有13个分子发生电离。

图6.10　0.1mol/L 醋酸溶液的导电试验

我们把在水溶液中全部电离为离子的电解质称为**强电解质**；在水溶液中只有部分电离为离子的电解质称为**弱电解质**。强酸、强碱和大多数盐都是强电解质，例如，硫酸、氢氧化钾、氯化钠、碳酸钾等，它们在水溶液中完全电离。表示电解质电离的式子称为电离方程式，强电解质的电离用"——➤"表示，它们的电离方程式如下：

$$H_2SO_4 \longrightarrow 2H^+ + SO_4^{2-}$$
$$KOH \longrightarrow K^+ + OH^-$$
$$NaCl \longrightarrow Na^+ + Cl^-$$
$$K_2CO_3 \longrightarrow 2K^+ + CO_3^{2-}$$

电离方程中，除了各原子数的配平，方程式两边的电荷也必须配平。例如，硝酸镁的电离会形成一个镁离子和两个硝酸根离子。因此，只有 Mg^{2+} 和 NO_3^- 之间的离子键被打破，多原子离子（NO_3^-）中的共价键是无变化的。$Mg(NO_3)_2$ 的电离方程书写如下：

$$Mg(NO_3)_2 \longrightarrow Mg^{2+} + 2NO_3^-$$

弱酸、弱碱是弱电解质，例如，醋酸、氨水等。它们在水溶液中仅有部分分子发生了电离，而且电离是可逆的，电离式中用"⇌"表示，它们的电离方程式如下：

$$CH_3COOH \rightleftharpoons CH_3COO^- + H^+$$
$$NH_3 \cdot H_2O \rightleftharpoons NH_4^+ + OH^-$$

【例题6.3】

指出下列哪些溶液中的溶质全部以离子存在？全部以分子存在？或者大部分以分子、小部分以离子的状态存在？

a. Na_2SO_4，强电解质

b. CH_3OH，非电解质

c. 苯甲酸，弱电解质

解：

a. Na_2SO_4 在水溶液中完全电离形成 Na^+ 和 SO_4^{2-} 离子。

b. CH_3OH 是非电解质，在水中溶解时以分子形式存在。

c. 苯甲酸是弱电解质，其在水溶液中大部分以分子形式存在，小部分以离子形式存在。

表6.4列举了常见的强电解质、弱电解质和非电解质，特别值得关注的有两点，一是像 $BaSO_4$ 这样的盐，

虽然其在水中溶解度极小，但溶解的部分仍是全部电离的，所以硫酸钡仍是强电解质，即强弱电解质的判断与其在水中的溶解度无关；二是二氧化碳在水中不解离，是非电解质，但其和水化合形成的碳酸能部分电离，碳酸是弱电解质。

表6.4 溶液中溶质的分类

溶质种类	电离状态	溶液中溶质形态	导电性	举例
强电解质	完全电离	全部是离子	强	盐，如：NaCl, KBr, $MgCl_2$, $NaNO_3$, $BaSO_4$ 强酸，如：HCl, HBr, HI, HNO_3, $HClO_4$, H_2SO_4 强碱，如：NaOH, KOH
弱电解质	部分电离	大部分是分子，小部分离子	弱	弱酸，如：HF, HClO, HAc, H_2CO_3 弱碱，如：$NH_3·H_2O$ 其他，如：H_2O
非电解质	不电离	全部是分子	不导电	水溶液中不解离的共价化合物，如：CO_2, CH_3OH（甲醇）

思考与练习

6.8 KF是强电解质，HF是弱电解质。它们在水中电离有什么不同？

6.9 NaOH是强电解质，CH_3OH是非电解质。它们在水中电离有什么不同？

6.10 写出下列强电解质在水中的电离方程式。

　　a. KOH　　　　　　b. $Ba(OH)_2$

　　c. $HClO_4$　　　　　d. HNO_3

6.11 写出下列强电解质在水中的电离方程式。

　　a. H_2SO_4　　　　　b. $NaNO_3$

　　c. $CuCl_2$　　　　　d. K_2CO_3

6.12 指出下列物质的水溶液全部以离子、分子，或是大量分子和少量离子形式存在。

　　a. 碳酸　　　　　　b. 溴化钠

　　c. 葡萄糖

6.13 指出下列物质的水溶液全部以离子、分子，或是大量分子和少量离子形式存在。

a.氯化铵　　　　　　b.乙醇

c.氢氰酸

6.14 写出下列弱电解质在水中的电离方程式。

a.$NH_3 \cdot H_2O$　　　　b.$HClO$

c.HAc

6.15 写出下列强电解质在水中的电离方程式。

a.$KAl(SO_4)_2$　　　　b.$NaHSO_4$

c.NH_4HCO_3

6.16 多元弱酸在水中的电离是分步电离的，比如碳酸先电离出一个氢离子和一个碳酸氢根离子 $H_2CO_3 \rightleftharpoons H^+ + HCO_3^-$，碳酸氢根离子再电离形成一个氢离子和碳酸根离子 $HCO_3^- \rightleftharpoons H^+ + CO_3^{2-}$。照这例子试写下列多元弱酸的电离方程式。

a.H_2S　　　　　　b.H_2SO_3

c.H_3PO_4

6.17 试通过网络搜索解释"纯水不导电"的原因。

6.18 试解释液态氯化氢不导电的原因。

6.19 含三氧化硫的溶液能导电，因此三氧化硫是电解质。对吗？

6.20 请网络搜索两种属于弱电解质的盐。

6.21 如果在图6.9的烧杯中再加一点氢氧化钠固体，你觉得灯泡的亮度会不会有变化？

学习目标

- 能理解溶解度的含义。
- 能判断溶液为饱和溶液或不饱和溶液。
- 能判断盐在水中的溶解程度。

6.3 溶解性

溶解性是指一定量的溶剂能溶解溶质的能力，它有很多影响因素，如溶质的种类、温度及搅拌等机械作用，其强弱常用溶解度来表示。**溶解度**通常被定义为，一定温度下，在100g溶剂中达到饱和状态时所溶解的溶质的质量，如果溶质加入溶剂后非常容易溶解，而且溶液中所含溶质还未到最大量，称为**不饱和溶液**。相反，一定温度下，当溶液含有所能溶解的最大量的溶质时，称为**饱和溶液**。溶液饱和时，溶质溶解的速率等于溶质析出形成固体的速率。在一定温度的饱和溶液中，溶质一直保持着一个溶解平衡，即溶质溶解的量没有进一步变化，但一直发生着溶解-结晶的过程。

Chapter 6
第6章

溶液

$$溶质+溶剂 \xrightleftharpoons[溶质结晶]{溶质溶解} 饱和溶液$$

可以通过添加稍多于溶解度量的溶质来制备饱和溶液。在一定温度下，将溶质加入溶剂并不断搅拌，因加入量过多而有部分固体留在容器底部，此时上层的清液即为饱和溶液。如果再加入溶质，则只会增加沉淀的量，而溶于溶液中的溶质量将保持不变。

在含有少许氯化钠沉淀的饱和溶液中，始终发生着沉淀-溶解平衡，如图6.11所示，即沉淀不断在溶解，溶液也不断在析出沉淀，两者的速率相等。

$$NaCl(s) \rightleftharpoons Na^+(aq)+Cl^-(aq)$$

某温度下，100mL水中最多溶解36g氯化钠，那如果该温度下用100mL水分别溶解30.0g和40.0g氯化钠就会得到两种溶液，如图6.12所示。

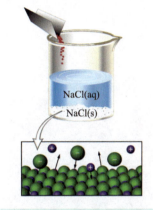

图6.11 氯化钠饱和溶液示意图

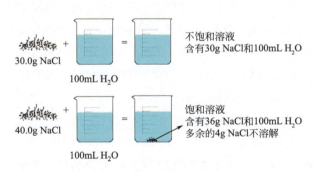

图6.12 氯化钠的不饱和溶液和饱和溶液

【例题6.4】饱和溶液

在20℃时KCl的溶解度是34g/100g水。在实验室中，一个学生在20℃时用200g水混合75g KCl。

a.多少KCl会溶解？
b.溶液是饱和的还是不饱和的？
c.溶液底部固体KCl的质量是多少？

解：
a.由于相同温度下，同种饱和溶液的浓度相同，可

201

设200g水最多溶解KCl xg。

则 $\dfrac{x}{200}=\dfrac{34}{100}$

$100x=34\times 100$

$x=68g$

因所需达到饱和的68g小于加入的75g，所以只有68g会溶解。

b. 形成的上层清液为KCl饱和溶液。

c. 溶液底部的固体KCl质量：75–68=7（g），即还有7g KCl没有溶解，沉入瓶底。

 练一练

在40℃时，硝酸钾（KNO_3）的溶解度是65g/100g水。那么，在该温度下多少克硝酸钾会溶解在120g水中？

 链接

化学与健康——痛风和肾结石

痛风和肾结石产生的原因是一些物质在体内的量超过了在相关体液中的溶解度而析出了固体。痛风常常发生在40岁以上的男性当中。当血浆中尿酸浓度超过其溶解度时（37℃时尿酸在血浆中溶解度约为7mg/mL），就可能会发生痛风。尿酸主要会在软骨、肌腱和软组织中沉淀形成痛风石（见图6.13），也会在肾脏中沉淀形成肾结石，从而影响人体的运动机能或引起肾脏的损害。

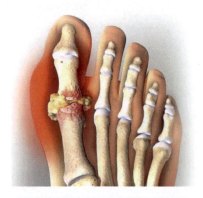

图6.13 尿酸在关节处的沉积示意图

部分食物在体内代谢产生的尿酸较多，其中包括肉类、沙丁鱼、蘑菇、芦笋和豆类，喝含有酒精的饮料也会显著提高尿酸的水平（见图6.14）。因此，痛风治疗包括饮食调整和药物治疗。根据尿酸水平的不同，通过药物如丙磺舒来帮助肾脏代谢尿酸，或者别嘌呤醇，阻碍尿酸在体内形成。

痛风人群需要避免食用的食物

图6.14 易升高血液中尿酸浓度的食物

肾结石是在泌尿道形成的固体物质（见图6.15）。大多数肾结石是由磷酸钙、草酸钙和不溶解的尿酸组成的。摄入矿物质过多及水分不足会导致矿物盐的浓度超过尿液中的溶解度，从而容易导致肾结石的形成。当肾结石通过尿路时会引起剧烈的疼痛，需要使用止痛药和手术。每天至少喝6～8杯水，可以防止尿液中矿物质的饱和析出，降低形成肾结石的风险。

图6.15 形形色色肾结石中的一种

6.3.1 温度对溶解度的影响

前面提到物质的溶解度时，总是有一个前提条件"在一定温度下"，这是为什么呢？因为温度往往会影响物质的溶解度。

大多数固体的溶解度随着温度的升高而增加［特例是硫酸铈，参见图6.16中$Ce_2(SO_4)_3$的溶解度曲线］。这意味着通常在更高的温度下一定量的溶剂可溶解更多的溶质。但有少数物质的溶解度对温度不敏感，即物质的溶解度几乎不随温度的变化而变化（参见图6.16中NaCl的溶解度曲线）。

当将热的饱和溶液冷却时，有时会得到其过饱和溶液，即它比同温度下的饱和溶液含有更多的溶质。过饱和溶液是不稳定的，如果搅拌或者加入溶质晶体，过量的溶质会以结晶析出而上层清液成为饱和溶液（见图6.17）。

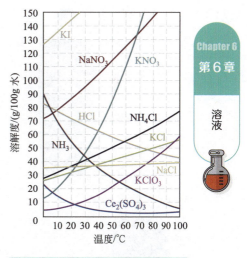

图6.16 常见物质的溶解度曲线

图6.17 硫代硫酸钠的过饱和溶液（a）非常容易析出晶体，只需用玻璃棒在液面一点，就能看到有晶体在被点处析出（b），过会儿就析出很多晶体了（c）

但气体在水中的溶解度随着温度的升高而减少（参见图6.16中的NH_3溶解度曲线）。温度升高，气体分子运动加剧，从而逃离溶液。夏季，还会观察到随着温度的升高，碳酸饮料中有更多的气泡。高温时，由于大量气体从溶液中溢出，甚至可能造成瓶子爆炸。生物学家发现，自然界水体温度的升高会导致溶解氧的减少，最严重的情况是温暖的水不再能支持水生生物的生存（见图6.18）。

6.3.2 亨利定律

亨利定律指出，气体在液体中的溶解度与液体上方

图6.18 洋流异常引起的水温异常升高造成海洋鱼类的大面积死亡

的压强直接有关，高压下，溶液可以吸收和溶解更多的气体分子。可乐就是利用高压将 CO_2 气体溶解于饮料中。当你在常压下打开可乐罐时，因为压力瞬间降低造成溶液中二氧化碳的溶解度瞬间降低，结果就是，我们看到大量的 CO_2 的气泡迅速从溶液中逸出（见图6.19）。由此，应该不难理解为什么带包装的碳酸饮料不能加热或冷冻。

图6.19 闭口的可乐与开口的可乐示意图

【例题6.5】

判断下列情况下物质的溶解度是增加还是减少：
a. 糖在45℃水中的溶解度和在25℃水中的溶解度；
b. 夏天和冬天河水中 O_2 的溶解度。

解：
a. 温度从45℃降到25℃，糖的溶解度也下降。
b. 夏天气温高，则河水水温也相对较高，O_2 的溶解度相对降低；冬天气温低，则河水水温也相对较低，O_2 的溶解度相对较高。

6.3.3 可溶性盐和不可溶性盐

到目前为止，已经学过的水中溶解的离子化合物，它们是**可溶性盐**。然而，还有一些离子化合物很难在水中溶解。它们是**不可溶性盐**。

溶于水的盐，通常包含至少一个下列离子：Li^+、Na^+、K^+、NH_4^+、NO_3^- 或者 CH_3COO^-（醋酸根离子）。即从成盐的阳离子来讲，常见的碱金属及铵盐大都是易溶的；从成盐的阴离子来讲，硝酸盐、硫酸盐、盐酸盐以及醋酸盐大多是易溶的。常见的硫酸盐中，硫酸钙、硫酸钡和硫酸铅是微溶或难溶的，在盐酸盐中有 AgCl、$PbCl_2$ 和 Hg_2Cl_2 是难溶的。大多数其他种类的盐是难溶或微溶于水的，详见表6.5。在不可溶性盐中，其阴、阳离子之间的吸引力太强，使得极性的水分子无法拆散它们。可以用溶解度规则来预测盐的溶解性。

表6.5　离子型化合物在水中溶解度规则

可溶 （如果含有这些离子）		不溶 （如果含有这些离子）
NH_4^+，Li^+，Na^+，K^+ NO_3^-，CH_3COO^-	多数不溶，除非遇到左边的阳离子	CO_3^{2-}，S^{2-}，PO_4^{3-}，OH^-
Cl^-，Br^-，I^-	多数可溶，除非遇到右边的阳离子	Ag^+，Pb^{2+}，Hg_2^{2+}
SO_4^{2-}	多数可溶，除非遇到右边的阳离子	Ba^{2+}，Pb^{2+}，Ca^{2+}，Sr^{2+}

【例题6.6】

判断下列盐是否可以溶于水：

a.Na_3PO_4　　b.$CaCO_3$

解：

a.Na_3PO_4可溶于水，因为含有Na^+的盐类大都是可溶的。

b.$CaCO_3$难溶于水，该盐不含有可溶性阳离子，这意味着含有CO_3^{2-}的钙盐是不可溶的。

思考与练习

6.22　判断下列状态是饱和溶液还是不饱和溶液：

a.20℃的饱和硝酸钾溶液加热到50℃后

b.50℃的饱和硝酸钾溶液冷却到20℃后

6.23　判断下列状态是饱和还是不饱和溶液：

a.A溶液中加入的晶体A，其晶体不再减少

b.澄清的A饱和溶液中加入一定量的水

6.24　下表是有关物质的溶解度，

物质	溶解度/（g/100g H_2O）	
	20℃	50℃
KCl	34	43
$NaNO_3$	88	110
$C_{12}H_{22}O_{11}$（糖）	204	260

请问下列情况在20℃时是否为饱和溶液。

a. 在100g水中加入25g KCl

b. 在25g水中加入11g NaNO$_3$

c. 在125g水中加入400g糖

6.25 依照6.24题中数据，请问下列情况在50℃时是否为饱和溶液。

a. 在50g水中加入25g KCl

b. 在75g水中加入150g NaNO$_3$

c. 在25g水中加入80g糖

6.26 应用6.24题中数据，通过计算说明，50℃时200g水中有80g KCl的溶液降温至20℃，则

a. 溶液里还有多少克KCl？

b. 冷却后有多少固体KCl结晶？

6.27 应用6.24题中数据，通过计算说明，50℃时75g水中有80g NaNO$_3$的溶液降温至20℃，则

a. 溶液里还有多少克NaNO$_3$？

b. 冷却后有多少固体NaNO$_3$结晶？

6.28 解释下列现象

a. 热茶比冷茶溶解更多糖

b. 香槟在热的房间里味道变淡

c. 打开温过的苏打水感觉气比冷的更多

6.29 解释下列现象

a. 打开的可乐在室温下跑气比在冷藏时更快

b. 煮沸自来水，能去除自来水中溶解的少量氯气

c. 重结晶操作中常常先将待析晶的母液浓缩，再降温

6.30 判断下列哪些化合物易溶于水

a. LiCl　　b. AgCl　　c. BaCO$_3$

d. K$_2$O　　e. Fe(NO$_3$)$_3$

6.31 判断下列哪些化合物易溶于水

a. PbS　　b. KI　　c. Na$_2$S

d. Ag$_2$O　　e. CaSO$_4$

- 能根据已有条件计算溶液浓度。
- 能根据配制要求计算所需溶质的量。

6.4　溶液的浓度

溶液由溶质和溶剂组成。溶剂是一种介质，在其中

均匀分散着溶质的微粒（分子或离子），溶质在溶液中所占的比例称为溶液的浓度。根据溶液的用途或构成的不同，其浓度有多种表示方法，现就几种常用的溶液浓度表示方法分别讨论如下。

6.4.1 质量分数（m/m）

质量分数（m/m）是指溶液中溶质的质量与溶液的质量之比。在计算时要注意，溶质和溶液的质量单位必须相同。溶液的质量是溶质和溶剂的质量之和。

$$质量分数（m/m）=\frac{溶质的质量(g)}{溶质的质量(g)+溶剂的质量(g)}$$

$$=\frac{溶质的质量(g)}{溶液的质量(g)}$$

比如将8.00g KCl（溶质）溶于42.00g水（溶剂）。溶液的质量是溶质和溶剂的质量之和（8.00g+42.00g=50.00g）。质量百分比浓度是溶液质量分数的一种表达形式，可通过将溶质的质量和溶剂的质量代入表达式来求出。

$$\frac{8.00g\ KCl}{8.00g\ KCl+42.00g\ H_2O}\times100\%=16.0\%(m/m)$$

再比如，质量分数为98%的浓硫酸溶液，是指在100g硫酸溶液中，含98g硫酸（见图6.20）。常用溶液的质量百分浓度来表示溶液中溶质的含量。

硫酸　化学纯(CP)
(500mL)
品名：硫酸
化学式：H_2SO_4
分子量：98
密度：1.84g/cm³
质量分数：98%

图6.20 浓硫酸试剂瓶上的标识

【例题6.7】

将4.0g NaBr溶于50.0g H_2O制成NaBr溶液。

a. 求溶液的质量。

b. NaBr溶液的最终浓度等于7.4%（m/m）、8.0%（m/m）还是80.0%（m/m）？

解：a. NaBr溶液的质量是4.0+50.0=54.0（g）。

b. NaBr溶液的质量分数：

$$\frac{4.0g\ NaBr}{54.0g\ 溶液}\times100\%=7.4\%(m/m)$$

答：溶液质量为54.0g，NaBr溶液的浓度为7.4%（m/m）。

2.0g的NaCl溶于56.0gH_2O制成的NaCl溶液的质量分数是多少？

6.4.2 体积分数（V/V）

溶液的**体积分数**（V/V）是指溶液中溶质的体积与溶液体积之比。在计算时要注意，溶质的体积与溶液的体积单位必须相同，常用的单位是毫升（mL）。

$$体积分数\ (V/V) = \frac{溶质的体积}{溶液的体积}$$

显然，用溶液的体积分数表达其浓度适用于溶质为液体的溶液。另外，体积百分比浓度是体积分数的一种表达形式，常用于表示液体溶质组分在溶液中的含量。比如，在葡萄酒行业中，标注规格为12%的葡萄酒意味着每100mL的葡萄酒里有12mL的乙醇（C_2H_5OH），再比如75%的医用酒精是指100mL溶液中含乙醇75mL（见图6.21）。

图6.21　75%（V/V）的医用酒精

【例题6.8】

一位学生准备了一种溶液，他将水加到18mL的乙醇（C_2H_5OH），最终溶液的体积是150mL。请计算该溶液的体积分数？

解：

① 确定溶质和溶液的体积

溶质：18mL C_2H_5OH

溶液：150mL C_2H_5OH溶液

② 写出浓度表达式

$$体积分数\ (V/V) = \frac{溶质的体积}{溶液的体积}$$

③ 将溶质和溶液的体积代入表达式

$$体积分数\ (V/V) = \frac{18mL}{150mL} = 12\%\ (V/V)$$

答：该溶液的体积分数是12%（V/V）。

练一练

将12mL的液溴（Br_2）溶于四氯化碳溶剂制成250mL的溶液，该溶液的体积分数（V/V）是多少？

6.4.3 质量-体积浓度（m/V）

质量-体积浓度（m/V）是指溶液中溶质的质量与溶液的体积之比。该溶质的质量常用单位是g，溶液体积常用单位是mL。

质量-体积浓度$(m/V)=\dfrac{\text{溶质的质量(g)}}{\text{溶液的体积(mL)}}$

质量-体积百分比浓度是质量-体积浓度的一种表达形式,广泛用于医院和药房来标识液体制剂的规格。例如,一瓶5%(m/V)的葡萄糖溶液是指每100mL溶液中含有5g葡萄糖。溶液的体积表示了葡萄糖和H_2O混合后形成溶液的体积(见图6.22)。

显然,用质量-体积浓度表示溶液中溶质的含量时,明确各自的单位很重要。常用克、毫升分别表示溶质和溶液的量。

图6.22　5%(m/V)的葡萄糖注射液

【例题6.9】

预配制一碘化钾溶液,将5g KI溶于足量的水中并最终制成250mL的溶液,求该KI溶液的质量-体积浓度?

解:① 确定溶质的质量和溶液的体积

溶质的质量=5g KI

溶液的体积=250mL KI溶液

② 写下表达式

质量-体积浓度$(m/V)=\dfrac{\text{溶质的质量(g)}}{\text{溶液的体积(mL)}}$

③ 将溶质的质量和溶液的体积代入表达式

质量-体积浓度$(m/V)=\dfrac{5\text{g KCl}}{250\text{mL溶液}}=0.002\text{g/mL}$

答:该KI溶液的质量-体积浓度是0.002g/mL。

练一练

将12g NaOH溶于足量的水,制成220mL溶液,求其质量-体积浓度?

6.4.4　物质的量浓度(c)

用物质的量浓度表示溶液的构成非常方便。溶质的**物质的量浓度**是指单位体积溶液中所含溶质的物质的量,用符号c表示,常用单位为mol/L。

物质的量浓度$(c)=\dfrac{\text{溶质的物质的量(mol)}}{\text{溶液的体积(L)}}$

知道了溶质的物质的量和溶液的体积,就可以计算出溶液的物质的量浓度。例如,如果1.0mol的NaCl溶于足量的水形成1.0L溶液，那该溶液的物质的量浓度就是1.0mol/L。

$$物质的量浓度(c) = \frac{n(溶质)}{V(溶液)} = \frac{1.0\text{mol}}{1.0\text{L}} = 1.0\text{mol/L}$$

【例题6.10】计算物质的量浓度

0.250L NaOH溶液中有60.0g NaOH，求该溶液中NaOH的物质的量浓度？

解：

① 确定溶质和溶液的量。对于物质的量浓度，需要溶质的物质的量，以及溶液的体积。NaOH的物质的量，可由其摩尔质量及质量得出：

$$n(\text{NaOH}) = \frac{m(\text{NaOH})}{M(\text{NaOH})} = \frac{60.0\text{g}}{40.0\text{g/mol}} = 1.50\text{mol}$$

② 写下表达式

$$物质的量浓度(c) = \frac{溶质的物质的量(\text{mol})}{溶液的体积(\text{L})}$$

③ 将溶质和溶液的量代入表达式中

$$c(\text{NaOH}) = \frac{n(\text{NaOH})}{V} = \frac{1.50\text{mol}}{0.250\text{L}} = 6.00\text{mol/L}$$

答：该溶液中NaOH的物质的量浓度是6.00mol/L。

同一溶液，其溶质所占的比例可以有不同的表达，形成了质量分数、体积分数、质量-体积浓度和物质的量浓度等不同的表达方式。表6.6汇总了这几种常见溶液浓度的计算公式。

表6.6 溶液常见浓度表达方式

浓度表达类型	质量分数（m/m）	体积分数（V/V）	质量-体积浓度（m/V）	物质的量浓度（mol/L）
计算公式	$\dfrac{m(溶质)}{m(溶液)}$	$\dfrac{V(溶质)}{V(溶液)}$	$\dfrac{m(溶质)}{V(溶液)}$	$\dfrac{n(溶质)}{V(溶液)}$
溶质常用单位	g	mL	g	mol
溶液常用单位	g	mL	mL	L

练一练

0.350L的溶液中有溶质KNO_3 75.0g，求该溶液中KNO_3的物质的量浓度？

6.4.5 溶液配制时的有关计算

在配制溶液时，常需计算浓度、原料的量或溶液的体积等，依之前的浓度表达公式，可方便地得到这些值。

【例题6.11】

一种局部抗生素是0.01g/mL克林霉素溶液。试计算其60mL溶液中所含克林霉素的量？

解：

$$\frac{m(克林霉素)}{V(溶液)} = \frac{m(克林霉素)}{60} = 0.01 \text{g/mL}$$

$m(克林霉素) = 0.01\text{g/mL} \times 60\text{mL} = 0.6\text{g}$

答：该溶液有0.6g克林霉素。

计算225mL质量百分比浓度为8.00%的KCl溶液中含有KCl多少克。

【例题6.12】

用18.4mol硫酸可配制成多少升0.500mol/L的硫酸溶液？

解：$V(溶液) = \dfrac{18.4\text{mol}}{0.500\text{mol/L}} = 36.8\text{L}$

答：可制取0.500mol/L硫酸溶液36.8L。

【例题6.13】

现有67.3g NaCl可配制成多少升2.00mol/L的NaCl溶液？

解：

$$\frac{n(\text{NaCl})}{V(溶液)} = \frac{\frac{m(\text{NaCl})}{M(\text{NaCl})}}{V(溶液)} = \frac{\frac{67.3\text{g}}{58.5\text{g/mol}}}{V(溶液)} = 物质的量浓度 = 2.00\text{mol/L}$$

$$V(溶液) = \frac{\frac{67.3\text{g}}{58.5\text{g/mol}}}{2.00\text{mol/L}} = 0.575\text{L}$$

答：67.3g NaCl可配制成2.00 mol/L NaCl溶液0.575L。

试计算多少毫升6.0mol/L HCl溶液含有4.5mol HCl？

思考与练习

6.32 5%（m/m）葡萄糖溶液和5%（m/V）葡萄糖溶液的区别是什么？

6.33 10%（V/V）乙醇溶液和10%（m/m）乙醇溶液的区别是什么？

6.34 计算下列各溶液的溶质的质量百分比浓度（m/m）：

a.25g KCl 和 125g H_2O

b.225g 茶里有 12g 糖

c.80.0g $CaCl_2$ 溶液中有 8.0g $CaCl_2$

6.35 计算下列各溶液的溶质的质量百分比浓度（m/m）：

a.325g NaOH 溶液中有 75g NaOH

b.2.0g KOH 和 20.0g H_2O

c.250.0g Na_2CO_3 溶液中有 48.5g Na_2CO_3

6.36 计算下列各溶液的溶质的质量-体积浓度（m/V）：

a.250mL Na_2SO_4 溶液中有 75g Na_2SO_4

b.335mL 碳酸饮料中有 39g 蔗糖

6.37 计算以下各溶液的溶质的质量-体积百分比浓度（m/V）：

a.40.0mL LiCl 溶液中有 2.50g LiCl

b.120mL 低脂牛奶中有 3.0g 酪蛋白

6.38 计算准备以下溶液需要多少克或毫升溶质：

a.50.0mL 的 5.0%（m/V）KCl 溶液

b.1250mL 的 4.0%（m/V）NH_4Cl 溶液

c.250mL 的 10.0%（V/V）醋酸溶液

6.39 计算准备以下溶液需要多少克或毫升溶质：

a.150mL 的 40.0%（m/V）$LiNO_3$ 溶液

b.450mL 的 2.0%（m/V）KOH 溶液

c.22mL 的 15%（V/V）异丙醇溶液

6.40 一漱口水含有 22.5%（V/V）的乙醇，如果瓶中还有漱口水 355mL，那其中有乙醇多少毫升？

6.41 香槟常含有 11%（V/V）的乙醇，一瓶 750mL 的香槟中有乙醇多少？

6.42 一病人处方上写每小时 100mL 20.0%（m/V）的甘露醇溶液，问：

a.1h 内甘露醇给药多少克？

b.12h 内甘露醇给药多少克？

6.43 一病人处方上写每天两次 250mL 4.0%（m/V）的氨基酸溶液，问：

a.250mL 氨基酸溶液中含氨基酸多少克？

b.一天内该病人氨基酸给药多少克?

6.44 一病人在下一个12h内要给药葡萄糖100.0g,问需要给药5%(*m/V*)葡萄糖溶液多少升?

6.45 一病人每8h要给药2.0g NaCl。现用0.90%(*m/V*)氯化钠溶液每次要多少毫升?

6.46 计算下列溶液的摩尔浓度:
a.4.00L 葡萄糖溶液有 2.00mol 溶质
b.2.00L KOH 溶液中有 4.00g KOH
c.400mL NaCl 溶液中有 5.85g NaCl

6.47 计算下列溶液的物质的量浓度:
a.0.200L 葡萄糖液有 0.500mol 溶质
b.1.00L KOH 溶液中有 36.5g KOH
c.350mL NaOH 溶液中有 30.0g NaOH

6.48 计算配制下列溶液需要溶质多少克:
a.2.00L 的 1.50mol/L NaOH 溶液
b.4.00L 的 0.200mol/L KCl 溶液
c.25.0mL 的 6.00mol/L HCl 溶液

6.49 计算配制下列溶液需要溶质多少克:
a.2.00L 的 6.00mol/L NaOH 溶液
b.5.00L 的 0.100mol/L $CaCl_2$ 溶液
c.175mL 的 3.00mol/L $NaNO_3$ 溶液

6.50 计算溶液的体积:
a.多少升的 2.00mol/L 的 KBr 溶液含 3mol KBr
b.多少升的 1.50mol/L 的 NaCl 溶液含 15mol NaCl
c.多少毫升 0.800mol/L 的 $Ca(NO_3)_2$ 溶液含 0.05mol $Ca(NO_3)_2$

 学习目标

- 能描述溶液稀释或配制的方法。
- 能按已知条件计算溶液稀释前后的浓度或体积。

6.5 溶液稀释与配制

在实验室,常常在已知浓度的溶液中加入溶剂来配制所需浓度的溶液,这种在现有溶液中加入更多溶剂使其浓度减小的过程称为**稀释**。稀释也会出现在日常生活中,比如,可以在浓缩酸梅膏中加入水来制作适合我们口味的酸梅汁(见图6.23);在浓缩咖啡中兑水,以减轻其浓烈的口感;用肥皂洗衣服后的多次漂洗等。

图6.23 用稀释的方法调配酸梅汁

稀释后，溶液的体积增加了，浓度减小了，但稀释前后溶质的量并没有发生变化，即**稀释后的溶液中溶质的量等于稀释前的溶液中溶质的量**。如果用等式表示，即：稀释前的浓溶液中溶质的量（质量或物质的量）=稀释后的稀溶液中溶质的量（质量或物质的量）

如果溶液稀释前的浓度为 c_1，体积为 V_1；稀释后的浓度为 c_2，体积为 V_2，则溶液的稀释定律的表达式为：

$$c_1V_1 = c_2V_2$$
稀释前　稀释后

如果已知 c_1、c_2、V_1、V_2 4个物理量中的3个，就可通过计算求解剩下那个未知量。浓度 c 可以是物质的量浓度、体积分数或质量-体积浓度。值得注意的是，等式左右的浓度应为同一类型，且对应的体积单位应与浓度单位相匹配。

【例题6.14】

求稀释液的体积。

50mL的0.12g/mL KOH溶液可以配制多少毫升0.025g/mL KOH溶液？

解：稀释前溶液　　　　稀释后溶液

c_1=0.12g/mL　　　　c_2=0.025g/mL

V_1=50.0mL　　　　　V_2=？ mL

按照稀释定律 $c_1V_1=c_2V_2$，得

$$0.12 \times 50 = 0.025 V_2$$

$$V_2 = \frac{0.12 \times 50}{0.025} = 240 \text{mL}$$

答：50mL的0.12g/mL KOH溶液可以配制240mL的0.025g/mL KOH溶液。

【例题6.15】

求稀释溶液的物质的量浓度。

当75mL的4.0mol/L的KCl溶液稀释到500mL时，溶液的物质的量浓度是多少？

练一练

将25.0mL的0.15g/mL HCl溶液稀释至125mL，求其质量–体积浓度（g/mL）？

解：

由 $c_1V_1=c_2V_2$

得 $c_2=\dfrac{c_1V_1}{V_2}=\dfrac{4.00\text{mol/L}\times 75\text{mL}}{500\text{mL}}=0.60\text{mol/L}$

答： 溶液的物质的量浓度是0.60mol/L。

溶液配制常常有两种方法：一种是固体直接称量后配制成一定浓度的溶液，另一种是稀释浓溶液（或纯液体）到一定体积即得到一定浓度的稀溶液，配制溶液的主要步骤包括：计算、称量或量取、溶解、定量转移、定容、混匀、写标签。

下面举例说明溶液的配制过程和方法（一定质量百分比浓度的溶液配制方法已在初中学过，这里主要介绍一定物质的量浓度溶液的配制）。

练一练

要将10.0mol/L的NaOH溶液配制成600mL的2.00mol/L NaOH溶液，试问需要10.0mol/L NaOH溶液多少毫升？

【例题6.16】 质量百分比浓度和物质的量浓度的换算

市售的质量百分比浓度为98%的浓硫酸（密度是1.84kg/L），其物质的量浓度是多少？（硫酸的摩尔质量是98g/mol）

解： 设该溶液有1L。

m（溶质——用质量百分比计算）=
m（溶质——用物质的量浓度计算）

溶液密度×溶液体积×溶液质量百分含量（g）=
溶液的物质的量浓度×溶液体积×溶质的摩尔质量（g）

$1.84\text{kg/L}\times 1\text{L}\times 98\%\times 1000\text{g/1kg}=c\times 1\text{L}\times 98\text{g/mol}$

$$c=\dfrac{1.84\text{kg/L}\times 1\text{L}\times 98\%\times 1000\text{g/kg}}{1\text{L}\times 98\text{g/mol}}=18.4\text{mol/L}$$

【例题6.17】

用质量分数表示的浓溶液稀释配制一定物质的量浓度的稀溶液。

怎样用市售98%的浓硫酸（密度1.84g/mL）配制500mL 3.00mol/L的硫酸溶液？

解： 由前一题可知，质量分数为98%的浓硫酸的物质的量浓度是18.4mol/L，根据 $c_1V_1=c_2V_2$

$$V_1 = \frac{c_2 V_2}{c_1} = \frac{3.00\text{mol/L} \times 500\text{mL}}{18.4\text{mol/L}} = 81.5\text{mL}$$

或者根据稀释前后溶质的质量相等，即

$$98\% \times 1.84\text{g/mL} \times V_1 = 3.00\text{mol/L} \times 0.5\text{L} \times 98\text{g/mol}$$

$$V_1 = 81.5\text{mL}$$

配制方法：用干燥量筒量取浓硫酸81.5mL，慢慢倒入盛有200～300mL蒸馏水的烧杯中，边倒边搅拌，冷却后，定量转移至500mL容量瓶（见图6.24）中，烧杯和玻璃棒用少量蒸馏水润洗三次，洗涤液也转移至容量瓶中，加蒸馏水至刻度线定容，混匀（注：浓硫酸遇水会放出大量的热，须规范操作）。

【例题6.18】

如何配制1.0mol/L的氢氧化钠溶液1000mL？

解：

$$1000\text{mL} = 1\text{L}$$

$$m(\text{NaOH}) = n \cdot M = c \cdot V \cdot M = 1.0\text{mol/L} \times 1\text{L} \times 40\text{g/mol} = 40.0\text{g}$$

配制方法：称取40.0g氢氧化钠，倒入烧杯后加入200～300mL蒸馏水，搅拌溶解，冷却后，定量转移至1000mL容量瓶中，烧杯和玻璃棒用少量蒸馏水再洗三次，洗涤液也转移至容量瓶中，再用蒸馏水加至刻度线定容，混匀。

溶液稀释或配制的方法总结如下：

（1）计算——根据目标溶液的浓度与体积的要求计算所需固体的质量或浓溶液的体积；

（2）称量或量取——用电子天平称量固体质量或用量筒（或移液管）量取液体体积；

（3）溶解——将固体或液体溶解于烧杯中；

（4）定量转移——由玻璃棒导流，将烧杯中的液体转移至容量瓶中，烧杯和玻璃棒用少量蒸馏水再洗三次，洗涤液也转移至容量瓶中；

（5）定容——加蒸馏水至容量瓶刻度线下2～3cm，改用滴管滴加蒸馏水，至液面最低处与刻度线相切；

（6）混匀——盖塞后振摇，混合均匀后转移至试剂瓶中；

图6.24　各种规格的容量瓶

如何用36.5%的浓盐酸（密度1.15kg/L）配制250mL 0.0100mol/L的稀盐酸。

（7）写标签——标签上写明配制溶液名称、浓度、配制时间及配制者。

 思考与练习

6.51 列举生活中有关溶液稀释的例子。

6.52 列举生活中无限稀释的例子。

6.53 计算下列稀释溶液的浓度。

　　a.2.0L 的 6.0mol/L HCl 加水稀释到 6.0L

　　b.0.50L 的 12mol/L NaOH 溶液加水稀释成 3.0L 的 NaOH 溶液

　　c.10.0mL 的 25%（m/V）KOH 溶液加水稀释至 100.0mL

　　d.50mL 的 15%（m/V）H_2SO_4 溶液加水稀释成 250mL 的 H_2SO_4 溶液

6.54 计算下列稀释溶液的浓度。

　　a.20.0mL 的 6.0mol/L 的 HCl 溶液稀释成 1.5mol/L 的 HCl 溶液

　　b.50.0mL 10.0%（m/V）LiCl 溶液稀释成 2.0%（m/V）的 LiCl 溶液

　　c.50mL 6.00mol/L 的 H_3PO_4 溶液稀释成 0.500mol/L 的 H_3PO_4 溶液

　　d.75mL 12%（m/V）葡萄糖溶液稀释成 5.0%（m/V）的葡萄糖溶液

6.55 下列稀释溶液的体积是多少毫升？

　　a.10.0mL 的 20.0%（m/V）H_2SO_4 溶液稀释成 1.0% 的 H_2SO_4 溶液

　　b.25mL 的 6.0mol/L HCl 溶液稀释成 0.10mol/L HCl 溶液

　　c.50.0mL 的 12mol/L NaOH 溶液稀释成 1.0mol/L NaOH 溶液

　　d.18mL 的 4.0%（m/V）$CaCl_2$ 溶液稀释成 1.0% 的 $CaCl_2$ 溶液

6.56 确定配制下列稀溶液需要多少毫升的浓溶液：

　　a.用 4.00mol/L HNO_3 溶液配制 225mL 的 0.200mol/L

HNO₃溶液

b. 用6.00mol/L MgCl₂溶液配制715mL的0.100mol/L MgCl₂溶液

c. 用8.00mol/L KCl溶液配制0.100L的0.150mol/L KCl溶液

6.57 确定配制下列稀释溶液需要多少毫升的溶液：

a. 用6.00mol/L KNO₃溶液配制20.0mL的0.250mol/L KNO₃溶液

b. 用12.0mol/L H₂SO₄溶液配制25.0mL的2.50mol/L H₂SO₄溶液

c. 用10.0mol/L NH₄Cl溶液配制0.500L的1.50mol/L NH₄Cl溶液

6.58 配制2mol/L氢氧化钠溶液2L，需要氢氧化钠多少克？

6.59 消毒酒精的体积百分比浓度为75%，问500mL消毒酒精中含乙醇多少？

6.60 现有体积百分比85%和5%的两种酒精，按多少的比例混合能配制75%的500mL酒精？

6.61 如何配制2mol/L的氢氧化钠1L？

6.62 如何配制250mL 0.1mol/L氯化钠溶液？

6.63 有氢氧化钠500g，能配制2.5mol/L溶液多少升？

6.64 质量百分比浓度10%的硝酸，密度是1.05g/mL，其物质的量浓度是多少？

6.65 现有6mol/L的硫酸200mL，加水稀释到1500mL，稀释后的溶液浓度多少？

6.66 将7.00g结晶草酸（H₂C₂O₄·2H₂O），溶于93.0g水中，所得溶液的密度为1.03g/mL（H₂C₂O₄·2H₂O摩尔质量为126g/mol），请通过计算回答下列问题：

a. 质量百分比浓度

b. 物质的量浓度

6.67 将50.0mL浓硝酸（密度为1.42g/mL质量分数为69.8%）稀释成密度1.11g/mL，质量分数为19.0%的稀硝酸，体积变为多少？该浓硝酸和稀硝酸的物质的量浓度分别是多少？（HNO₃的摩尔质量为63.0g/mol）

6.6 分散系及胶体的性质

学习目标

- 能判断分散系的种类。
- 能说明胶体的性质及其应用。

澄清的氯化钠注射液，保湿用的乳液，工地上的泥浆（图6.25），这三者有什么共同点和区别呢？它们有一个共同点，都是一种物质（或几种物质）的微粒分散在另一种物质中所形成的体系，这种体系称为**分散系**。其中被分散的物质称**分散质**或**分散相**；容纳分散质的物质称分散介质或**分散剂**。如氯化钠分散在水中形成氯化钠溶液；油滴分散在水中形成乳液；泥土分散在水中形成泥浆，它们都各自形成一个分散系。其中氯化钠、油、泥土是被分散了的物质，称为分散质（或分散相）。水是容纳分散相的物质，称分散剂（或分散介质）。这三者的区别就是分散质的微粒大小及形态不同，造成了分散系有各自不同的形态和性质。根据分散相微粒的大小，可以将分散系分成三大类，见表6.7。

图6.25 氯化钠注射液、乳液、泥浆

表6.7 分散系的分类

分散系		分散质粒子	粒子大小	特征	举例
分子或离子分散系	真溶液	小分子或离子	<1nm	澄清、透明、均匀、稳定、不聚沉	生理盐水、葡萄糖注射液
粗分散系	悬浊液 乳浊液	固体颗粒 液体小滴	>100nm	浑浊、不透明、不均匀、不稳定、容易聚沉	泥浆、鱼肝油乳、乳液
胶体分散系	溶胶	由多分子或离子聚集成的胶粒	1~100nm	透明度不一、不均匀、有相对稳定性、不易聚沉	$Fe(OH)_3$溶胶、As_2S_3溶胶
	高分子溶液	单个高分子		透明、均匀、稳定、不聚沉	蛋白质水溶液、明胶水溶液

6.6.1 分散系

小分子或离子化合物溶解于溶剂后，溶质溶解成小微粒，直径<1nm，并形成均匀的溶液。当你观察溶液时，比如盐水，不能直观地分辨出溶剂与溶质。溶液可能有各种颜色，但一定是透明澄清的。溶质微粒极小，

图6.26 悬浊液制剂

图6.27 乳浊液制剂

待水沸腾后加入2～3滴氯化铁饱和溶液

图6.28 氢氧化铁胶体的制备

滤纸的孔径1000～5000nm，完全无法阻挡溶质，哪怕是生物医药中常用来无菌过滤的0.22μm滤膜，也无法滤除溶质微粒。

（1）粗分散系

分散质微粒的直径大于100nm的分散系叫**粗分散系**。根据分散质的状态不同，粗分散系又分为**悬浊液**和**乳浊液**两种。难溶性固体分散在液体中形成的粗分散系叫悬浊液，如泥浆。液体分散在另一种互不相溶的液体中所形成的粗分散系叫乳浊液，如水和油剧烈振荡后就能形成乳浊液。

粗分散系的分散质颗粒大，用肉眼或普通显微镜可以看到，能阻挡光线的通过。粗分散系浑浊，不透明，不稳定，不均匀。长时间放置，分散质与分散剂会分离。

药剂中最常用的分散系是溶液，将药物配制成溶液能方便给药，并能精确地控制剂量，但也常常能见到粗分散系。比如悬浊液有：治疗皮肤炎症的炉甘石洗剂；治疗上呼吸道感染的头孢克洛干混悬剂；X射线检查前，便于消化道造影的硫酸钡干混悬剂（俗称钡餐）等（图6.26）。中药合剂或中药口服液在久置后往往会有少量沉淀生成，药品标签上常有"服时摇匀"的字样，摇匀后也就成了悬浊液。

乳浊液在药剂中的应用也很广泛，如用于补充维生素A和维生素D的鱼肝油乳剂，用于补充能量的脂肪乳注射液，以及各类外用的乳液（图6.27）。

（2）胶体分散系

分散质微粒的直径在1～100nm之间的分散系叫**胶体分散系**。固体分散质分散在液态分散剂中形成的胶体分散系叫溶胶，它是胶体中较为常见的一种。分散质粒子叫胶粒，胶粒是由许多分子或离子聚集而成的，如氢氧化铁胶粒。胶体分散系中分散质的微粒，不能阻挡可见光的通过，也不易受重力的作用和分散剂分离，所以胶体溶液有一定的透明性和稳定性。

【演示实验6.3】氢氧化铁胶体的制备（见图6.28）：烧杯中加入适量蒸馏水并煮沸，在沸腾时连续滴加适量的$FeCl_3$稀溶液，加完后再煮沸1～2min。

实验现象：得到红棕色液体。

实验原理：红棕色液体即为氢氧化铁胶体。此反应本质为盐类水解反应，即酸碱中和的逆反应。盐类水解为吸热反应，所以应向沸水中滴加三氯化铁，继续煮沸可将水解形成的氯化氢迅速蒸发，由此推动平衡不断向水解方向进行，最终生成氢氧化铁胶体。

$$FeCl_3 + 3H_2O \xrightarrow{\triangle} Fe(OH)_3（胶体）+ 3HCl \uparrow$$

6.6.2 胶体的性质

溶胶具有一定的特性和结构。用肉眼观察，溶胶好像和溶液一样，都是均匀的。实际上溶胶和真溶液有很大差别。溶胶具有以下重要性质。

（1）丁达尔效应（胶体溶液的光学性质）

如果将一束强光射入胶体溶液，在光束的垂直方向上可以看到一条明亮的光路，这种现象称为**丁达尔效应**（见图6.29）。

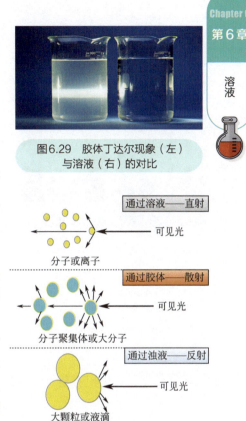

图6.29 胶体丁达尔现象（左）与溶液（右）的对比

在光的传播过程中，光线照射到粒子时，如果粒子大于入射光波长很多倍，则发生光的反射，即粗分散系不透光，光线全被反射；如果粒子小于入射光波长，则发生光的散射，这时观察到的是光波环绕微粒而向其四周放射的光，称为散射光或乳光（图6.30）。丁达尔效应就是**光的散射现象**或称乳光现象，由于溶液粒子直径小于1nm，胶体粒子介于溶液中溶质粒子和浊液粒子之间，其直径在1～100nm。小于可见光波长（400～700nm）。因此，当可见光透过胶体时会产生明显的散射作用，我们看到的明亮光路就是胶粒受光照后散射光变成了的一个个"小灯泡"。而对于真溶液，虽然分子或离子更小，但因散射光的强度随散射粒子体积的减小而明显减弱，因此，真溶液对光的散射作用很微弱，几乎全部透射穿过溶液。

由此，丁达尔效应可用来鉴别胶体与溶液。

（2）布朗运动

在超显微镜下观察胶体溶液，可以看到胶体颗粒不断地做无规则的运动，这种运动称为布朗运动（见图6.31）。布朗运动是由分散剂的分子无规则地从各个方向撞击分散相的颗粒而引起的（见图6.32）。

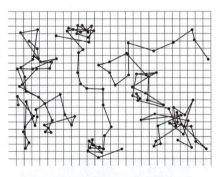

图6.31 超显微镜下胶粒的布朗运动

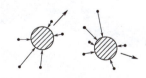

图6.32 胶粒受介质分子冲击示意图

（3）电泳

在电解质溶液中插入两个电极，接上直流电源后，溶液中就会发生离子的定向迁移。如果在胶体液中插入两个电极并通电，也有类似的现象，即胶体粒子的定向迁移。

这种在电场中分散相的颗粒在分散剂中定向移动的现象称为**电泳**。胶体粒子能产生电泳，说明胶体粒子带电。根据胶体粒子在电场中移动的方向，可以确定它们带什么电荷。移向阴极的胶体粒子带正电荷，粒子带正电荷的胶体称正胶体，如氢氧化铁胶体（图6.33）。移向阳极的胶体粒子带负电荷，粒子带负电荷的胶体称负胶体，如硫化砷胶体。

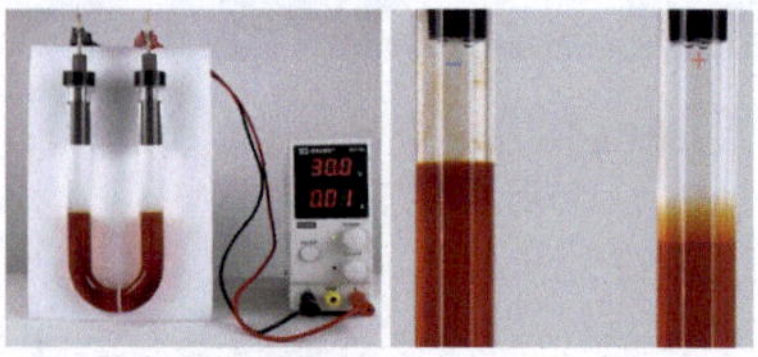

图6.33 氢氧化铁胶体的电泳

（4）胶体的吸附作用

当流体与多孔固体接触时，流体中某一组分或多个组分在固体表面处产生积蓄，此现象称为**吸附**。吸附也指物质（主要是固体物质）表面吸住周围介质（液体或气体）中的分子或离子的现象。任何固体表面都具有吸附作用，吸附作用和固体物质表面积有关，表面积越大，吸附能力越强。把任何固体粉碎，其表面积大大增加，吸附能力也大大增强。

胶体中，胶体颗粒（固体）较小，总的胶体颗粒表面积很大，因此具有强烈的吸附作用。

（5）胶体的聚沉

使胶体微粒聚合成大的颗粒而沉淀下来的过程称聚沉。设法破坏胶体稳定的因素，就能使胶体聚沉，常用如下几种方法。

① 加入少量电解质，中和胶粒电荷。如在氢氧化铁溶胶中，加入少量硫酸钠，由于增加了溶胶中电解质离子的浓度，特别是增加了与胶粒带相反电荷的离子，胶粒电荷被中和后，胶体稳定的主要因素被破坏，胶粒在运动时就互相碰撞而聚合成大的颗粒沉淀下来。

江河入海口三角洲的形成，就是由于河水中泥沙带的负电荷被海水中电解质中和沉淀堆积而成。在豆浆中加入少量石膏（$CaSO_4 \cdot 2H_2O$）溶液制成豆腐，也是由于电解质中和了豆浆胶粒电荷的结果（见图6.34）。

② 加入亲水性强的有机溶剂，破坏水化膜。在胶体

图6.34 卤水点豆腐

中加入亲水性强的有机溶剂（如乙醇），因其能夺取胶粒外面的水化膜，而使胶粒稳定性降低。另外，乙醇还能使蛋白质变性，使蛋白质溶解度降低，从而产生沉淀。

③ 加入带相反电荷的胶体溶液。当带有相反电荷的两种胶体溶液互相混合时，由于胶粒带的电荷相反，互相中和电荷，从而发生聚沉。两种不同的墨水，由于染料不同或生产工艺不同而可能带不同的电荷相遇会产生沉淀，因此通常不能混合使用。

明矾的主要成分是硫酸铝钾，水解后生成带正电荷的氢氧化铝胶粒，遇到悬混在水中的带负电荷的泥沙等杂质，互相中和电荷发生聚沉，从而达到净化水的目的（见图6.35）。

④ 加热也能使胶体聚沉。许多胶体溶液在加热时都能发生聚沉，这是因为一方面温度升高，胶核吸附离子的能力降低，使胶粒电荷减少、溶剂化程度降低。另一方面，升高温度，胶粒运动加快、碰撞机会增多，所以加热可以使胶体聚沉。

图6.35　明矾净水效果比较（左杯未加明矾，右杯加明矾后静置）

（6）扩散与渗析

当溶液或溶胶中存在浓度差时，溶质微粒或胶粒将从浓度大的区域向浓度小的区域运动，这种现象称为**扩散**。只要有浓度差，溶质微粒和胶粒就都会有扩散现象，而且浓度差越大，扩散越快。需要指出的是，胶粒颗粒较大，其扩散速度比溶质微粒小得多。日常生活中，将少许浓盐水滴入一杯水中，一会儿整杯水就都有咸味，这就是扩散的作用。

自然界中或者通过人工合成，有一些只给某种分子或离子扩散进出的薄膜，这种薄膜称为半透膜。半透膜对不同粒子的通过具有选择性，例如细胞膜、膀胱膜、羊皮纸以及人工制的胶棉薄膜等。半透膜孔径一般小于100nm，所以胶粒的扩散能透过滤纸，但常常不能透过半透膜。利用胶粒不能透过半透膜而分子和离子能通过这一性质，可除去溶胶中的小分子或离子杂质，使溶胶净化的这种方法称为**渗析**（或透析）。渗析时，将溶胶放在装有半透膜的容器内，膜外放纯溶剂，由于膜内外杂质的浓度有差别，膜内的离子和分子杂质就会向膜外迁移（图6.36）。

图6.36　胶体渗析示意图

 链接

化学与健康——血液透析

你听说过血液透析吗？这首先要了解人的肾功能知识。人体的肾是一个特殊的渗透器，它让代谢过程中产生的废物经渗透随尿液排出体外，而将有用的蛋白质保留下来。当人患有肾功能障碍时，肾就会失去功能，血液中大量的代谢废物就不能随尿液排出体外，引起中毒。病人必须按时做血液透析排出废物。

血液透析，简称血透，是净化血液的一种技术。当病人的血液通过浸在透析液中的透析膜进行体外循环和透析时，利用半透膜原理，血液中重要的胶体蛋白质和血细胞不能透过，血液内的毒性物质（各种有害的代谢废物和过多的电解质）则可以透过，扩散到透析液中而被除去。病人靠它获得暂时的身体健康（见图6.37）。

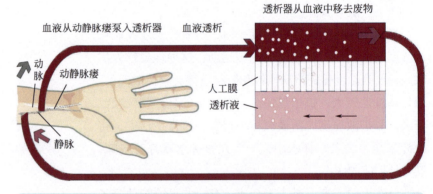

图6.37　血液透析示意图

 思考与练习

6.68　根据分散系中分散质粒子的大小不同，可将分散系分为哪三大类？

6.69　如何快速鉴别胶体？

6.70　如果将少量泥沙倒入水中，搅拌后用激光笔照射发现无现象，但在静置的过程中会发现上层的清液也会出现一条明亮的光路，请解释这一现象。

6.71 有哪些可让胶体聚沉的方法？

6.72 除了书中的例子以外，请再找一种悬浊液的药物和乳浊液的药物。

6.73 下列关于胶体的说法正确的是：

a. 胶体都是液体

b. 胶体都有颜色

c. 胶粒因比表面积较大，易于吸附带电离子而带电

d. 自然界中没有胶体

6.74 下列分散系中最稳定的是：

a. 悬浊液　　　　　b. 溶液

c. 溶胶　　　　　　d. 乳浊液

6.75 下列现象不能用胶体性质解释的是：

a. 明矾能够净水

b. 尿毒症的"血透"疗法

c. 一束平行光照射蛋白质溶液时，从侧面可看到光亮的"通路"

d. 向 $FeCl_3$ 溶液中滴加 NaOH 溶液，出现红褐色沉淀

6.76 溶液、胶体和悬/乳浊液这三种分散体系的本质区别是：

a. 是否是大量分子或离子的集合体

b. 分散质粒子直径的大小

c. 能否透过滤纸和半透膜

d. 是否均一、稳定、透明

第 6 章

溶液

6.7 渗透与渗透压

6.7.1 渗透和渗透压

水进出植物细胞和人体是一个重要的生物过程，也依赖于溶质的浓度。下面通过实验来模拟这一过程（见图6.38）。烧杯中竖有一半透膜（该半透膜孔径远小于溶胶渗析所用的半透膜孔径，只有水分子能通过）分隔烧杯，在半透膜两侧分别加入纯水和蔗糖浓溶液（左图）。半透膜能隔绝蔗糖的扩散而使水来回流动。过一段时间后发现纯水侧液面下降，而蔗糖浓溶液侧液面上升（右图）。

学习目标

● 能解释渗透现象和渗透压产生的原因。

● 能判断低渗、等渗或高渗溶液。

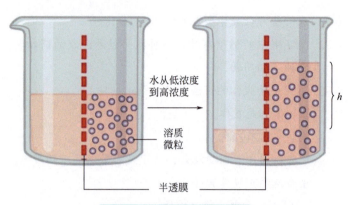

图6.38 渗透与渗透压示意图

为什么会有这样的现象呢？这是因为水分子比较小，可以自由通过半透膜。即纯水侧的水分子可以通过半透膜扩散到蔗糖溶液一侧，蔗糖溶液一侧的水分子也可以扩散到纯水一侧。但由于单位体积内纯水中水分子的数目要比蔗糖浓溶液中的水分子多，因此在单位体积内从纯水透过半透膜进入蔗糖溶液的水分子数，明显多于从蔗糖溶液进入纯水中的水分子数，所以蔗糖浓溶液侧液面上升。如果将烧杯中的纯水换成较稀的蔗糖溶液，也会发生类似的现象。这种溶剂分子通过半透膜由纯溶剂进入溶液或由稀溶液进入浓溶液的扩散现象，称为渗透现象，简称**渗透**。产生渗透现象必须具备两个条件：一是有半透膜存在；二是半透膜两侧溶质粒子的总浓度不相等。

在液面上升的同时，产生了静水压，阻止了水分子向溶液中渗透。随着液面的不断升高，这种静水压逐渐增大，当静水压增大到一定程度，上升的液面高度为 h 时，液面停止上升，此时水分子进出半透膜的速率相等，即渗透达到动态平衡。这种施加于溶液液面而恰能阻止纯溶剂向溶液渗透的额外压力，称为该溶液的**渗透压**。

渗透压与溶液中各微粒的浓度有关，也与温度相关。纯水的渗透压为零。

【例题6.19】

2%（m/m）蔗糖溶液和8%（m/m）蔗糖溶液被半渗透膜分离。

a. 哪种蔗糖溶液有更大的渗透压？
b. 哪一侧的液体体积会增加？

解：a. 8%（m/m）蔗糖溶液有更高的渗透压，相同温度下，溶质微粒越多，渗透压越大。

b. 水从 2%（m/m）的溶液流出，进入浓度更高的 8%（m/m）的溶液，所以高浓度侧液体体积会增加。

化学与生活——反渗透净水

1950年，美国科学家Dr.S.Sourirajan在观察海鸥时发现，海鸥首先会吸一大口海水，然后过一段时间，再吐出一部分。他感到非常好奇，因为海鸥这种使用肺呼吸的陆生动物是绝对不可能直接摄入高含盐量的海水来补充水分的。出于这种好奇，Dr.S.Sourirajan和他的团队对海鸥进行了解剖，发现海鸥并没有直接把海水喝下，而是把海水存在喉管里，海水经由海鸥吸入体内后加压，再经由压力作用将水分子渗透过黏膜转化为淡水，海鸥把淡水吸收到身体内部，然后把剩下的高浓度海水再吐出来。海鸥喉管中的这层黏膜组织，就是反渗透膜的原型（见图6.39）。

图6.39　海鸥对人类探索太空也做出了贡献

Dr.S.Sourirajan认为此项重大发现很可能是人类获取饮水方法的一个重大突破，随即投入该原理工业化的研究，美国政府得知此事，投入了4亿美元的资金，资助美国加州大学洛杉矶分校医学院教授Dr.S.SidneyLode配合Dr.S.Sourirajan博士着手研究反渗透膜。在巨大的资金支持和众多科学家的努力之下，反渗透膜的最初模型诞生了。

1968年，美国阿波罗登月的各项技术准备都紧锣密鼓地开展着，其中最让人头痛的难关之一是水。当年阿波罗登月计划的人员和设备的总需水量达到6吨之多。航天事业是一项对重量要求很高的工作，重量的增加意味着发射成本的急剧增加。这就迫切需要解决废水回收利用的难题，由此反渗透膜这一技术很快被引用到航天领域。采用反渗透技术将使用过的污水及航天员的尿液等，通过对水的净化处理来获得符合饮用标准的再生水，使太空船不用运载大量的饮用水升空，为实现阿波罗登月计划做出了巨大贡献。

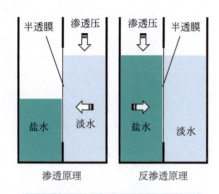

图 6.40 渗透与反渗透示意图

如图 6.40 展示为渗透装置，自然情况下纯水侧的水会流入盐水侧，达到渗透平衡时就有该盐水的渗透压。但如果在盐水侧有一个比渗透压更大的力使水的流动方向相反，将水从溶质浓度更高的溶液中"挤出"而流进浓度较低侧或纯水侧，但盐类等溶质无法通过半透膜，这样就能从浓度较高的溶液中或废水中提取纯水了。现在反渗透技术已广泛应用于海水淡化、工业污水处理及工业或家用净水，成为日常生活中不可或缺的技术。

6.7.2 低渗、等渗和高渗溶液

同温度下，渗透压相等的溶液称为等渗溶液，若两种溶液的渗透压不等，相对来说，渗透压高的称高渗溶液，渗透压低的称为低渗溶液。

医学上，等渗、低渗和高渗溶液是以血浆渗透压作为比较标准的。正常人血浆的渗透压为 720～800kPa，相当于血浆中能产生渗透作用的各种粒子的总浓度（渗透浓度）为 280～320mmol/L，凡是溶质的粒子总浓度在此范围内的溶液均称**等渗溶液**，浓度低于 280mmol/L 的溶液称**低渗溶液**，高于 320mmol/L 的溶液称**高渗溶液**。

医药上常用的等渗溶液有 9g/L 的 NaCl 溶液、50g/L 的葡萄糖溶液、1/6mol/L 的乳酸钠溶液等。常用的高渗溶液有 100g/L 的 NaCl 溶液、100g/L 的葡萄糖溶液、1mol/L 的乳酸钠溶液等。

在给病人输液时，通常要考虑溶液的渗透压。这是因为红细胞内液为等渗溶液，当红细胞置于低渗溶液中时，溶液的渗透压低于细胞内液的渗透压，水分子通过细胞膜向细胞内渗透，红细胞逐渐膨胀到一定程度后，红细胞就会破裂，释出血红蛋白，这种现象在医学上称为溶血现象，见图 6.41（a）。当红细胞置于高渗溶液中时，溶液的渗透压高于细胞内液的渗透压，水分子透过细胞向细胞外渗透，红细胞将逐渐皱缩，这种现象在医学上称为胞浆分离，见图 6.41（c）。皱缩后的细胞失去了弹性，当它们相互碰撞时，就可能粘连在一起而形成血栓。只有在等渗溶液中时，红细胞才能保持其正常形

态和生理活性，见图6.41（b）。溶血现象和血栓的形成在临床上都会造成严重的后果。

临床上，除了大量补液需要等渗外，配制眼用制剂也要考虑等渗。眼组织对渗透压变化比较敏感，为防止刺激或损伤眼组织，眼用制剂必须进行等渗调节。

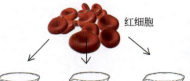

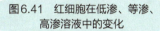

图6.41　红细胞在低渗、等渗、高渗溶液中的变化

思考与练习

6.77　产生渗透现象的条件是什么？

6.78　渗透和渗析是一个概念吗？有何联系与区别？

6.79　医学上如何界定低渗、等渗和高渗溶液？

6.80　静脉注射的药物为何要用生理盐水稀释而不是纯水？

6.81　请通过网络，检索一个高渗溶液的药物，并指出其作用。

6.82　请通过网络，检索"水中毒"的原因及预防措施。

6.83　请通过网络搜索，解释糖浆剂不易霉变的原因。

6.84　静脉滴注0.9g/L NaCl溶液，会发生的现象是（　　）。

　　a.正常　　　　　　b.基本正常

　　c.胞浆分离　　　　d.溶血

6.85　下列4种物质的量浓度相同的溶液中，渗透压最大的是（　　）。

　　a.蔗糖溶液　　　　b.葡萄糖溶液

　　c.KCl溶液　　　　d.Na_2SO_4溶液

6.86　下列溶液比起红细胞是等渗溶液、高渗溶液还是低渗溶液？

　　a.蒸馏水

　　b.1%（m/V）葡萄糖

　　c.0.9%（m/V）NaCl

　　d.15%（m/V）葡萄糖

6.87　影响渗透压的因素有（　　）。

　　a.压力、温度

　　b.压力、密度

　　c.浓度、压力

　　d.浓度、温度

6.88　请列举一个日常生活中应用渗透作用的例子。

本章小结

6.1 溶液的组成和类型

学习目标：能解释溶液的相关名词；能应用"相似相溶"原理判断物质的溶解性。

溶液是一种均匀的混合物，在溶液中，溶质均匀地分散在另一种物质即溶剂中，且呈现出同一种状态。通常，溶质是量小的物质，而溶剂是量多的物质。在溶液中，溶质微粒均匀地分散在溶剂微粒中。

"**相似相溶**"说的是溶质和溶剂极性需相似才易于形成溶液，根据"相似相溶"原理，可以初步判断两种物质是否易于形成溶液，或者说初步判断溶质在溶剂中的溶解度。

6.2 电解质和电离

学习目标：能判断物质为强、弱电解质或非电解质；能正确书写强、弱电解质的电离方程式。

凡是在水溶液中或熔融状态下能导电的化合物叫做**电解质**，如氯化钠。在水溶液中和熔融状态下都不能导电的化合物叫做**非电解质**，如蔗糖。常见的酸、碱、盐都是电解质。

电解质在水溶液中或熔融状态下，解离产生自由移动的离子的过程叫作电离。在水溶液里全部电离为离子的电解质称为**强电解质**；在水溶液里只有部分电离为离子的电解质称为**弱电解质**。

强酸、强碱和大多数盐都是强电解质，它们在水溶液中完全电离。表示电解质电离的式子称为电离方程式，强电解质的电离用"$\longrightarrow$"表示；弱酸、弱碱是弱电解质，它们在水溶液中仅有部分分子发生电离，而且电离是可逆的，电离式中用"$\rightleftharpoons$"表示。

6.3 溶解性

学习目标：能理解溶解度的含义；能判断溶液为饱和或非饱和；能判断盐在水中的溶解程度。

溶解性是指一定量的溶剂能溶解溶质的能力。**溶解度**通常定义为：一定温度下，在100g溶剂中达到饱和状态时所溶解的溶质的质量，如果溶质加入溶剂后非常容易溶解，而且溶液中所含溶质还未到最大量。我们称为**不饱和溶液**。相反，一定温度下，当溶液含有所能溶解的最大量的溶质时，称为**饱和溶液**。

大多数固体的溶解度随着温度的升高而增加，少数固体物质的溶解度对温度不敏感；气体在水中的溶解度随着温度的升高而减少。**亨利定律**指出，气体在液体中的溶解度与液体上方的压强直接有关，高压下，溶液可以吸收和溶解更多的气体分子。

从成盐的阳离子来讲，常见的碱金属及铵盐大都是易溶于水的；从成盐的阴离子来讲，硝酸盐、硫酸盐、盐酸盐以及醋酸盐大多是易溶于水的；而大多数其他种类的盐是难溶或微溶的。

6.4 溶液的浓度

学习目标：能根据已有条件计算溶液浓度；能根据配制要求计算所需溶质的量。

质量分数（m/m）是指溶液中溶质的质量与溶液的质量之比。

体积分数（V/V）是指溶液中溶质的体积与溶液体积之比。

质量-体积浓度（m/V）是指溶液中溶质的质量与溶液体积之比。

物质的量浓度是指溶液中溶质的物质的量与溶液的体积之比。

6.5 溶液稀释与配制

学习目标：能描述溶液稀释或配制的方法；能按已知条件计算溶液稀释前后的浓度或体积。

在现有溶液中加入更多溶剂使其浓度减小的过程称为**稀释**。稀释后的溶液中溶质的量等于稀释前的溶液中溶质的量。

6.6 分散系及胶体的性质

学习目标：能判断分散系的种类；能说明胶体的性质及其应用。

一种物质（或几种物质）的微粒分散在另一种物质所形成的体系，这种体系称为**分散系**。其中被分散的物质称**分散质**或**分散相**；容纳分散质的物质称分散介质或**分散剂**。

溶质溶解成小微粒，直径＜1nm，并形成均匀的溶液，称为**分子或离子分散系**；直径大于100nm的分散系叫**粗分散系**；分散质微粒的直径在1～100nm之间的分散系叫**胶体分散系**。

胶体的性质：

（1）丁达尔效应；

（2）布朗运动；

（3）电泳；

231

（4）吸附作用；

（5）聚沉；

（6）扩散与渗析。

6.7 渗透与渗透压

学习目标：能解释渗透现象和渗透压产生的原因；能判断低渗、等渗或高渗溶液。

溶剂分子通过半透膜由纯溶剂进入溶液或由稀溶液进入浓溶液的扩散现象，称为渗透现象，简称**渗透**。施加于溶液液面而恰能阻止纯溶剂向溶液渗透的额外压力，称为该溶液的**渗透压**。

凡是溶质的粒子总浓度在280～320mmol/L范围内的溶液均称**等渗溶液**，浓度低于280mmol/L的溶液称**低渗溶液**，高于320mmol/L的溶液称**高渗溶液**。

习题

概念及应用题

6.89 分别写出下列药品溶液中的溶质和溶剂。

a.葡萄糖溶液：溶质_____，溶剂_____

b.生理盐水：溶质_____，溶剂_____

c.碘酒：溶质_____，溶剂_____

d.消毒酒精：溶质_____，溶剂_____

e.医用双氧水：溶质_____，溶剂_____

6.90 通过学习，我们澄清了许多有关溶液的错误认识，逐步了解了溶液的本质。请按照示例，否定下列错误的认识。

a.只有固体物质才能作溶质——否定案例：医用酒精中的溶质乙醇是液体

b.溶液都是无色的液体

c.只有水才能作溶剂

d.无色透明的液体都是溶液

6.91 溶剂溶解溶质能力的大小，一方面决定于_____的本性。另一方面也与外界条件有关，大多数固体物质的溶解度随温度的升高而_____；气体物质的溶解度随温度的升高而_____。固体和液体的溶解度基本不受压力的影响，而气体在液体中的溶解度与气体的分压成_____。

6.92 溶液在日常生活中应用广泛。下列对溶液的有关说法正确的是（　　）。

　　a. 溶液都是无色、透明的液体
　　b. 溶液中各部分性质相同
　　c. 溶液中各部分密度不同
　　d. 溶液中只能有一种溶质

6.93 配制溶液最常用的溶剂是（　　）。

　　a. 植物油　　　b. 汽油
　　c. 酒精　　　　d. 水

6.94 调味剂是重要的食品添加剂，将下列调味剂加入水中，不能形成溶液的是（　　）。

　　a. 色拉油　　　b. 蔗糖
　　c. 味精　　　　d. 食盐

6.95 欲使任意一种不饱和溶液转变为饱和溶液，最可靠的方法是（　　）。

　　a. 再加入同种溶质
　　b. 降低温度
　　c. 升高温度
　　d. 倒出一些溶液

6.96 在20℃时，测得25g水中溶解9g氯化钠恰好形成饱和溶液，从实验中可知（　　）。

　　a. 氯化钠的溶解度为18g
　　b. 氯化钠的溶解度为36g
　　c. 20℃时氯化钠的溶解度为18g
　　d. 20℃时氯化钠的溶解度为36g

6.97 将70℃硝酸钾饱和溶液降温到10℃，有晶体析出（晶体中不含水），下列各量没有发生变化的是（　　）。

　　a. 溶液中溶剂的质量
　　b. 溶液的质量
　　c. 溶液中溶质的质量
　　d. 溶液中溶质与溶剂的质量比

6.98 根据电解质在水溶液中电离程度的不同，可分为_____和_____。在水溶液中_____的电解质称为强电解质；水溶液中_____的电解质称为弱电解质。从化合物的分类看_____、_____及_____属于强电解质；_____和_____都属于弱电解质。

6.99 现有碳酸、氢氧化钡、硝酸、硫酸钠、硝酸钾、盐酸、氢硫酸和氨水溶液，属于强电解质的有（用化学式表示）_____；属于弱电解质的有（用化学式表示）_____。

6.100 写出上题中化学物质的电离方程式。

6.101 下列物质属于弱电解质的是（   ）。

  a.醋酸铵　　　　　b.硫酸钡

  c.氨水　　　　　　d.碳酸钠

6.102 下列各组物质中全都是弱电解质的是（   ）。

  a.氢硫酸、醋酸、碳酸

  b.氢硫酸、亚硫酸、硫酸

  c.水、酒精、蔗糖

  d.氨水、氢氧化铁、氢氧化钡

6.103 下列各组物质中全都是强电解质的是（   ）。

  a.硫酸、氨水、盐酸

  b.硝酸、氯化钠、硫酸

  c.氢硫酸、硝酸、氨水

  d.醋酸、硫酸、硝酸银

6.104 下列对"5%高锰酸钾溶液"含义解释中，正确的是（   ）。

  a.100g水中溶解了5g高锰酸钾

  b.100g高锰酸钾溶液中最多能溶解5g高锰酸钾

  c.100g高锰酸钾溶液中溶解有5g高锰酸钾

  d.将高锰酸钾与水按1∶25的质量比配成溶液

6.105 一种抗生素为粉末状固体，每瓶含0.5g，注射时应配成质量分数为20%的溶液，则使用时每瓶约需加入灭菌注射用水（   ）。

  a.1.5mL　　　　　b.2mL

  c.3mL　　　　　　d.4mL

6.106 1mol/L硫酸溶液的含义是（   ）。

  a.1L水中溶解1mol H_2SO_4

  b.1L溶液中含1mol H^+

  c.将98g H_2SO_4 溶于1L水所配成的溶液

d. 指1L硫酸溶液中含有98g H₂SO₄

6.107 将4g NaOH溶于水配成200mL溶液，取出10mL，这10mL溶液的物质的量浓度是（　　）。
a.2mol/L　　　　b.1mol/L
c.0.1mol/L　　　d.0.5mol/L

6.108 碳酸氢钠注射液的规格是：每500mL NaHCO₃注射液中含NaHCO₃ 25g，分别计算该注射液的质量-体积浓度和物质的量浓度。

6.109 硫喷妥钠是静脉全麻药，用0.5g固体硫喷妥钠可配制质量-体积浓度为15g/L的溶液多少毫升？

6.110 欲配制0.5mol/L的NaCl溶液500mL，需NaCl的质量是多少？

6.111 溶液稀释的特点就是稀释后溶液的体积_____，浓度_____，但溶质的量_____。

6.112 配制2g/L的氯化钠溶液250mL，需氯化钠_____g。配制溶液时，应先用_____称取所需的氯化钠，将氯化钠先放在_____中溶解，然后在_____引流下将溶液转移至_____中，再用少量蒸馏水洗涤烧杯和玻璃棒2～3次，洗涤液移入_____中，缓缓加蒸馏水至_____处，摇匀，贴上标签。

6.113 "84消毒液"是广泛应用于物体表面的消毒剂，其有效成分是次氯酸钠。
a.配制50g质量分数为12%的次氯酸钠溶液，需要固体次氯酸钠多少克？
b.可将上述溶液稀释成质量分数为0.2%的次氯酸钠溶液多少克？

6.114 将50g 98%的浓硫酸溶于450g水中，所得溶液中溶质的质量分数为（　　）。
a.9.8%　　　　b.10.2%
c.10.9%　　　　d.19.6%

6.115 容量瓶是准确配制一定浓度溶液的仪器，在实验室中找一个容量瓶，观察在容量瓶上标有的是（　　）。
①温度　②浓度　③容量
④压强　⑤刻度线

a.①③⑤　　　　　b.③⑤

c.①⑤　　　　　　d.②③⑤

6.116 将20mL 0.5mol/L Na_2CO_3 溶液加水稀释到500mL，稀释后 Na_2CO_3 溶液的物质的量浓度为（　）。

a.0.2mol/L　　　　b.0.05mol/L

c.0.02mol/L　　　d.0.04mol/L

6.117 准确配制一定浓度的NaOH溶液时，造成实际浓度偏高的原因可能是（　）。

a.定容时仰视观察液面

b.定容时俯视观察液面

c.有少量NaOH溶液残留在烧杯中

d.容量瓶中原来有少量蒸馏水

6.118 实验室中需要配制2mol/L的NaOH溶液250mL，配制时应选用的容量瓶的规格和要称取的NaOH的质量分别是（　）。

a.250mL，20g　　b.250mL，10g

c.125mL，10g　　d.125mL，20g

6.119 欲配制物质的量浓度为2mol/L的 H_2SO_4 溶液500mL，计算需质量分数98%，溶液密度ρ=1.84kg/L的浓 H_2SO_4 的体积。

6.120 欲配制物质的量浓度为0.2mol/L的NaCl溶液200mL，计算需质量-体积浓度为117g/L的NaCl溶液的体积。

6.121 欲配制400mL体积分数0.75的消毒酒精，计算需体积分数0.95医用酒精的体积。

6.122 将4g NaOH溶于水中制成250mL的溶液，求该溶液的物质的量浓度。

6.123 将5.3g Na_2CO_3 溶于水制成500mL的溶液，求该溶液的物质的量浓度。

6.124 临床上用0.154mol/L生理盐水2L，需要NaCl多少克？

6.125 配制0.1mol/L Na_2CO_3 溶液500mL，需要 $Na_2CO_3 \cdot 10H_2O$ 多少克？

6.126 用180g葡萄糖（$C_6H_{12}O_6$），能配成0.28mol/L的静脉注射液多少毫升？

6.127 今有 $NaHCO_3$ 8.4g，能配制0.2mol/L的 $NaHCO_3$ 溶液多少升？

6.128 用葡萄糖200g能配制成浓度为50g/L的葡萄糖溶液多少毫升？

6.129 正常人血浆中血浆蛋白的质量-体积浓度是70g/L，问100mL血浆中含血浆蛋白多少克？

6.130 100g质量分数为0.98的浓硫酸含纯硫酸多少克？

6.131 0.5L浓盐酸（ρ=1.18kg/L）中含HCl的质量为212.4g，求该浓盐酸溶液的质量分数。

6.132 现有纯甘油300mL，配制成体积为600mL的甘油溶液（假定溶液体积等于溶质和溶剂体积之和），该溶液的体积分数为多少？

6.133 欲配制体积分数为0.95的酒精溶液1000mL，试计算需要无水酒精多少毫升？

6.134 计算0.154mol/L的生理盐水的质量-体积浓度。

6.135 临床上治疗酸中毒经常用乳酸钠（$NaC_3H_5O_3$）注射液，其质量-体积浓度为112g/L，求其物质的量浓度。

6.136 市售浓盐酸的质量分数为0.365，密度ρ=1.18kg/L，它的物质的量浓度为多少？

6.137 已知密度为1.08kg/L的2mol/L NaOH溶液，求该溶液的质量分数。

6.138 临床上配制体积分数为0.75的医用消毒酒精溶液800mL，需要体积分数为0.95的酒精溶液多少毫升？

6.139 用12mol/L的浓盐酸配制浓度为0.2mol/L的盐酸溶液500mL，问需要浓盐酸多少毫升？

6.140 根据分散相粒子的大小，分散系可分为_____分散系、_____分散系和_____分散系三类。

6.141 胶体溶液是比较稳定的，促使它稳定的原因很多，但主要原因是_____。

6.142 促使胶粒聚沉的主要方法有_____、_____和_____。

6.143 粗分散系根据其分散质的状态不同，分为_____和_____。

6.144 胶体粒子在电场作用下向阴极或阳极定向移动的现象称为_____。

6.145 泥浆水属于（　　）。

a.真溶液　　　b.溶胶

c.悬浊液　　　d.乳浊液

6.146 胶体溶液区别于其他溶液的实验方法是（　　）。
　　a.丁达尔现象
　　b.聚沉现象
　　c.胶粒能通过滤纸
　　d.上述方法都不行

6.147 下列不属于溶液具有的性质是（　　）。
　　a.能透过半透膜　　b.不稳定
　　c.均匀　　　　　　d.透明

6.148 胶体分散系的分散相颗粒的直径是（　　）。
　　a.小于1nm　　　　b.1～100nm
　　c.大于100nm　　　d.大于1nm

6.149 产生渗透现象的条件是_____和_____。

6.150 这种溶剂分子通过_____由_____进入_____或由_____进入_____的扩散现象，称为渗透现象。

6.151 在相同温度下，_____的溶液称为等渗溶液，若两种溶液的渗透压不等，相对来说，_____的称高渗溶液，_____的称为低渗溶液。医学上的等渗、高渗、低渗溶液是以_____渗透浓度为标准确定的。

6.152 正常人血浆的渗透压为_____kPa，相当于血浆中能产生渗透作用的各种粒子的总浓度为_____mmol/L。

6.153 把红细胞置于低渗溶液中可能发生_____现象，红细胞置于高渗溶液中，则可能发生_____现象。

拓展题

6.154 配制0.1mol/L的硫酸铜溶液200mL，需硫酸铜晶体（$CuSO_4 \cdot 5H_2O$）多少克？

6.155 用质量分数为0.37（密度ρ=1.198kg/L）的盐酸配制0.1mol/L的盐酸溶液，正确的操作顺序为（　　）。
　　a.吸量、定容、计算、摇匀
　　b.计算、吸量、定容、摇匀
　　c.计算、吸量、摇匀、定容
　　d.吸量、计算、定容、摇匀

6.156 用质量分数为0.37（密度ρ=1.198kg/L）的浓盐酸配制0.1mol/L的盐酸溶液500mL，主要用到的容量仪器有（　　）。

a. 5mL吸量管和500mL容量瓶

b. 10mL吸量管和500mL容量瓶

c. 5mL吸量管和500mL量筒

d. 10mL吸量管和500mL量筒

6.157 胶体微粒可吸附不同的电荷,从而使胶粒带电,请通过网络检索,各找出两种带正电荷的胶粒和两种带负电荷的胶粒。

6.158 寻找两例日常生活中胶体聚沉的例子。

6.159 为什么临床上大量输液时一定要用等渗溶液?

6.160 渗透压与溶液的浓度有关,请利用网络,查找溶液渗透压的计算公式,看看公式中的浓度用的是哪种表达方式。

Chapter 6
第6章
溶液

无 机 化 学
（中职阶段）

Chapter 7

第 7 章

酸和碱

内容提要

7.1 认识酸碱
7.2 酸碱的强弱
7.3 水的电离和溶液的 pH
7.4 离子反应和盐类水解
7.5 缓冲溶液

酸和碱是一类对人类健康、工业以及环境都非常重要的物质。酸的一个重要的通性就是尝起来有酸味（尽管可以通过酸味来分辨酸性溶液，但在实验室内绝不能品尝任何东西，不能通过品尝来检测未知物质里是否有酸的存在，因为许多酸会对人体组织造成严重的灼伤）。例如，柠檬和葡萄常是酸的，这是因为它们富含有机的柠檬酸和抗坏血酸（维生素C）；醋吃起来也是酸的，那是因为它含有醋酸；人们在运动时，肌肉会生成乳酸；人们利用细菌的作用将牛奶制作成酸奶或奶酪；我们的胃里有盐酸来帮助消化食物。但有时我们也要服用一些抗酸剂，诸如碳酸氢钠或氧化镁乳液等碱性物质来中和过多的胃酸。

在环境方面，雨水、水体和土壤的酸性过强或碱性过强都会带来一系列问题。当雨变成了酸雨，就会溶解大理石雕像，会加速金属的锈蚀。湖泊和池塘中水的酸度，会影响水中动植物的生存。同样，土壤的酸度也会影响植被的生长，酸性或碱性太强都会使植物的根系不再能吸收养分。尽管有一些植物，诸如兰花、山茶花和蓝莓等，需要一个较酸的土壤环境，但绝大多数植物的健康生长都需要近中性的土壤环境。

学习目标

- 能正确命名常见的酸和碱。
- 能列举电离理论和质子理论定义的酸碱。
- 能识别质子理论中的共轭酸碱对。

7.1 认识酸碱

酸碱概念是无机化学中最基本、最重要的概念之一。在初中化学中已经认识了一些酸碱，现在先学习常见酸碱的命名。

7.1.1 常见酸、碱的命名

无机酸可以分为含氧酸和非含氧酸。如果酸中不含氧，且只有氢和另一种非金属元素（或类卤素）组成，一般命名为"氢某酸"，某是除氢以外的那种元素（或类卤素）的名称，诸如HBr，氢溴酸；H_2S，氢硫酸；HCN，氢氰酸，但也有例外，比如HCl常称为盐酸。如果除氢外含有多个非金属元素，常命名为"某某酸"，其中"某某"指除氢外的元素或基团。如H_2SiF_6叫氟硅酸，

HSCN 叫硫氰酸。

如果是含氧酸，它溶解于水会产生氢离子和含氧的多原子阴离子，即酸根离子。含氧酸一般命名为"某酸"，如 H_2SO_4 称为硫酸，H_3PO_4 称为磷酸。在含氧酸中，中心原子往往可有多种化合价而形成不同的含氧酸，这样的含氧酸可根据其酸根的含氧数（或中心原子化合价高低）冠以高某酸、正某酸（"正"常省略）、亚某酸或次某酸。它们之间依次相差一个氧原子。如：$HClO_4$ 为高氯酸、$HClO_3$ 为（正）氯酸、$HClO_2$ 为亚氯酸、$HClO$ 为次氯酸。常见酸及其酸根离子见表7.1。

表7.1 常见酸及其酸根离子

酸	酸	酸的名称	酸根离子	酸根离子名称
	无氧酸			
	HCl	盐酸	Cl^-	氯离子（氢氯酸根离子）
	HBr	氢溴酸	Br^-	溴离子（氢溴酸根离子）
	H_2S	氢硫酸	HS^- S^{2-}	硫氢根离子 硫离子（氢硫酸根离子）
	HCN	氢氰酸	CN^-	氰离子、氰根离子 （氢氰酸根离子）
	H_2SiF_6	氟硅酸	SiF_6^{2-}	氟硅酸根离子
	HSCN	硫氰酸	SCN^-	硫氰酸根离子
	含氧酸			
N	HNO_3	硝酸	NO_3^-	硝酸根离子
	HNO_2	亚硝酸	NO_2^-	亚硝酸根离子
S	H_2SO_4	硫酸	HSO_4^- SO_4^{2-}	硫酸氢根离子 硫酸根离子
	H_2SO_3	亚硫酸	HSO_3^- SO_3^{2-}	亚硫酸氢根离子 亚硫酸根离子
C	H_2CO_3	碳酸	HCO_3^- CO_3^{2-}	碳酸氢根离子 碳酸根离子
	$H_2C_2O_4$	草酸	$HC_2O_4^-$ $C_2O_4^{2-}$	草酸氢根离子 草酸根离子
P	H_3PO_4	磷酸	$H_2PO_4^-$ HPO_4^{2-} PO_4^{3-}	磷酸二氢根离子 磷酸氢根离子 磷酸根离子
	H_3PO_3	亚磷酸	PO_3^{3-}	亚磷酸根离子
Cl	$HClO_4$	高氯酸	ClO_4^-	高氯酸根离子
	$HClO_3$	氯酸	ClO_3^-	氯酸根离子
	$HClO_2$	亚氯酸	ClO_2^-	亚氯酸根离子
	HClO	次氯酸	ClO^-	次氯酸根离子
Mn	$HMnO_4$	高锰酸	MnO_4^-	高锰酸根离子
	H_2MnO_4	锰酸	MnO_4^{2-}	锰酸根离子

大多数无机碱中的阳离子为金属离子，如氢氧化钠（NaOH）、氢氧化钾（KOH）、氢氧化钙[$Ca(OH)_2$]、氢氧化铁[$Fe(OH)_3$]等。其中碱金属和碱土金属形成的碱大多可溶，有苦涩味及滑腻感，同时遇到石蕊会变蓝，遇到酚酞会变红。一水合氨（$NH_3 \cdot H_2O$，氨水的溶质，也可称为氢氧化铵）是不含金属元素的无机碱。

无机碱被命名为"氢氧化某"或"氢氧化亚某"，"某"指的是最高正价金属离子，如氢氧化铜[$Cu(OH)_2$]和氢氧化铁[$Fe(OH)_3$]，"亚某"指的是低价金属离子，如氢氧化亚铜（CuOH）和氢氧化亚铁[$Fe(OH)_2$]。常见无机碱及其溶解性见表7.2。

表7.2 常见无机碱及其溶解性

碱	名称	水中溶解性
LiOH	氢氧化锂	可溶
NaOH	氢氧化钠	可溶
KOH	氢氧化钾	可溶
$Mg(OH)_2$	氢氧化镁	不溶
$Ca(OH)_2$	氢氧化钙	微溶
$Ba(OH)_2$	氢氧化钡	可溶
$Al(OH)_3$	氢氧化铝	不溶
$Fe(OH)_3$	氢氧化铁	不溶
$Fe(OH)_2$	氢氧化亚铁	不溶
$Cu(OH)_2$	氢氧化铜	不溶
$NH_3 \cdot H_2O$	一水合氨	可溶

1. 命名下列酸、碱。
a. H_3PO_4 b. HClO
c. CsOH   d. $Sr(OH)_2$
2. 写出下列酸、碱的化学式。
a. 磷酸氢根离子
b. 亚硫酸氢根离子
c. 亚硝酸
d. 高锰酸

7.1.2 酸碱电离理论简介

酸碱理论经历了一个由浅入深、由表及里的发展过程。目前常用的酸碱理论主要有：酸碱电离理论、酸碱质子理论及酸碱电子理论。这三个酸碱理论之间并不矛盾，只是适用范围不同。下面只简要介绍酸碱电离理论和酸碱质子理论。

1887年，瑞典化学家阿伦尼乌斯（Svante Arrhenius）第一个提出当物质溶解于水，电离产生阳离子全部都是氢离子的物质就是酸。正因为酸在水中会形成氢离子，所以它们也是电解质。如：HCl、HNO_3、H_2SO_4、H_3PO_4、

H_2CO_3 等属于酸。在水溶液中电离出的阴离子全部是 OH^- 的化合物是碱。如：$NaOH$、KOH、$Ba(OH)_2$、$NH_3 \cdot H_2O$ 等属于碱。盐是酸碱中和反应的产物。

酸碱电离理论明确指出 H^+ 是酸的特征，OH^- 是碱的特征。酸碱中和反应就是 H^+ 与 OH^- 作用生成 H_2O 的反应。

酸碱电离理论对科学发展起了积极作用，直到现在仍然普遍使用，但也存在一些不足之处。比如：不能解释一些不含氢离子和氢氧根离子物质的酸碱性，如局麻药普鲁卡因（见图 7.1），其分子结构中不含 OH^-，为了增加其在水中的溶解度，常利用其碱性和盐酸成盐，成盐后易溶于水而制成注射液；也无法解释非水溶液中的酸碱反应。为了克服这一局限性，科学家提出了新的酸碱理论，即酸碱质子理论。

图 7.1　局麻药普鲁卡因

7.1.3　酸碱质子理论简介

酸碱质子理论认为：凡能给出质子（H^+）的物质是酸；凡能接受质子（H^+）的物质是碱。例如：HCl、CH_3COOH、H_2CO_3、HCO_3^-、NH_4^+、H_2O、H_3O^+ 等都是酸，因为它们都能给出质子；而 Cl^-、CH_3COO^-、HCO_3^-、CO_3^{2-}、NH_3、H_2O、OH^- 等都是碱，因为它们都能接受质子。

根据酸碱质子理论，酸给出质子后就成为碱，碱接受质子后就成为酸。可见酸和碱并不是孤立的，而是相互依存的，这种关系称为共轭关系，表示如下：

$$酸 \rightleftharpoons 质子 + 碱$$
$$HCl \rightleftharpoons H^+ + Cl^-$$
$$CH_3COOH \rightleftharpoons H^+ + CH_3COO^-$$
$$H_2CO_3 \rightleftharpoons H^+ + HCO_3^-$$
$$HCO_3^- \rightleftharpoons H^+ + CO_3^{2-}$$
$$NH_4^+ \rightleftharpoons H^+ + NH_3$$
$$H_3O^+ \rightleftharpoons H^+ + H_2O$$
$$H_2O \rightleftharpoons H^+ + OH^-$$

（1）以上这些方程式中左边的酸比右边相应的碱多一个质子，化学组成上仅差一个质子的一对酸碱称为共轭酸碱对。如：CH_3COOH 和 CH_3COO^- 就是**共轭酸碱对**，其中 CH_3COOH 是 CH_3COO^- 的**共轭酸**，而 CH_3COO^- 是 CH_3COOH 的**共轭碱**。

（2）对于某一共轭酸碱对，如果酸的酸性越强，它的共轭碱的碱性就越弱；如果碱的碱性越强，它的共轭酸的酸性就越弱。如：HCl 是强酸，它的共轭碱 Cl^- 在水溶液中显示不出碱性；又如 OH^- 是强碱，它的共轭酸 H_2O 一般情况下就显示不出酸性。

（3）酸和碱可以是中性分子，也可以是阴离子或阳离子。如 CH_3COOH、HCO_3^-、NH_4^+ 等都是酸；NH_3、Cl^-、CO_3^{2-} 等都是碱。还有些物质既可给出质子，又可接受质子，如 H_2O、HCO_3^-、$H_2PO_4^-$ 等，这类物质既是酸又是碱，称为两性物质。

（4）酸碱质子理论没有盐的概念。如 NH_4Cl 在酸碱电离理论中称为盐，但在酸碱质子理论中则认为 NH_4^+ 是酸，Cl^- 是碱。

酸碱质子理论扩大了酸碱的含义和酸碱反应的范围，摆脱了酸碱反应必须在水中进行的局限性。如很多药物都有酸碱性，药物在生产、制剂、分析、储存过程中及在体内吸收、分布、代谢和产生药效等都与药物的酸碱性有密切关系，这些关系通常可依据酸碱质子理论来加以解释和说明。但是质子理论只限于质子的给出和接受，所以必须含有氢，这就不能解释不含氢的一类化合物的反应。后来又提出了酸碱电子理论。

 练一练

在下面的反应中，寻找共轭酸碱对。

$HCN + SO_4^{2-} \longrightarrow CN^- + HSO_4^-$

 练一练

以下四个物质，根据酸碱质子理论都是两性物质，请分别写出其共轭酸碱的化学式。

a. H_2O　　b. HCO_3^-

c. NH_3　　d. $H_2PO_4^-$

 链接

化学名人堂——路易斯与路易斯酸碱理论

诺贝尔奖大家一定不陌生，诺贝尔奖获得者均是世界知名的科学家。有位科学家因终身未获诺贝尔奖，而成为该奖项历史上巨大争议之一。他一生共培养了5名诺贝尔奖得主，41次获得诺贝尔奖提名，这个人就是美国加州大

学伯克利分校教授、前伯克利化学院院长，吉尔伯特·牛顿·路易斯（Gilbert Newton Lewis，1875—1946年）。

路易斯教授提出一种新的酸碱理论：凡是能够接受外来电子对的分子、离子或原子团称为路易斯酸，简称（电子对）接受体；凡是能够给出电子对的分子、离子或原子团称为路易斯碱，简称（电子对）给予体。常见的路易斯酸有：钠离子、硝基正离子、三氟化硼、三氯化铝、三氧化硫等。常见的路易斯碱有：卤离子、氢氧根离子、烷氧基离子、烯烃、氨、胺、醇、二氧化碳等。

路易斯酸碱理论从微观出发，以电子为中心，称为酸碱电子理论，揭示了酸碱更深层次的内涵，特别是对不含氢的物质的酸碱性进行了解释，所以该理论也称为广义酸碱理论。

图7.2　吉尔伯特·牛顿·路易斯

思考与练习

7.1 酸碱电离理论认为：凡是在水溶液中电离出的阳离子全部是_____的化合物是酸。在水溶液中电离出的阴离子全部是_____的化合物是碱。_____是酸的特征，_____是碱的特征。

7.2 酸碱质子理论认为：凡能给出质子的物质都是_____，凡能接受质子的物质都是_____。化学组成上仅差一个质子的一对酸碱称为_____。

7.3 下列分子或离子：H_2SO_4、OH^-、CH_3COO^-、NH_4^+、HCO_3^-、HCl、NO_3^-、H_2O，根据酸碱质子理论，可以作为酸的是_____，可以作为碱的是_____，既可以作为酸又可以作为碱的是_____。

7.4 NH_4^+、HCO_3^-的共轭碱的化学式分别为_____和_____。CH_3COO^-、HS^-的共轭酸的化学式分别为_____和_____。

7.5 命名下列各物质：

　　a.HCl　　　　　　b.$Ca(OH)_2$

　　c.H_2CO_3　　　　d.HNO_3

　　e.H_2SO_3　　　　f.HCN

7.6 命名下列各物质：

    a.$Al(OH)_3$ b.HBr

    c.H_2SO_4 d.KOH

    e.HNO_2 f.$Cu(OH)_2$

7.7 写出下列酸和碱的化学式：

    a. 氢氧化镁   b. 氢氟酸

    c. 磷酸   d. 氢氧化锂

    e. 氢氧化铵   f. 硫酸

7.8 写出下列酸和碱的化学式：

    a. 氢氧化钡   b. 氢碘酸

    c. 硝酸   d. 氢氧化锶

    e. 氢氧化钠   f. 氯酸

7.9 写出下面分子或离子的共轭碱的化学式：

    a.HF b.H_2O c.H_2CO_3 d.HSO_4^-

7.10 写出下面分子或离子的共轭碱的化学式：

    a.HSO_3^- b.H_3O^+ c.HPO_4^{2-} d.HNO_2

7.11 写出下面分子或离子的共轭酸的化学式：

    a.CO_3^{2-} b.H_2O c.$H_2PO_4^-$ d.Br^-

7.12 写出下面分子或离子的共轭酸的化学式：

    a.SO_4^{2-} b.CN^- c.OH^- d.ClO_2^-

7.13 寻找下列方程式中的共轭酸碱对：

    a.$HI+H_2O \rightleftharpoons H_3O^+ + I^-$

    b.$F^- + H_2O \rightleftharpoons HF + OH^-$

    c.$CO_3^{2-} + H_2O \rightleftharpoons HCO_3^- + OH^-$

    d.$HCO_3^- + H_3O^+ \rightleftharpoons CO_2 + 2H_2O$

    e.$H_2SO_3 + H_2O \rightleftharpoons H_3O^+ + HSO_3^-$

    f.$HSO_3^- + H_2O \rightleftharpoons H_3O^+ + SO_3^{2-}$

    g.$CO_3^{2-} + H_2O \rightleftharpoons OH^- + HCO_3^-$

    h.$NH_4^+ + H_2O \rightleftharpoons H_3O^+ + NH_3$

    i.$HCN + H_2O \rightleftharpoons H_3O^+ + CN^-$

7.2 酸碱的强弱

    在6.2节中已经学习过了强、弱电解质，其中强酸、强碱和绝大多数的盐为强电解质；弱酸、弱碱、少数的

学习目标

- 能判断常见酸碱的强弱。
- 能解释弱电解质的电离平衡。
- 能用一元弱酸、弱碱溶液的 H^+ 浓度、OH^- 浓度的近似计算公式进行相关计算。
- 能列举常见酸、碱的应用。

盐和水为弱电解质。

常见的强酸有氢碘酸（HI）、氢溴酸（HBr）、高氯酸（HClO₄）、盐酸（HCl）、硫酸（H₂SO₄）、硝酸（HNO₃）；常见的弱酸如磷酸（H₃PO₄）、氢氟酸（HF）、亚硝酸（HNO₂）、醋酸（CH₃COOH）、碳酸（H₂CO₃）、氢硫酸（H₂S）；常见的强碱有氢氧化钠（NaOH）、氢氧化钾（KOH）、氢氧化钙[Ca(OH)₂]、氢氧化钡[Ba(OH)₂]；常见的弱碱如氨水（NH₃·H₂O）。

强电解质在水溶液中是全部电离的，如 $H_2SO_4 \longrightarrow 2H^+ + SO_4^{2-}$；弱电解质在水溶液中仅有少部分电离，如 $CH_3COOH \rightleftharpoons H^+ + CH_3COO^-$。

那么根据什么来判断酸碱的强弱呢？或者我们怎么来比较酸碱的强弱呢？

7.2.1 电离度

不同的弱电解质在水溶液中的电离程度是不相同的。有的电离程度很大，如硫酸；有的电离程度较小，如醋酸。一般认为强电解质是全部电离，而弱电解质电离程度的大小，可用电离度来表示。**电离度**是指弱电解质在溶液中达到电离平衡时，已电离的电解质分子数占电离前溶液中电解质分子总数的百分比。电离度通常用α表示：

$$\alpha = \frac{\text{已电离的电解质分子数}}{\text{电离前电解质分子总数}} \times 100\%$$

例如：25 ℃时，在0.10mol/L的醋酸溶液中，每10000个醋酸分子中有132个分子电离。醋酸的电离度是：

$$\alpha = \frac{132}{10000} \times 100\% = 1.32\%$$

不同的弱电解质，其电离度大小不同。电解质越弱，它的电离度越小。因此可以用相同温度下电离度的大小来比较弱电解质的相对强弱。如醋酸和氢氰酸都是弱酸，但氢氰酸在水溶液中的电离度比醋酸小，所以氢氰酸是比醋酸更弱的电解质。

弱电解质电离度的大小，主要取决于电解质的本性，同时也与溶液的浓度、温度等条件有关。同一种弱电解质，溶液浓度越小，电离度越大。这是由于加水稀释后，减少了离子碰撞结合成分子的机会，结果使电离度增大（表7.3）。温度对弱电解质的电离度也有影响，温度升高，电离度相应增大。所以使用弱电解质的电离度时，应当注明该电解质溶液的浓度和温度。

表7.3　不同浓度醋酸电离度（25℃）

浓度/（mol/L）	0.2	0.1	0.02	0.01	0.001
电离度/%	0.934	1.32	2.96	4.20	12.40

7.2.2　电离平衡

弱电解质的电离是不完全的，是可逆的。醋酸、氨水等弱电解质溶液中，只有小部分的分子电离成离子，离子在水中互相碰撞时又彼此吸引，重新结合成分子。一定条件下，当弱电解质的分子电离成离子的速度和离子重新结合成分子的速度相等时的状态称为**电离平衡**状态。电离平衡和其他化学平衡一样，是一种动态平衡。平衡时，溶液中离子的浓度和弱电解质分子浓度都保持不变。例如醋酸溶液存在以下平衡：

$$CH_3COOH \rightleftharpoons H^+ + CH_3COO^-$$

平衡时，溶液中醋酸分子、醋酸根离子和氢离子的浓度都保持不变。

当改变条件时，电离平衡的移动遵循平衡移动原理。如在醋酸溶液里滴入硫酸，氢离子浓度增加，电离平衡向左移动，使溶液的醋酸根离子浓度减小，醋酸分子浓度增大，直到新的条件下，建立起新的平衡状态。

7.2.3　电离平衡常数

弱电解质的电离平衡符合一般的化学平衡原理，所以不同的弱电解质在水溶液中的电离程度可用电离平衡常数来表示。一定温度下，当弱电解质达到电离平衡时，已电离的离子浓度系数次方的乘积与未电离的分子浓度系数次方之比是一个常数，这常数称为**电离平衡常数**，

练一练

根据平衡移动的原理，如果在醋酸溶液中滴加氢氧化钠溶液或醋酸钠溶液，电离平衡将如何移动？氢离子浓度和醋酸根离子浓度将如何变化？

简称电离平衡常数，用K_i表示。一般弱酸的电离平衡常数用K_a表示，弱碱的电离平衡常数用K_b表示。

例如，醋酸的电离平衡如下：

$$CH_3COOH \rightleftharpoons H^+ + CH_3COO^-$$

电离平衡常数表达式为：

$$K_a = \frac{[H^+][CH_3COO^-]}{[CH_3COOH]}$$

例如，氨水的电离平衡如下：

$$NH_3 \cdot H_2O \rightleftharpoons NH_4^+ + OH^-$$

电离平衡常数表达式为：

$$K_b = \frac{[NH_4^+][OH^-]}{[NH_3 \cdot H_2O]}$$

不同的弱电解质有不同的电离平衡常数，电离平衡常数可以反映相同温度下不同弱电解质电离程度的相对大小。电离平衡常数大，表示该弱电解质比较容易电离。对于酸而言，K_a越大，酸性越强；对于碱而言，K_b越大，碱性越强。电离平衡常数小，表示该弱电解质电离程度小。

对于多元弱酸如H_2CO_3、H_2S、H_2SO_3、H_3PO_4等，它们的电离是分步进行的，每一步的电离都有相应的电离平衡常数，通常用K_{a1}、K_{a2}、K_{a3}表示。如：

碳酸的电离方程式：

$$H_2CO_3 \rightleftharpoons H^+ + HCO_3^- \qquad K_{a1}$$
$$HCO_3^- \rightleftharpoons H^+ + CO_3^{2-} \qquad K_{a2}$$

磷酸的电离方程式：

$$H_3PO_4 \rightleftharpoons H^+ + H_2PO_4^- \qquad K_{a1}$$
$$H_2PO_4^- \rightleftharpoons H^+ + HPO_4^{2-} \qquad K_{a2}$$
$$HPO_4^{2-} \rightleftharpoons H^+ + PO_4^{3-} \qquad K_{a3}$$

多元弱酸的各步电离平衡常数逐级减小，即$K_{a1} \gg K_{a2} \gg K_{a3}$。一般都相差$10^4 \sim 10^5$倍。所以多元弱酸溶液的氢离子主要来自第一步的电离，可以用一步的电离平衡常数K_{a1}来比较多元弱酸电离程度的相对大小。

电离平衡常数与温度有关，而与浓度无关。

写出氢氰酸和次氯酸的电离方程式及电离平衡常数表达式。并通过网络检索25℃时两个酸的电离平衡常数，比较两种酸的酸性强弱。

7.2.4　一元弱酸、弱碱电离平衡常数的计算

对于弱酸、酸碱的水溶液，使用电离平衡常数，便可计算出弱酸溶液中H^+的浓度或弱碱溶液中OH^-的浓度。

【例题7.1】

25℃时，CH_3COOH的电离平衡常数为1.76×10^{-5}。计算0.10mol/L CH_3COOH溶液的H^+的浓度。

解：在CH_3COOH溶液中，同时存在两个电离平衡：

$$H_2O \rightleftharpoons H^+ + OH^-$$

$$CH_3COOH \rightleftharpoons H^+ + CH_3COO^-$$

可以看出：H^+有两个来源，但在计算H^+浓度时，可采用合理的近似处理，以简化计算过程。通常当酸电离出的H^+浓度远大于H_2O电离出的H^+浓度时，可忽略水的电离，溶液中$[H^+]=[CH_3COO^-]$。设平衡时$[H^+]=x$mol/L，则：$[CH_3COO^-]=x$mol/L。

	$CH_3COOH \rightleftharpoons$	$H^+ +$	CH_3COO^-
开始浓度/（mol/L）	0.10	0	0
平衡浓度/（mol/L）	0.10−x	x	x

$$K_a = \frac{[H^+][CH_3COO^-]}{[CH_3COOH]} = \frac{x\cdot x}{0.10-x} = 1.76\times10^{-5}$$

因为$[H^+]$很小，0.10−$x\approx$0.10，所以上式可近似认为

$$\frac{x^2}{0.10} \approx 1.76\times10^{-5}$$

$$x = 1.33\times10^{-3} \text{mol/L}$$

答：0.10mol/L CH_3COOH溶液的H^+浓度为1.33×10^{-3}mol/L。

把以上近似计算推广到浓度为$c_{酸}$的一元弱酸溶液中：

$$[H^+] = \sqrt{K_a \cdot c_{酸}}$$

对于浓度为$c_{碱}$的一元弱碱溶液，同理可以得到近似计算公式：

$$[OH^-] = \sqrt{K_b \cdot c_{碱}}$$

一般情况下，在 $c/K_i \geqslant 500$ 时，就可使用以上两个近似公式进行计算。

【例题7.2】

25℃时，$NH_3 \cdot H_2O$ 的电离常数为 1.76×10^{-5}。计算 $0.20 mol/L\ NH_3 \cdot H_2O$ 溶液中 OH^- 的浓度。

解：$NH_3 \cdot H_2O$ 的电离方程式为

$$NH_3 \cdot H_2O \rightleftharpoons NH_4^+ + OH^-$$

氨水的电离常数 $K_b = 1.76 \times 10^{-5}$，且 $c_{碱}/K_b > 500$，

$$[OH^-] = \sqrt{K_b \cdot c_{碱}} = \sqrt{1.76 \times 10^{-5} \times 0.20} = 1.88 \times 10^{-5} mol/L$$

答：25℃时，$0.20 mo/L\ NH_3 \cdot H_2O$ 溶液中 OH^- 的浓度为 $1.88 \times 10^{-5} mol/L$。

练一练

25℃时，苯甲酸的电离常数为 6.4×10^{-5}。计算 $0.15 mo/L$ 苯甲酸溶液中 H^+ 的浓度。

7.2.5 一些酸、碱的应用

形形色色的酸和碱在工业、日常生活乃至我们的生命活动中都发挥了重要作用。比如，盐酸、硫酸、硝酸是工业中常用的"三酸"，而氢氧化钠和碳酸钠（水溶液呈碱性的盐）称为"二碱"。初中化学已学过酸和碱的通性，比如，酸、碱可以使指示剂变色；酸和碱可以发生中和反应生成盐和水；酸可以和活泼金属反应生成盐和氢气；酸可以和金属氧化物反应生成盐和水；碱可以和非金属氧化物反应生成盐和水等。

在第8章我们还将具体学习盐酸、硫酸、硝酸、氢氧化钠、碳酸钠等物质的性质。在这里，先列举一些弱酸、弱碱的应用，看看这些弱酸、弱碱是如何在生活中起到重要作用的。

先来看一个霸道的酸——氢氟酸（见图7.3）。氢氟酸是氟化氢气体的水溶液，清澈、无色、发烟的腐蚀性液体，有剧烈刺激性气味。别看它是弱酸（25℃时，$K_a = 3.53 \times 10^{-4}$），但它有个特殊的本领，即具有极强的腐蚀性，能强烈地腐蚀金属、玻璃和含硅的物体，因此，可以用它来雕刻玻璃、清洗铸件上的残砂、控制发酵、电抛光和清洗、腐蚀半导体硅片。高纯度的氢氟酸是微电子行业制作过程中的关键性基础化工材料之一。

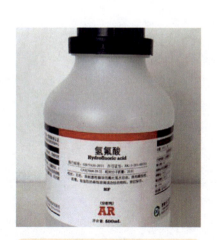

图7.3 氢氟酸

氢氟酸和玻璃（含 SiO_2）的反应：

$$4HF+SiO_2 \longrightarrow SiF_4\uparrow +2H_2O$$

再来看一个常吃的酸——乙酸。乙酸也叫醋酸，化学式为 CH_3COOH，是一种有机一元弱酸（25 ℃时，$K_a=1.76\times 10^{-5}$），为食醋（3%～5%）的主要成分。纯的无水乙酸（冰醋酸）凝固点为16.6 ℃，所以常在冬天看见其凝固为无色晶体像冰一样，故名为冰醋酸（见图7.4）。乙酸除了作为酸性调味剂之外，日常生活中还常用于除水垢。乙酸也是化学工业中不可缺少的原料，实验室中常用其调节溶液的酸性。

图7.4 冰醋酸

思考与练习

7.14 弱电解质的电离度与哪些因素有关？

7.15 弱酸的电离平衡常数与哪些因素有关？

7.16 对于同一弱电解质来说，溶液越稀，其电离度越_____，温度越高，其电离度越_____。对于不同的弱电解质，相同温度下其电离度越大，则电离平衡常数越_____。（填"大"或"小"）

7.17 在相同温度下，相同浓度的氢氟酸、醋酸、氢氰酸中，氢离子浓度最大的是_____，未电离的溶质分子浓度最大的是_____。

7.18 请写出下列物质的电离方程式和电离平衡常数表达式。

a. $NH_3\cdot H_2O$ b. HCN
c. HF   d. CH_3COOH

7.19 氨水作为弱碱，存在着如下的电离：

$$NH_3\cdot H_2O \rightleftharpoons NH_4^+ +OH^-$$

a. 当加入少量NaOH后，平衡将向哪个方向移动？氨水的电离度如何变化？

b. 当加入少量HCl后，平衡将向哪个方向移动？氨水的电离度如何变化？

c. 当加入少量NH_4Cl后，平衡将向哪个方向移动？氨水的电离度如何变化？

d. 当加入少量水后，平衡将向哪个方向移动？氨水的电离度如何变化？

7.20 在某氟化氢溶液中，已电离的氟化氢为0.02mol，未电离的氟化氢为0.18mol，求该溶液中氟化氢的电离度。

7.21 试计算25℃时0.010mol/L HCl溶液中H^+的浓度。

7.22 试计算25℃时0.010mol/L CH_3COOH溶液中H^+的浓度。

7.23 试计算25℃时0.010mol/L HCN溶液中H^+的浓度。

7.24 试计算25℃时0.020mol/L NaOH溶液中OH^-的浓度。

7.25 试计算25℃时0.020mol/L $NH_3 \cdot H_2O$溶液中OH^-的浓度。

7.3 水的电离和溶液的pH

任何电解质溶液都有其酸碱性，制药工业在进行药物的合成、含量测定、药物制剂、中草药有效成分的提取、分离及药物储存时，常常需要控制溶液的酸碱性，而溶液的酸碱性与溶剂水的电离有着密切的联系。

学习目标

- 能计算强酸、强碱、弱酸、弱碱的pH值。
- 能通过酸碱指示剂的颜色判断溶液的酸碱性。

7.3.1 水的电离平衡

水是极弱的电解质，其电离方程式为：

$$H_2O \rightleftharpoons H^+ + OH^-$$

根据化学平衡原理：

$$K_i = \frac{[H^+][OH^-]}{[H_2O]}$$

即 $K_i[H_2O]=[H^+][OH^-]$

一定温度下，K_i是常数，$[H_2O]$也可看成常数，则$K_i[H_2O]$仍为常数，可以用K_w表示。

$$K_w=[H^+][OH^-]$$

式中，K_w称为水的离子积常数，简称水的**离子积**。它是指一定温度下，水中的氢离子浓度和氢氧根离子浓度的乘积是一常数。25℃时，测得纯水中的H^+浓度和OH^-浓度均为1.0×10^{-7}mol/L，所以，25℃时，$K_w=[H^+][OH^-]=1.0 \times 10^{-14}$。

水的离子积也具备化学平衡常数的特征，它只与温度有关，而与H⁺浓度和OH⁻浓度无关。所以，水的离子积不仅适用于纯水，也适用于任何其他电解质水溶液。在室温条件下，一般认为$K_w=1.0×10^{-14}$。所以，室温下任何电解质水溶液，只要知道H⁺浓度，就可利用K_w求得OH⁻浓度，或者只要知道OH⁻浓度，就可利用K_w求得H⁺浓度。

【例题7.3】

25℃时，已知某盐酸的[H⁺]=0.10mol/L，则盐酸中OH⁻浓度为多少？

解：$K_w=[H^+][OH^-]$，

$$[OH^-]=\frac{K_w}{[H^+]}=\frac{1.0×10^{-14}}{0.1}=1.0×10^{-15} \text{mol/L}$$

答：该盐酸中OH⁻的浓度为$1.0×10^{-15}$mol/L。

7.3.2 溶液的酸碱性

【演示实验7.1】 取3支试管，分别加入2mL蒸馏水，用pH试纸测定水的pH。然后在其中一支试管中加入1～2滴0.1mol/L盐酸溶液，在另一支试管中加入1～2滴0.1mol/LNaOH溶液，振荡均匀，再用pH试纸测定这两支试管中溶液的pH。

试管编号	1号	2号	3号
试剂1	蒸馏水	蒸馏水	蒸馏水
试剂2	HCl溶液	NaOH溶液	无
pH			

在水中加入酸或碱后，pH试纸的颜色发生了什么变化？说明了什么？

实验现象：加酸后pH变小显酸性，加碱后pH变大显碱性。

实验原理：水是极弱的电解质，会电离产生极少的H⁺和OH⁻，$H_2O \rightleftharpoons H^+ + OH^-$。常温时，纯水中[H⁺]和[OH⁻]相等，都是$1×10^{-7}$mol/L，所以纯水是中性的。如果向纯水中加入酸，由于[H⁺]的增大，使水的电离平衡向左移动，达到新的平衡时[H⁺]>[OH⁻]，所以溶液呈酸性。如果向纯水中加入碱，由于[OH⁻]的增大，使水的电离平衡向左移动，达到新的平衡时[OH⁻]>[H⁺]，所以溶

练一练

25℃时，测得某碱的[H⁺]=$3.0×10^{-12}$mol/L，则该碱的OH⁻浓度为多少？

液呈碱性。

综上所述，任何酸或碱和稀水溶液中，既有H^+又有OH^-，而且$[H^+][OH^-]=K_w$。溶液中$[H^+]$和$[OH^-]$的相对大小决定了其呈酸性、碱性或中性。

室温下，溶液的酸碱性与$[H^+]$和$[OH^-]$的关系可以表示如下：

酸性溶液　　$[H^+] > 10^{-7} mol/L > [OH^-]$

中性溶液　　$[H^+] = 10^{-7} mol/L = [OH^-]$

碱性溶液　　$[H^+] < 10^{-7} mol/L < [OH^-]$

$[H^+]$越大，溶液的酸性越强；$[H^+]$越小，溶液的酸性越弱。

7.3.3　溶液的pH

许多化学反应都在$[H^+]$很小的条件下进行，医药行业更多地涉及$[H^+]$很小的稀溶液，如血清中$[H^+]$为$3.98 \times 10^{-8} mol/L$，数值很小，这在使用和计算上很不方便，为此常采用pH来表示溶液的酸碱性。溶液中氢离子浓度的负对数称为pH。即

$$pH = -\lg[H^+]$$

例如：$[H^+] = 1 \times 10^{-7} mol/L$ 则 $pH = -\lg 10^{-7} = 7$

　　　$[H^+] = 1 \times 10^{-10} mol/L$ 则 $pH = -\lg 10^{-10} = 10$

由此可见，对于$[H^+]$浓度很小的溶液，用pH表示溶液的酸碱性比较方便。

溶液的酸碱性和pH的关系为

中性溶液　　$pH = 7$　　$[H^+] = 1.0 \times 10^{-7} mol/L$

酸性溶液　　$pH < 7$　　$[H^+] > 1.0 \times 10^{-7} mol/L$

碱性溶液　　$pH > 7$　　$[H^+] < 1.0 \times 10^{-7} mol/L$

溶液的酸碱性也可以用pOH来表示，pOH就是氢氧根离子浓度的负对数。

$$pOH = -\lg[OH^-]$$

pH的适用范围在0～14之间，即相应的$[H^+]$在1.0×10^{-14}～$1.0 mol/L$之间，超过这个范围，使用pH反而不如直接用H^+浓度或OH^-浓度表示方便。必须注意，当溶液的pH相差一个单位，$[H^+]$相差10倍。

图7.5列举了生活中一些常见物质的pH值。

图7.5 生活中一些常见物质的pH值

7.3.4 溶液pH的计算

强酸溶液和强碱溶液都是强电解质，在溶液中全部电离成离子，可以根据电离方程式得知溶液的$[H^+]$，然后由$[H^+]$求pH。

【例题7.4】

分别计算常温下0.1mol/L盐酸溶液、0.1mol/L氢氧化钠溶液的pH值。

解：

（1）盐酸是强电解质，$HCl \longrightarrow H^+ + Cl^-$

$$[H^+] = c(HCl) = 0.1 \text{mol/L}$$

$$pH = -\lg[H^+] = -\lg 0.1 = 1$$

（2）氢氧化钠也是强电解质，$NaOH \longrightarrow Na^+ + OH^-$

$$[OH^-] = c(NaOH) = 0.1 \text{mol/L}$$

$$[H^+] = \frac{K_w}{[OH^-]} = \frac{1.0 \times 10^{-14}}{0.1 \text{mol/L}} = 1.0 \times 10^{-13} \text{mol/L}$$

$$pH = -\lg[H^+] = -\lg(1.0 \times 10^{-13}) = 13$$

答：常温下0.1mol/L盐酸溶液的pH值为1，0.1mol/L氢氧化钠溶液的pH值为13。

一元弱酸、一元弱碱都是弱电解质，在溶液中部分电离，所以溶液中的$[H^+]$或$[OH^-]$要根据平衡关系计算。符合条件的，则可用近似公式计算。

【例题 7.5】

分别计算常温下 0.1mol/L 醋酸溶液（$K_a=1.76\times10^{-5}$）、0.1mol/L 氨水溶液（$K_b=1.76\times10^{-5}$）的 pH。

解：

0.1mol/L 醋酸溶液，$CH_3COOH \rightleftharpoons H^+ + CH_3COO^-$，弱电解质部分电离

因为 $c_{酸}/K_a > 500$，

所以

$$[H^+] = \sqrt{K_a \cdot c_{酸}} = \sqrt{1.76\times10^{-5}\times0.1} = 1.33\times10^{-3}\,mol/L$$

$$pH = -\lg[H^+] = -\lg(1.33\times10^{-3}) = 2.88$$

0.1mol/L 氨水溶液中，$NH_3 \cdot H_2O \rightleftharpoons NH_4^+ + OH^-$，弱电解质部分电离

因为 $c_{碱}/K_b > 500$，

所以

$$[OH^-] = \sqrt{K_b \cdot c_{碱}} = \sqrt{1.76\times10^{-5}\times0.1} = 1.33\times10^{-3}\,mol/L$$

$$[H^+] = \frac{K_w}{[OH^-]} = \frac{1.0\times10^{-14}}{1.33\times10^{-3}\,mol/L} = 7.52\times10^{-12}\,mol/L$$

$$pH = -\lg[H^+] = -\lg(7.52\times10^{-12}) = 11.12$$

答：常温下 0.1mol/L 醋酸溶液的 pH 值为 2.88，0.1mol/L 氢氧化钠溶液的 pH 值为 11.12。

很显然，从 pH 值上可直观地看到，同样温度同样浓度时，强酸的酸性强于弱酸，强碱的碱性强于弱碱。

7.3.5 酸碱指示剂

在生产实践和科学研究中，溶液酸碱性的控制尤为重要。要控制溶液的酸碱性，首先要测定溶液的 pH。通常使用指示剂或 pH 试纸来粗略测定溶液的酸碱性。

酸碱指示剂是在不同 pH 的溶液中能显现不同颜色的有机弱酸或有机弱碱。通常把指示剂由一种颜色过渡到另一种颜色时，溶液 pH 的变化范围称为指示剂的变色范围。常用酸碱指示剂的变色范围见表 7.4。

表7.4 常用酸碱指示剂的变色范围

名称	变色范围	颜色变化
酚酞	8.0～10.0	无色～红色
石蕊	5.0～8.0	红色～蓝色
甲基橙	3.1～4.4	红色～黄色
甲基红	4.4～6.2	红色～黄色
溴麝香草酚蓝	6.2～7.6	黄色～蓝色
溴酚蓝	3.0～4.6	黄色～蓝紫色

图7.6 广泛型pH试纸

图7.7 酸度计

利用指示剂可以粗略地测出溶液的pH。如某溶液中加入1滴石蕊指示剂，若呈红色，可知溶液的pH小于5.0；若呈蓝色，其pH大于8.0；若呈紫色，则pH介于5.0～8.0之间。

此外，还可以用pH试纸测定溶液的pH。pH试纸是由混合指示剂制成的，使用时把待测液滴在试纸上，将试纸呈现的颜色与标准比色卡对照（见图7.6），即能测出溶液的近似pH。

如果需要精确测定溶液的pH，应使用酸度计（见图7.7）。

 链接

化学与健康——人体体液与健康pH

正常人体血液的pH总是维持在7.35～7.45之间。临床上把血液的pH小于7.35时称为酸中毒，pH大于7.45时称为碱中毒。无论是酸中毒还是碱中毒，都会引起严重的后果，pH偏离正常范围0.4个单位以上就有生命危险，必须采取适当措施纠正血液的pH。人体各种体液的pH见表7.5。

表7.5 人体各种体液的pH

体液	pH	体液	pH
血清	7.35～7.45	大肠液	8.3～8.4
成人胃液	0.9～1.5	乳汁	6.6～6.9
婴儿胃液	5.0	泪液	7.4
唾液	6.35～6.85	尿液	4.8～7.5
胰液	7.5～8.0	脑脊液	7.35～7.45
小肠液	7.6左右		

思考与练习

第7章 酸和碱

7.26 氢氧化钠溶液中有氢离子吗？

7.27 硫酸溶液中有氢氧根离子吗？

7.28 想一下，盐酸溶液中有哪些离子？

7.29 想一下，碳酸溶液中有哪些离子？

7.30 $[OH^-]=4.0\times10^{-4}$ mol/L 的氨清洗溶液中 H^+ 的浓度是多少？溶液显什么性？遇石蕊试液显什么色？

7.31 升高温度，纯水的 K_w 会怎样变化？

7.32 如果将碱加入纯水中，为什么 H^+ 浓度会减少？

7.33 在酸性溶液中，$[H^+]$ 和 $[OH^-]$ 呈什么关系？

7.34 确定下列物质是酸性，碱性还是中性？

a. $[H^+]=2.0\times10^{-5}$ mol/L

b. $[H^+]=1.4\times10^{-9}$ mol/L

c. $[OH^-]=8.0\times10^{-3}$ mol/L

d. $[OH^-]=3.5\times10^{-10}$ mol/L

7.35 确定下列物质是酸性，碱性还是中性？

a. $[H^+]=6.0\times10^{-12}$ mol/L

b. $[H^+]=1.4\times10^{-4}$ mol/L

c. $[OH^-]=5.0\times10^{-12}$ mol/L

d. $[OH^-]=4.5\times10^{-2}$ mol/L

7.36 根据下列物质的 $[H^+]$，求其 $[OH^-]$。

a. 咖啡，1.0×10^{-5} mol/L

b. 肥皂，1.0×10^{-8} mol/L

c. 清洁剂，5.0×10^{-10} mol/L

d. 柠檬汁，2.5×10^{-2} mol/L

7.37 根据下列物质的 $[OH^-]$，求其 $[H^+]$。

a. 碳酸氢钠，1.0×10^{-6} mol/L

b. 橘子汁，5.0×10^{-11} mol/L

c. 牛奶，2.0×10^{-8} mol/L

d. 漂白剂，2.1×10^{-3} mol/L

7.38 根据下列pH值判断酸碱性，并说出其遇石蕊试液显什么色。

a. 血液，pH=7.38

261

b. 食醋，pH=2.8

c. 下水道疏通剂，pH=11.2

d. 咖啡，pH=5.54

e. 西红柿，pH=4.2

f. 巧克力蛋糕，pH=11.2

7.39 根据下列氢离子或氢氧根离子浓度计算对应的氢氧根离子或氢离子浓度，并判断溶液的酸碱性。

a. $[H^+]=1.0 \times 10^{-4}$ mol/L

b. $[H^+]=3.0 \times 10^{-9}$ mol/L

c. $[OH^-]=1$ mol/L

d. $[OH^-]=2.5 \times 10^{-11}$ mol/L

e. $[H^+]=6.7 \times 10^{-8}$ mol/L

f. $[OH^-]=8.2 \times 10^{-4}$ mol/L

7.40 把下列pH值换算成$[H^+]$。

a. pH=1.2

b. pH=11.2

c. pH=0

d. pH=14

7.41 计算下列溶液中的$[H^+]$和pH值，并说出其遇酚酞试液显什么色。

a. 0.1mol/L 的 HNO_3

b. 0.05mol/L 的 H_2SO_4

c. 0.2mol/L 的 HAc

d. 0.01mol/L 的 $NH_3 \cdot H_2O$

7.42 计算下列溶液中的$[H^+]$和pH值，并说出其遇甲基橙试液显什么色。

a. 0.1mol/L 的 HCN（$K_a=4.93 \times 10^{-10}$）

b. 0.5mol/L 的硼酸（$K_a=7.3 \times 10^{-10}$）

7.43 计算下列溶液中的$[OH^-]$和pH值，并说出其遇酚酞试液显什么色。

a. 0.2mol/L 的 $Ba(OH)_2$

b. 0.2mol/L 的 $NH_3 \cdot H_2O$

7.44 某0.1mol/L的一元酸的pH值为4.2，请问该酸是弱酸还是强酸？

7.4 离子反应和盐类水解

7.4.1 离子反应和离子反应方程式

电解质溶于水后电离成离子，所以电解质在溶液中相互之间的反应，实质上就是离子之间的反应。下面以盐酸或氯化钠溶液与硝酸银溶液反应为例，来描述离子反应的书写方法。

首先，写出化学方程式

$$NaCl+AgNO_3 \longrightarrow NaNO_3+AgCl\downarrow$$

再把易溶的、易电离的物质写成离子形式，把难溶、难电离的物质或气体用分子式表示，可写成如下形式：

$$Na^++Cl^-+Ag^++NO_3^- \longrightarrow Na^++NO_3^-+AgCl\downarrow$$

在溶液里开始时存在着4种离子，由于Ag^+与Cl^-结合生成难溶于水的AgCl沉淀，这样，溶液中的Ag^+和Cl^-迅速减少，使反应向右进行。

从上式可以看出，反应前后Na^+和NO_3^-没有变化，可以把它们从式子中删去，则写成：

$$Cl^-+Ag^+ \longrightarrow AgCl\downarrow$$

上式表明，氯化钠溶液与硝酸银溶液起反应，实际参加反应的离子是Ag^+和Cl^-。这种用实际参加反应的离子符号来表示离子反应的式子称为**离子方程式**。

综上所述，可溶性的银盐与盐酸或可溶性盐酸盐之间的反应，都可以用上述这个离子方程式来表示。诸如KCl和$AgNO_3$的反应等（见图7.8），都会发生同样的化学反应：Ag^+与Cl^-结合生成沉淀的反应。由此可见，离子方程式跟一般的化学方程式不同。化学方程式表示一定物质间的某个反应，而离子方程式则表示同一类的反应。

再以硫酸与氢氧化钡溶液反应为例，总结离子方程式的步骤。

第一步，根据实验事实，写出反应的化学方程式：

$$H_2SO_4+Ba(OH)_2 \longrightarrow BaSO_4\downarrow +2H_2O$$

第二步，把易溶于水且完全电离的物质写成离子形式，难溶的、难电离的物质（如水）或气体等仍以分子

学习目标

- 能书写离子反应方程式。
- 能判断并解释盐溶液的酸碱性。

第7章 酸和碱

图7.8 NaCl溶液和$AgNO_3$溶液反应生成AgCl沉淀

式表示；

$$2H^+ + SO_4^{2-} + Ba^{2+} + 2OH^- \longrightarrow BaSO_4\downarrow + 2H_2O$$

第三步，删去式子两边不参加反应的离子，但此式没有，所以不变；

第四步，检查式子两边各元素的原子个数和电荷数是否相等。

$$2H^+ + SO_4^{2-} + Ba^{2+} + 2OH^- \longrightarrow BaSO_4\downarrow + 2H_2O$$

7.4.2 离子反应发生的条件

溶液中的离子发生复分解反应，其实质上是两种电解质在溶液中相互交换离子的反应。这类离子反应发生的条件如下。

（1）生成难溶于水的物质

例如硝酸银溶液与溴化钠溶液反应，就是 Ag^+ 与 Br^- 结合而生成 AgBr 沉淀。离子方程式如下：

$$Ag^+ + Br^- \longrightarrow AgBr\downarrow$$

（2）生成难电离的物质

例如酸碱中和反应，盐酸与氢氧化钠溶液反应，就是酸的 H^+ 与碱的 OH^- 的结合而生成难电离的水。离子方程式如下：

$$H^+ + OH^- \longrightarrow H_2O$$

这个离子方程式说明了酸碱中和反应的实质，是 H^+ 跟 OH^- 结合生成 H_2O 的反应。如果是弱酸弱碱，则不能以 H^+ 跟 OH^- 表示弱酸弱碱，而应以化学式表示，形成的盐是强电解质，应表达成离子形式。

（3）生成挥发性的物质

例如碳酸钠溶液与硫酸反应时，与 H^+ 结合而生成 H_2CO_3，H_2CO_3 不稳定，分解成水和二氧化碳气体。离子方程式如下：

$$2H^+ + CO_3^{2-} \longrightarrow H_2O + CO_2\uparrow$$

凡具备上述条件之一，这类离子反应就能发生。

【例题 7.6】

如果把氯化钾溶液与硝酸钡溶液混合，它们之间是否发生反应？

$$2KCl + Ba(NO_3)_2 \longrightarrow 2KNO_3 + BaCl_2$$
$$2K^+ + 2Cl^- + Ba^{2+} + 2NO_3^- \longrightarrow 2K^+ + 2NO_3^- + Ba^{2+} + 2Cl^-$$

从上式可以看出，等号左右都是同样的4种离子，这4种离子混合后没有生成沉淀或气体或难电离的物质，也就是没有发生离子反应。

7.4.3 盐类的水解

【演示实验7.2】在点滴板中，用pH试纸分别测定0.10mol/L的 $NaCl$、KNO_3、NH_4Cl、CH_3COONa 及 Na_2CO_3 溶液的pH。

实验思考：5种盐溶液的酸碱性是否相同？为什么？

实验证明盐的水溶液不都是呈中性的，如"三酸二碱"中的碳酸钠，水溶液呈碱性，醋酸钠水溶液呈碱性，氯化铵水溶液呈酸性。这些盐为什么会呈酸性或碱性呢？因为这些盐是强电解质，在溶液中能完全电离，盐中的阳离子或阴离子与水中的 OH^- 或 H^+ 反应，生成弱电解质，破坏了水的电离平衡，改变了溶液中 H^+ 和 OH^- 的浓度，所以盐溶液显示酸性或碱性。

能用 $H^+ + OH^- \longrightarrow H_2O$ 代表醋酸和氢氧化钠溶液的反应吗？如果不能，请写出正确的离子反应方程式。

盐类在水溶液中电离出的离子和水中的氢离子或氢氧根离子作用生成弱电解质（弱酸或弱碱）的反应，称为**盐类的水解**。由于生成盐的酸或碱有强弱不同，因此盐类水解的情况也各不相同。

（1）强碱弱酸盐的水解

例如，醋酸钠的水解：

$$CH_3COONa \longrightarrow CH_3COO^- + Na^+$$
$$+$$
$$H_2O \rightleftharpoons H^+ + OH^-$$
$$\updownarrow$$
$$CH_3COOH$$

醋酸钠在水中全部电离成钠离子和醋酸根离子，同时水分子也电离出较少的氢离子和氢氧根离子。氢离子和醋酸根离子结合生成弱电解质醋酸分子，致使水的电离平衡向右移动，由此溶液中有了较多的氢氧根离子，使醋酸钠溶液显碱性。醋酸钠水解的离子方程式是：

$$Ac^- + H_2O \rightleftharpoons HAc + OH^-$$

强碱弱酸盐能水解，其水溶液显碱性，水解作用的实质是弱酸根离子和水中氢离子结合，生成弱酸的反应。

（2）强酸弱碱盐的水解

例如氯化铵的水解：

$$NH_4Cl \longrightarrow NH_4^+ + Cl^-$$
$$+$$
$$H_2O \rightleftharpoons H^+ + OH^-$$
$$\Updownarrow$$
$$NH_3 \cdot H_2O$$

氯化铵在水溶液中全部电离成铵离子和氯离子，同时水分子也电离出极少数的氢离子和氢氧根离子，铵离子和氢氧根离子结合生成弱电解质一水合氨分子（$NH_3 \cdot H_2O$），水的电离平衡向右移动，而氢离子和氯离子在溶液中不能结合成氯化氢分子，因此溶液中有较多的氢离子，使氯化铵水溶液显酸性。氯化铵水解的离子方程式是：

$$NH_4^+ + H_2O \rightleftharpoons NH_3 \cdot H_2O + H^+$$

强酸弱碱生成的盐能水解，**其水溶液显酸性**，水解作用的实质是弱碱离子和水中氢氧根离子结合，生成弱碱的反应。

（3）弱酸弱碱盐的水解

例如醋酸铵的水解：

$$CH_3COONH_4 \longrightarrow CH_3COO^- + NH_4^+$$
$$+ \qquad +$$
$$H_2O \rightleftharpoons H^+ + OH^-$$
$$\Updownarrow \qquad \Updownarrow$$
$$CH_3COOH \quad NH_3 \cdot H_2O$$

醋酸铵在水中全部电离成铵离子和醋酸根离子，同时水也电离出极少数的氢离子和氢氧根离子，铵离子和氢氧根离子结合生成弱电解质一水合氨分子，氢离子和醋酸根离子结合生成弱电解质醋酸分子，因此水的电离平衡更向右移动。

弱酸弱碱盐的水解要比前两种盐的水解程度大，溶液的酸碱性决定于生成盐的弱酸和弱碱的相对强弱。由于醋酸和氨水的 K_a 和 K_b 大致相等，所以醋酸铵溶液显中性。醋酸铵水解的离子方程式是：

$$NH_4^+ + Ac^- + H_2O \rightleftharpoons NH_3 \cdot H_2O + HAc$$

弱酸弱碱盐的酸碱性不确定，取决于其相应弱酸弱碱的相对强弱。

（4）强酸强碱盐不水解

例如由盐酸和氢氧化钠生成的盐——氯化钠，它溶解于水，电离出的钠离子和氯离子都不能和水中微量的氢离子和氢氧根离子结合生成弱电解质。水的电离平衡实际上不发生移动，氯化钠在水中实际上不发生水解，溶液中氢离子和氢氧根离子浓度和纯水相同，所以溶液显中性。

因此，**强酸强碱生成的盐不水解，其水溶液显中性**。

7.4.4 影响盐类水解的因素及其应用

由上述讨论可看出，盐类水解反应的实质是盐的离子"把持"了水中的氢离子或氢氧根离子，是酸、碱中和反应的逆反应：

$$酸 + 碱 \underset{水解}{\overset{中和}{\rightleftharpoons}} 盐 + 水$$

不同盐的水解程度不同。组成盐的酸根离子对应的酸，其酸性越弱，该盐的水解程度就越大，该盐碱性越强；相似地，组成盐的阳离子对应的碱，其碱性越弱，该盐的水解程度也越大，酸性越强。

同一种盐在不同温度、浓度及酸度条件下，水解的情况也不一样。

（1）温度

由于中和反应是放热反应，所以水解反应是吸热反应。**升高温度有利于水解反应进行**。例如，$FeCl_3$稀溶液加热时析出红棕色的$Fe(OH)_3$沉淀。所以，在配制容易水解的盐溶液时，一般不宜加热溶解。

（2）溶液浓度

溶液越稀，水解程度越大，**稀释可促进水解**。例如：

$$Ac^- + H_2O \rightleftharpoons HAc + OH^-$$

因为对于水解平衡，稀释时，生成物[HAc]、[OH$^-$]都减小，反应物只有[Ac$^-$]减小，故平衡向右移动。

（3）溶液酸度

由于盐类水解能使溶液呈酸性或碱性，由此，可以通过调节溶液酸度来控制水解。例如：

$$FeCl_3 + 3H_2O \rightleftharpoons Fe(OH)_3 + 3HCl$$

加入盐酸可以抑制水解。因此，在配制 $FeCl_3$ 等盐溶液时，通常是首先将其溶于较浓的酸中，然后再加水至所需的体积。注意，不可先加水后加酸，因为水解产物一旦产生很难再与酸作用形成盐。

盐的水解在日常生活和医药卫生方面都具有重要意义。明矾净水的原理，就是利用它水解生成的氢氧化铝胶体能吸附杂质这一作用；临床上治疗胃酸过多或酸中毒时使用碳酸氢钠，就是利用它水解后呈弱碱性的性质；治疗碱中毒时使用氯化铵，就是利用它水解后呈弱酸性的性质。但是盐的水解也会带来不利的影响。例如某些药物容易因水解而变质，对这些药物应密闭保存在干燥处，以防止水解变质。

思考与练习

7.45 盐类在水溶液中电离出的离子跟水电离的氢离子或氢氧根离子结合生成水的反应叫盐类的水解。强酸弱碱盐水解呈____性，弱酸强碱盐水解呈____性，强酸强碱盐____水解。

7.46 现有 KCN、KNO_3、$FeCl_3$、NH_4NO_3、$Al_2(SO_4)_3$、CH_3COONH_4、$KHCO_3$、Na_2S、$BaCl_2$ 溶液，显酸性的有_____，显碱性的有_____，显中性的有_____。

7.47 浓度相同的 HCl、NH_4NO_3、NaOH、K_2SO_4 和 Na_2CO_3 溶液，pH 值依次减小的次序为_____。

7.48 医药上为什么能用小苏打纠正酸中毒，用氯化铵纠正碱中毒？

7.49 写出下列化学反应方程式的产物和对应的离子反应方程。

a. $HCl + AgNO_3 \longrightarrow$

b. $H_2SO_4 + BaCl_2 \longrightarrow$

c. $CuSO_4 + Ba(OH)_2 \longrightarrow$

d. $HAc + NaHCO_3 \longrightarrow$

e. $NH_3 \cdot H_2O + HAc \longrightarrow$

f. $CaCl_2 + Na_2CO_3 \longrightarrow$

7.50 写出下列盐水解的方程式。
   a.醋酸钾   b.碳酸铵   c.硝酸铵   d.硫酸钾

7.51 多元弱酸的电离是分步电离，其形成的共轭碱水解也是分步水解，试写出下列离子的水解反应方程。
   a.F^- b.Ac^- c.NH_4^+ d.HCO_3^-
   e.CO_3^{2-} f.$H_2PO_4^-$ g.PO_4^{3-}

第7章

酸和碱

7.5 缓冲溶液

在利用pH计测量pH时，需要使用图7.9这样的标准缓冲溶液来校准电极，那么为什么要用缓冲溶液？什么叫缓冲溶液呢？

学习目标

- 能辨识缓冲对。
- 能解释缓冲作用。
- 能列举缓冲溶液的应用。

7.5.1 缓冲作用和缓冲溶液的组成

如果我们做实验，在水或氯化钠溶液中，当加入少量的强酸或强碱时，溶液的pH就会发生很大的变化。但是如果向醋酸和醋酸钠溶液中加入少量强酸或强碱，pH都没有发生显著变化。

醋酸和醋酸钠组成的混合溶液神奇地具有抵抗酸、碱的能力。这种能抵抗外来少量酸或碱而保持溶液的pH几乎不变的作用称为**缓冲作用**，具有缓冲作用的溶液称为**缓冲溶液**。

图7.9 标准缓冲溶液

溶液要具有缓冲作用，其组成中必须具有抗酸和抗碱成分，两种成分存在着化学平衡。通常把具有缓冲作用的两种物质称为**缓冲对**或缓冲系。根据酸碱质子理论，缓冲溶液实质上是一个共轭酸碱体系，缓冲对为一对共轭酸碱对，其抗酸成分为共轭碱，抗碱成分为共轭酸。根据缓冲对组成不同，可分为以下三种类型。

（1）弱酸及其对应的盐　例如HAc-$NaAc$、H_2CO_3-$NaHCO_3$、H_2CO_3-$KHCO_3$、H_3PO_4-NaH_2PO_4、H_3PO_4-KH_2PO_4和其他有机酸-有机酸盐等。

（2）弱碱及其对应的盐　例如$NH_3 \cdot H_2O$-NH_4Cl等。

（3）多元酸的酸式盐及其对应的次级盐　例如$NaHCO_3$-Na_2CO_3、$KHCO_3$-K_2CO_3、NaH_2PO_4-Na_2HPO_4等。

7.5.2 缓冲作用的原理

【演示实验7.3】 在小烧杯内加入适量的稀氨水，滴加2滴酚酞，摇匀后分别倒入两支编号为1号和2号的试管中。在1号试管中加入少量氯化铵固体，2号试管作对照。

试管编号	1号	2号
试剂1	氨水+酚酞	氨水+酚酞
试剂2	氯化铵+酚酞	无
实验现象		

两支试管的颜色对比会发现什么现象？能否用化学平衡移动的原理解释观察到的现象？

实验现象：在氨水中滴加酚酞，溶液因呈碱性而显红色。加入氯化铵后，溶液颜色变浅。

实验原理：这是由于加入氯化铵固体后，氯化铵全部电离成 NH_4^+ 和 Cl^-，溶液中的 $[NH_4^+]$ 增大，破坏了氨水的电离平衡，使平衡向左移动，导致氨水的电离度减小，溶液里的 $[OH^-]$ 减少，故颜色变浅。

$$NH_3 \cdot H_2O \rightleftharpoons NH_4^+ + OH^-$$
$$NH_4Cl \longrightarrow NH_4^+ + Cl^-$$

这种在弱电解质溶液中，加入和弱电解质具有相同离子的强电解质时，弱电解质的电离度降低的现象称为**同离子效应**。

缓冲溶液之所以具有缓冲作用，就是同离子效应作用的结果。每个缓冲溶液中含有抗酸成分和抗碱成分，它们能抵抗外来的少量酸或碱，保持溶液的pH几乎不变。下面以两种不同类型的缓冲溶液为例讨论缓冲作用的原理。

（1）弱酸及其对应盐的缓冲作用原理

在含有HAc-NaAc的溶液中，HAc是弱电解质，仅有少部分电离成 H^+ 和 Ac^-，绝大部分仍以HAc分子存在；而NaAc是强电解质，全部电离成 Na^+ 和 Ac^-，它们的电离方程式如下：

$$HAc \rightleftharpoons H^+ + Ac^-$$
$$NaAc \longrightarrow Na^+ + Ac^-$$

由于NaAc的电离产生Ac^-，溶液中Ac^-增多抑制了HAc的电离。这时，缓冲溶液中[HAc]、[Ac^-]较大，而[H^+]较小。弱酸和弱酸根离子浓度较大，这是弱酸及其对应盐组成的缓冲溶液的特点，其中弱酸根离子是抗酸成分，弱酸是抗碱成分。

若向此溶液中加入少量酸（等于加入H^+）时，Ac^-和外来的H^+结合生成HAc，使电离平衡向左移动，在建立新的平衡时，溶液中的[HAc]略有增大，[Ac^-]略有减小，而[H^+]几乎没有增大，故溶液的pH几乎不变。抗酸的离子方程式是：

$$Ac^- + H^+ \rightleftharpoons HAc$$

溶液中大量的Ac^-起了抵抗[H^+]增大的作用，故Ac^-（主要来自NaAc）是抗酸成分。

若向此溶液中加入少量碱（等于加入OH^-）时，溶液中HAc电离出的H^+和外来的OH^-结合生成水，使HAc电离平衡向右移动。由于溶液中HAc的浓度较大，足够补充因中和OH^-所消耗的H^+。在HAc建立新的电离平衡时，溶液中的[HAc]略有减小，[Ac^-]略有增加，而[H^+]几乎没有降低，故溶液的pH几乎不变。抗碱的离子方程式是：

$$HAc + OH^- \rightleftharpoons Ac^- + H_2O$$

HAc分子起了抵抗[OH^-]增大的作用，故HAc是抗碱成分。这就是HAc-NaAc（弱酸-其对应盐）组成的缓冲溶液的缓冲作用原理。

（2）碱及其对应盐的缓冲作用原理

在含有$NH_3 \cdot H_2O$-NH_4Cl的溶液中，$NH_3 \cdot H_2O$是弱电解质，仅有少部分电离成NH_4^+和OH^-，绝大部分仍以$NH_3 \cdot H_2O$分子存在，而NH_4Cl是强电解质，几乎全部电离成NH_4^+和Cl^-，它们的电离方程式如下：

$$NH_3 \cdot H_2O \rightleftharpoons OH^- + NH_4^+$$
$$NH_4Cl \longrightarrow Cl^- + NH_4^+$$

从电离方程式可以看出，在$NH_3 \cdot H_2O$-NH_4Cl缓冲溶液中，由于NH_4Cl电离形成大量的NH_4^+抑制了$NH_3 \cdot H_2O$的电离。这时，缓冲溶液中[$NH_3 \cdot H_2O$]、[NH_4^+]较大，而

[OH⁻]较小。弱碱和NH_4^+浓度都较大，是弱碱及其对应盐组成的缓冲溶液的特点。其中弱碱是抗酸成分，对应盐（共轭酸）是抗碱成分。

若向此溶液中加入少量酸（等于加入H⁺）时，$NH_3·H_2O$电离出来的OH⁻和加入的H⁺结合生成水，电离平衡向右移动，当建立新的平衡时，溶液中的$[NH_3·H_2O]$略有减小，$[NH_4^+]$略有增大，而[OH⁻]几乎没有减小，故溶液的pH几乎不变。抗酸的离子方程式是：

$$NH_3·H_2O + H^+ \rightleftharpoons NH_4^+ + H_2O$$

在这里$NH_3·H_2O$起了抵抗[H⁺]增大的作用，故$NH_3·H_2O$是抗酸成分。

若向此溶液中加入少量碱（等于加入OH⁻）时，溶液中的NH_4^+和OH⁻结合生成$NH_3·H_2O$，使电离平衡向左移动，当建立新的平衡时，溶液中的$[NH_3·H_2O]$略有增大，$[NH_4^+]$略有减小，而[OH⁻]几乎没有增大，故溶液的pH几乎不变。抗碱的离子方程式是：

$$NH_4^+ + OH^- \rightleftharpoons NH_3·H_2O$$

NH_4^+起了抵抗[OH⁻]增大的作用，故NH_4^+（主要来自NH_4Cl）是抗碱成分。

这就是$NH_3·H_2O$-NH_4Cl（弱碱-其对应盐）组成的缓冲溶液的缓冲作用原理。

7.5.3 缓冲溶液在医药上的意义

缓冲溶液在医药上有很重要的意义。例如，测量体液的pH时，需用一定pH的缓冲溶液作参比；微生物的培养、组织切片和细菌的染色都需要一定pH的缓冲溶液；研究生物体内的催化剂——酶的催化作用，也需要在一定pH的缓冲溶液中进行；许多药物也常需要在一定pH的介质中才能稳定存在。

缓冲对的缓冲作用，在人体内也很重要。人体的血液或其他体液中的化学反应，都必须在一定的pH条件下进行，所以要依靠存在于体液中的各种缓冲对来使它们的pH保持恒定。例如血液的pH总是维持在7.35～7.45狭小的范围内，主要因为在血液中存在下列缓冲对：

血浆：H_2CO_3-$NaHCO_3$、H-蛋白质-Na-蛋白质、

NaH_2PO_4-Na_2HPO_4。

红细胞：H_2CO_3-$KHCO_3$、H-血红蛋白-K-血红蛋白、H-氧合血红蛋白-K-氧合血红蛋白、KH_2PO_4-K_2HPO_4。

在这些缓冲对中，碳酸氢盐缓冲对在血液中浓度最高，缓冲能力最大，维持血液正常的pH的作用也最重要。当某酸或由代谢产生的酸进入血液时，碳酸氢盐电离出的HCO_3^-和H^+结合生成H_2CO_3，H_2CO_3立即分解成H_2O与CO_2，CO_2经肺排出体外：

$$H^+ + HCO_3^- \rightleftharpoons H_2CO_3 \rightleftharpoons H_2O + CO_2 \uparrow$$

其他缓冲对当然也有类似的调节作用。当碱性物质进入血液时，就可以引起如下的调节反应：

$$OH^- + H_2PO_4^- \rightleftharpoons HPO_4^{2-} + H_2O$$

反应中生成的HPO_4^{2-}由尿排出体外，因此，血液pH仍能维持恒定。

思考与练习

7.52 能抵抗外加少量酸、碱或稀释而保持溶液的pH几乎不变的溶液称为_____。

7.53 缓冲溶液中含有大量的_____成分和_____成分，同一缓冲溶液中的这两种成分称为_____。

7.54 找出缓冲对，指出其抗酸和抗碱成分。

　　a. NaOH 和 NaCl

　　b. H_2CO_3 和 $NaHCO_3$

　　c. H_2CO_3 和 Na_2CO_3

　　d. HCl 和 NaCl

7.55 找出缓冲对，指出其抗酸和抗碱成分。

　　a. H_3PO_4 和 HPO_4^{2-}

　　b. $H_2PO_4^-$ 和 HPO_4^{2-}

　　c. $H_2PO_4^-$ 和 PO_4^{3-}

　　d. HNO_2 和 $NaNO_2$

7.56 找出缓冲对，指出其抗酸和抗碱成分。

　　a. HAc 和 Ac^-

　　b. HF 和 NaF

c. H_2SO_4 和 $NaHSO_4$

d. $NH_3 \cdot H_2O$ 和 NH_4^+

7.57 试以醋酸和醋酸钠混合溶液为例，解析其同离子效应。

7.58 以 NaH_2PO_4-Na_2HPO_4 为例说明缓冲溶液中缓冲对的作用。

7.59 试利用缓冲的原理解释喝了碳酸饮料后打嗝的原因。

7.60 缓冲溶液中加入大量酸碱还能保持缓冲作用吗？

7.61 是不是等量的酸碱混合就成了缓冲溶液？

7.62 以下说法是否正确：由于在水溶液中 HAc 解离生成 Ac^-，即在 HAc 溶液中也存在缓冲体系 HAc-Ac^-，故纯 HAc 溶液也具有缓冲能力。

7.63 网络搜索缓冲溶液的配制方法。

本章小结

7.1 认识酸碱

学习目标：能正确命名常见的酸和碱；能列举电离理论和质子理论定义的酸碱；能识别质子理论中的共轭酸碱对。

酸碱电离理论：水溶液中，电离产生的阳离子全部都是氢离子的物质就是酸。电离出的阴离子全部是 OH^- 的化合物是碱。**酸碱质子理论**：凡能给出质子（H^+）的物质是酸；凡能接受质子（H^+）的物质是碱。

7.2 酸碱的强弱

学习目标：能判断常见酸碱的强弱；能解释弱电解质电离平衡；能用一元弱酸、弱碱溶液的 H^+ 浓度、OH^- 浓度的近似计算公式进行相关计算；能列举常见酸、碱的应用。

电离度是指弱电解质在溶液中达到电离平衡时，已电离的电解质分子数占电离前溶液中电解质分子总数的百分数。电离度通常用 α 表示：

$$\alpha = \frac{\text{已电离的电解质分子数}}{\text{电离前电解质的分子总数}} \times 100\%$$

一定条件下，当弱电解质的分子电离成离子的速率和离子重新结合成分子的速率相等时的状态称为**电离平衡**状态。

一定温度下，当弱电解质达到电离平衡时，已电离的离子浓度系数次方的乘积与未电离的分子浓度系数次方之比是一个常数，这常数称为**电离平衡常数**，简称电离平衡常数，用K_i表示。一般弱酸的电离平衡常数用K_a表示，弱碱的电离平衡常数用K_b表示。

$$K_a = \frac{[H^+][CH_3COO^-]}{[CH_3COOH]}$$

对于一元弱酸在$c_{酸}/K_a \geq 500$时，$[H^+] = \sqrt{K_a \cdot c_{酸}}$

对于一元弱碱在$c_{碱}/K_b \geq 500$时，$[OH^-] = \sqrt{K_b \cdot c_{碱}}$

7.3　水的电离和溶液的pH

学习目标：能计算强酸、强碱、弱酸、弱碱的pH值；能通过酸碱指示剂的颜色判断溶液的酸碱性。

25℃时，$K_w = [H^+][OH^-] = 1.0 \times 10^{-14}$。

室温下，溶液的酸碱性与$[H^+]$和$[OH^-]$的关系可以表示如下：

酸性溶液　　$[H^+] > 10^{-7}$mol/L$> [OH^-]$

中性溶液　　$[H^+] = 10^{-7}$mol/L$= [OH^-]$

碱性溶液　　$[H^+] < 10^{-7}$mol/L$< [OH^-]$

溶液中氢离子浓度的负对数称为pH。即：pH = $-\lg[H^+]$。

7.4　离子反应和盐类水解

学习目标：能书写离子反应方程式；能判断并解释盐溶液的酸碱性。

书写离子方程式的步骤如下。

第一步，根据实验事实，写出反应的化学方程式；第二步，把易溶于水且完全电离的物质写成离子形式，难溶的、难电离的物质（如水）或气体等仍以分子式表示；第三步，删去式子两边相同的离子；第四步，检查式子两边各元素的原子个数和电荷数是否相等并给予配平。

离子反应发生的条件：生成难溶于水的物质；生成难电离的物质；生成挥发性的物质。

盐类在水溶液中电离出的离子和水中的氢离子或氢氧根离子作用生成弱电解质（弱酸或弱碱）的反应，称为**盐类的水解**。强碱弱酸盐能水解，其水溶液显碱性；弱碱强酸生成的盐能水解，其水溶液显酸性；弱酸弱碱盐能水解，其酸碱性不确定；强酸强碱生成的盐不水解，其水溶液显中性。影响盐类水解的因素：升高温度有利于水解反应的进行；稀释可促进水解；调节溶液酸度来控制水解。

7.5　缓冲溶液

学习目标：能辨识缓冲对；能解释缓冲作用；能列举缓冲溶液的应用。

能抵抗外来少量酸或碱而保持溶液的pH几乎不变的作用称为**缓冲作用**，具有缓冲作用的溶液称为**缓冲溶液**。通常把具有缓冲作用的两种物质称为**缓冲对**或缓冲系。

在弱电解质溶液中，加入和弱电解质具有相同离子的强电解质时，弱电解质的电离度降低的现象称为**同离子效应**。

概念及应用题

7.64　盐的水解是盐的离子与_____结合生成_____，从而破坏了_____的电离平衡，使溶液呈现出不同的酸碱性。

7.65　强酸弱碱盐，其水溶液呈_____；强碱弱酸盐，其水溶液呈_____；强酸强碱盐，其水溶液呈_____。

7.66 硫化钠水溶液呈_____，能使酚酞试液显_____色；硝酸铵水溶液的pH_____7，能使紫色石蕊试液显_____色。

7.67 血液中浓度最大、缓冲能力最强的缓冲对是_____。其中是抗酸成分是_____，抗碱成分是_____。

7.68 常见的缓冲对类型有_____、_____、_____。

7.69 现有 KCl、FeCl$_3$、NH$_4$NO$_3$、CH$_3$COONa、Na$_2$S、CH$_3$COOK、CH$_3$COONH$_4$、NaHCO$_3$ 几种溶液，显酸性的有_____，显碱性的有_____，显中性的有_____。

7.70 物质的量浓度相同的下列5种溶液：HNO$_3$、NaHCO$_3$、Al$_2$(SO$_4$)$_3$、NaCl、NaOH 的pH由小到大的顺序是_____。

7.71 正常人体血液的pH范围是_____，当pH_____时，是_____中毒，可用_____来纠正。当pH_____时，是_____中毒，可用_____来纠正。

7.72 所谓pH就是溶液中_____浓度的_____，其数学表达式为_____。

7.73 [H$^+$]=1.0×10^{-5}mol/L 的溶液 pH=_____，溶液呈_____性；若将pH调到9，则溶液[H$^+$]=_____mol/L，溶液呈_____性。

7.74 向氨水中加入酚酞，溶液呈_____色，若向其中加入固体氯化铵，溶液的颜色将_____，原因是_____，可用_____效应解释。

7.75 在 CH$_3$COOH 和 CH$_3$COONa 缓冲溶液中，抗酸成分是_____，抗酸反应的离子方程式是_____；抗碱成分是_____，抗碱反应的离子方程式是_____。

7.76 离子反应发生的条件是_____、_____、_____。

7.77 同一弱电解质，溶液的浓度越小，解离度越_____；温度越高，解离度越_____。

7.78 根据酸碱质子理论，酸是_____，碱是_____。

7.79 根据酸碱质子理论，NH_4^+-NH_3 中，NH_4^+ 是_____，NH_3 是_____。

7.80 将下列溶液按酸碱性分类：Na_2CO_3、$CuSO_4$、KCN、$FeCl_3$、H_2S、$BaCl_2$、CH_3COONH_4、$NaHCO_3$、$NH_3·H_2O$。

7.81 下列有关盐的水解说法不正确的是（　　）。
a. 盐的水解破坏了水的电离平衡
b. 盐的水解是酸碱中和反应的逆反应
c. 盐的水解使盐溶液不一定显中性
d. 酸式盐一定显酸性

7.82 下列哪种物质能够发生水解（　　）。
a. $BaCl_2$　　　　b. K_2SO_4
c. CH_3COOH　　d. $FeCl_3$

7.83 在下列溶液中，pH 小于 7 的是（　　）。
a. $NaNO_3$　　　b. $CuSO_4$
c. KCl　　　　　d. $NaHCO_3$

7.84 下列各对物质，能组成缓冲溶液的是（　　）。
a. NaOH-HCl
b. KCl-HCl
c. H_2CO_3-Na_2CO_3
d. CH_3COOH-CH_3COONa

7.85 人体血液中，最重要的缓冲对是（　　）。
a. NaH_2PO_4-Na_2HPO_4
b. H-蛋白质-Na-蛋白质
c. H_2CO_3-$NaHCO_3$
d. Na_3PO_4-Na_2HPO_4

7.86 下列各组物质中，全是弱电解质的是（　　）。
a. 氢硫酸、醋酸、碳酸
b. 氢硫酸、亚硫酸、硫酸
c. 水、酒精、蔗糖
d. 氨水、氢氧化铁、氢氧化钡

7.87 关于酸性溶液中，下列叙述正确的是（　　）。
a. 只有 H^+ 存在　　b. $[H^+]<10^{-7}$ mol/L
c. $[H^+]>[OH^-]$　　d. pH≤7

7.88 [H$^+$]=1.0×10^{-11}mol/L 的溶液，pH 为（　）。

　　a.1　　　　　　b.3

　　c.11　　　　　 d.13

7.89 0.01mol/L 的 NaOH 溶液中，[H$^+$]和 pH 分别是（　）。

　　a.0.01mol/L 和 2

　　b.0.01mol/L 和 12

　　c.1.0×10^{-11}mol/L 和 10

　　d.1.0×10^{-12}mol/L 和 12

7.90 已知成人胃液的 pH=1，婴儿的胃液 pH=5，成人胃液的[H$^+$]是婴儿的胃液[H$^+$]的（　）。

　　a.5 倍　　　　 b.1000 倍

　　c.10000 倍　　 d.10^{-5} 倍

7.91 物质的量浓度相同的下列溶液，pH 最大的是（　）。

　　a.CuSO$_4$　　　b.K$_2$CO$_3$

　　c.NaCl　　　　 d.NaHCO$_3$

7.92 下列各组溶液混合，能发生同离子效应的是（　）。

　　a.氨水中加入 HCl

　　b.盐酸中加入 H$_2$SO$_4$

　　c.氨水中加入 NaOH

　　d.醋酸中加入 NaOH

7.93 下列溶液 pH 最大的是（　）。

　　a.CH$_3$COOK　　b.HCl

　　c.NaCl　　　　　d.NaNO$_3$

7.94 向 CH$_3$COOH 溶液中加入 CH$_3$COONa，则溶液的 pH 将（　）。

　　a.减少　　　　 b.增加

　　c.不变　　　　 d.几乎不变

7.95 关于氢氧化钠溶液，下列说法正确的是（　）。

　　a.只有氢氧根离子存在

　　b.只有氢离子存在

　　c.氢氧根离子和氢离子都存在

d. 氢氧根离子和氢离子都不存在

7.96 相同温度下，物质的量浓度相同的下列溶液，导电能力最弱的是（ ）。
a. 盐酸　　　　　b. 氢氧化钠
c. 氯化铵　　　　d. 氨水

7.97 下列盐溶液，呈酸性的是（ ）。
a. NaCl　　　　　b. Na_2S
c. NH_4Cl　　　　d. CH_3COONH_4

7.98 甲基橙指示剂的变色范围是（ ）。
a. 4.4～6.2　　　b. 5.0～8.0
c. 8.0～10.0　　　d. 3.1～4.4

7.99 在一定温度下，向 0.1mol/L 的醋酸溶液加蒸馏水稀释后，其（ ）。
a. 解离度增大　　b. 解离度减少
c. 解离度不变　　d. 解离常数增大

7.100 pH 相同的下列酸，物质的量浓度最小的是（ ）。
a. 氢硫酸　　　　b. 盐酸
c. 碳酸　　　　　d. 醋酸

7.101 向醋酸和醋酸钠混合溶液中加入适量的蒸馏水，则溶液的 pH 将（ ）。
a. 增加　　　　　b. 减少
c. 几乎不变　　　d. 无法判断

7.102 不能发生水解的是（ ）。
a. CH_3COOK　　b. CH_3COONH_4
c. $FeCl_3$　　　　d. NaCl

7.103 下列物质的水溶液呈中性的是（ ）。
a. CH_3COOK　　b. CH_3COONH_4
c. NaCl　　　　　d. $FeCl_3$

7.104 临床上纠正酸中毒，可选用（ ）。
a. 乳酸钠　　　　b. 氯化铵
c. 葡萄糖　　　　d. 氯化钠

7.105 临床上纠正碱中毒，可选用（ ）。
a. 乳酸钠　　　　b. 氯化铵
c. 葡萄糖　　　　d. 氯化钠

7.106 在一定温度下，向纯水中加少量酸或碱后，水的离子积（　　）。
   a. 增大　　　　　b. 减小
   d. 不变　　　　　d. 加酸变小，加碱变大

7.107 向氨水溶液中加入氯化铵，则溶液的pH将（　　）。
   a. 减少　　　　　b. 增加
   c. 不变　　　　　d. 无法判断

7.108 向醋酸和醋酸钠混合溶液中加入少量的盐酸，则溶液的pH将（　　）。
   a. 减少　　　　　b. 增加
   c. 无法判断　　　d. 几乎不变

7.109 用 CH_3COOH 和 CH_3COONa 配制缓冲溶液，所得缓冲溶液的抗酸成分是（　　）。
   a. H^+　　　　　b. OH^-
   c. CH_3COOH　　d. CH_3COO^-

7.110 写出下列反应的离子方程式。
   a. 大理石和盐酸的反应
   b. 醋酸和氢氧化钠溶液反应
   c. 碳酸钠溶液和硫酸反应
   d. 硫酸铵溶液和氢氧化钡溶液共热的反应
   e. 醋酸和氨水的反应
   f. 氢氧化钙溶液中通入过量的二氧化碳
   g. 氯气和碘化钠反应

7.111 计算下列溶液的pH。
   a. 0.1mol/L 盐酸溶液
   b. 0.1mol/L 氢氧化钠溶液
   c. 0.02mol/L CH_3COOH 溶液
   d. 0.5mol/L 氨水
   e. $[H^+]=1×10^{-5}$mol/L
   f. $[OH^-]=1×10^{-10}$mol/L

7.112 将0.1mol/L盐酸溶液和0.12mol/L氢氧化钠溶液等体积混合，计算混合后溶液的pH。

拓展题

7.113 能发生水解的物质是（　　）。
a. CH_3COOK　　　b. CH_3COONH_4
c. $NaCl$　　　d. KCl
e. $FeCl_3$

7.114 影响盐的水解的因素有（　　）。
a. 盐的组成　　　b. 温度
c. 盐溶液的浓度　　d. 溶液的酸碱性
e. 压强

7.115 向 CH_3COOH 溶液中加入 CH_3COONa，下列说法正确的是（　　）。
a. 电离度降低　　　b. pH 增加
c. 电离常数不变　　d. 电离度增加
e. 电离常数增加

7.116 向 $NH_3·H_2O$ 溶液中加入 NH_4Cl，下列说法正确的是（　　）。
a. 电离度降低　　　b. pH 增加
c. 电离常数不变　　d. 电离度增加
e. 电离常数增加

7.117 属于弱电解质的是（　　）。
a. HCl　　　b. NaOH
c. CH_3COOH　　　d. $NH_3·H_2O$
e. KCl

7.118 影响弱电解质解离度大小的因素有（　　）。
a. 电解质的本性　　b. 温度
c. 电解质的浓度　　d. 溶液的导电性
e. 溶液的压强

7.119 使 $H_2CO_3 \rightleftharpoons H^+ + HCO_3^-$ 电离平衡向左移动的条件是（　　）。
a. 加水　　　b. 加碳酸氢钠
c. 加盐酸　　d. 加氢氧化钠
e. 加氯化钠

7.120 离子反应发生的条件是（　　）。
a. 有沉淀生成

b.有气体生成

c.有弱电解质生成

d.有盐生成

e.有水生成

7.121 溶液的pH越大,则( )。

　　a.酸性越强　　　b.碱性越强

　　c.$[H^+]$越大　　d.$[OH^-]$越大

　　e.酸性越弱

7.122 可使$NH_3 \cdot H_2O$的电离度降低的是( )。

　　a.加盐酸　　　　b.加氢氧化钠

　　c.加氯化钠　　　d.加水

　　e.加氯化铵

7.123 在1L溶液中有4g NaOH,求该溶液pH。

7.124 已知乳酸的$K_a=1.37 \times 10^{-4}$,测得某酸牛奶样品的pH为2.43,试计算酸牛奶中乳酸的浓度。

7.125 计算中和50.0mL pH=3.8的醋酸溶液与50.0mL pH=3.8的盐酸溶液所需NaOH的物质的量是否相同?

第7章

酸和碱

无 机 化 学
（中职阶段）

Chapter 8

第 8 章
常见元素及其化合物

内容提要

8.1 碱金属
8.2 碱土金属
8.3 铝和铁
8.4 卤族元素
8.5 氧族元素
8.6 氮族元素

我们赖以生存的地球,从内部到表面都是由元素构成的。我们知道,地球的结构是分层的,包括地壳、地幔及地核。科学家认为,地核可能主要由铁(Fe)、镍(Ni)等元素构成;地幔可能主要由硅(Si)、镁(Mg)、氧(O)、铁(Fe)、钙(Ca)、铝(Al)等元素构成;地壳上层化学成分以氧(O)、硅(Si)、铝(Al)为主,平均化学组成与花岗岩相似,称为花岗岩层;地壳下层富含硅(Si)和镁(Mg),平均化学组成与玄武岩相似,称为玄武岩层。地球表面的71%为水所覆盖,是太阳系行星中唯一能在其表面存在液态水的星球。地球的大气由77%的氮、21%的氧及微量的氩、二氧化碳和水组成。

具有生命的生物体也是化学物质的集合体。构成人体所必需的主要元素包括氢(H)、碳(C)、氮(N)、氧(O)、磷(P)、硫(S)、氯(Cl)、钠(Na)、钾(K)、钙(Ca),其中8种元素在第一周期至第三周期里。另外,人体中还有微量却必不可少的元素(称为人体必需微量元素):铁(Fe)、铜(Cu)、锌(Zn)、硒(Se)、铬(Cr)、钼(Mo)、钴(Co)、锰(Mn)、碘(I)等。

通过本章学习常见元素及其化合物的主要性质,将会更好地理解人体的一些生理活动、药物作用,进一步认识丰富的物质世界。

学习目标

- 能够理解碱金属的通性及其递变规律,掌握钠单质及其重要化合物的主要性质及应用。

8.1 碱金属

人类已发现118种元素,其中大多数是金属元素。碱金属是典型的金属元素,位于元素周期表第一主族(ⅠA),包括锂(Li)、钠(Na)、钾(K)、铷(Rb)、铯(Cs)、钫(Fr)。

钾、钠是海洋中的常量元素,在生物体中也有重要作用;其余元素则属于轻稀有金属元素,在地壳中的含量极为稀少。钫是放射性元素,且只能由核反应产生,在此不作介绍。碱金属元素的基本性质见表8.1。

表8.1 碱金属元素的基本性质

元素名称/符号	锂/Li	钠/Na	钾/K	铷/Rb	铯/Cs
原子序数	3	11	19	37	55
原子量	6.941	22.99	39.10	85.47	132.9

续表

元素名称/符号	锂/Li	钠/Na	钾/K	铷/Rb	铯/Cs
主要化合价	+1	+1	+1	+1	+1
原子半径/pm	123	154	203	216	235
离子半径/pm	60	95	133	148	169
主要氧化物	Li_2O	Na_2O, Na_2O_2	K_2O, K_2O_2	复杂	复杂
氧化物对应的水化物	LiOH	NaOH	KOH	RbOH	CsOH

8.1.1 碱金属的通性

不像金（Au）和铂（Pt），碱金属在自然界中均以化合态形式存在，也就是说我们在自然界找不到碱金属的单质（称为游离态）。这是为什么呢？从结构上讲，碱金属原子最外层只有一个电子，原子半径大，原子核对最外层电子的吸引力小，这就使其极易失去电子成+1价离子，表现出很强的金属性。正是由于它们极易发生化学反应，所以碱金属在自然界中都是以盐类存在的。

碱金属具有银白色金属光泽，密度小、硬度小、熔点低，是典型的轻、软金属。其中锂（Li）、钠（Na）、钾（K）比水轻，（Li）比煤油还轻，是固体单质中最轻的（见图8.1）。由于它们的硬度小，钠（Na）、钾（K）可以用小刀切割。切割后的新鲜表面可以看到银白色的金属光泽，接触空气后，由于生成氧化物、氮化物和碳酸盐，颜色会变暗。碱金属易与空气中的氧气（O_2）、水（H_2O）及二氧化碳（CO_2）等发生化学反应的性质，为其纯化、使用及贮存带来一定的困难（见图8.2）。碱金属单质的基本性质见表8.2。

图8.1 锂电池具有体积小、质量轻、能量大等优良性能

表8.2 碱金属单质的基本性质

金属	锂/Li	钠/Na	钾/K	铷/Rb	铯/Cs
熔点/K	453	370	336	312	301
密度（293K）/（g/cm³）	0.534	0.971	0.862	1.532	1.873
硬度（金刚石=10）	0.6	0.4	0.5	0.3	0.2
金属性递变规律	原子半径逐渐增大 → 原子核对最外层电子的吸引力逐渐减弱 金属的还原性逐步增强				

(a)

(b)

图8.2 金属钠保存在煤油中（a），金属锂保存在石蜡中（b）

8.1.2 钠及其氧化物

钠是很活泼的金属，极易失去一个电子而显示出强的金属性。即钠是强还原剂，能与许多非金属及化合物反应。

（1）钠与非金属的反应

【演示实验8.1】 用镊子取出一小块浸在煤油中的金属钠，滤纸吸干其表面煤油，用刀切开。观察切面的变化。

实验现象：刚切开时，切面呈银白色金属光泽。但很快颜色变暗，不再有光泽。

这是由于钠具有很强的金属性，易被空气中的氧气氧化，在钠的表面生成了钠的氧化物——氧化钠（Na_2O），氧化钠为白色固体。

$$4Na+O_2 \longrightarrow 2Na_2O$$

Na_2O性质活泼不稳定，遇水可发生剧烈的放热反应，形成氢氧化钠：

$$Na_2O+H_2O \longrightarrow 2NaOH$$

Na_2O与CO_2反应，生成碳酸钠：

$$Na_2O+CO_2 \longrightarrow Na_2CO_3$$

Na_2O有强烈的刺激性和腐蚀性，会对眼睛、皮肤、黏膜等造成严重烧伤。Na_2O应置于通风、低温处密封贮存，避免阳光直射，远离火源、热源。

钠受热时，会与空气中的O_2发生燃烧反应，发出黄色火焰，生成淡黄色固体——过氧化钠（Na_2O_2）：

$$2Na+O_2 \xrightarrow{\triangle} Na_2O_2$$

Na_2O_2对热稳定，但易吸潮，能与H_2O、CO_2等发生反应：

$$2Na_2O_2+2H_2O \longrightarrow 4NaOH+O_2\uparrow$$

$$2Na_2O_2+2CO_2 \longrightarrow 2Na_2CO_3+O_2\uparrow$$

由于Na_2O_2与CO_2反应有O_2放出，所以在防毒面具、高空飞行和潜艇中常用Na_2O_2作CO_2的吸收剂和供氧剂（见图8.3）。

Na_2O_2与水或稀酸反应产生H_2O_2，H_2O_2不稳定，立

图8.3 Na_2O_2用于呼吸面具，将人呼出的CO_2转化为O_2，供高空、矿山、坑道及海底等作业人员使用

即分解放出 O_2（见图8.4）。因此 Na_2O_2 可作氧化剂、杀菌剂及漂白剂。

（2）与水的反应

【演示实验8.2】 在烧杯中加入约三分之一的水，再滴入1滴酚酞试液，准备好能盖住烧杯的表面皿。用镊子取出一小块浸在煤油中的金属钠，滤纸吸干其表面的煤油后，放入烧杯中，并立即盖好表面皿。观察实验现象。

图8.4 Na_2O_2 与 H_2O 反应产生的 O_2 可使带余烬的木条复燃

实验现象：金属钠变成一个小球在水面上快速"游走"，同时，水溶液由无色转为红色。

钠比水轻，所以浮在水的表面。接触到水时，钠会与水发生剧烈反应，放出的热不仅使钠熔化成小球，而且形成的热气和反应产生的氢气一起推动钠球在水面上迅速"游走"。有酚酞的水溶液由无色转为红色，说明钠与水反应生成了碱。具体反应如下：

$$2Na+2H_2O \longrightarrow 2NaOH+H_2\uparrow$$

室温下，钠易与空气中的 O_2、H_2O、CO_2 等发生反应，因此，金属钠不能接触空气。又考虑到钠的密度小，所以通常将其保存在密度更小的石蜡或煤油中。

8.1.3 氢氧化钠及钠盐

（1）氢氧化钠

氢氧化钠（NaOH）是白色固体，易溶于水，对纤维和皮肤有强烈的腐蚀作用，所以又称为**烧碱、火碱、苛性钠**。

NaOH是**强碱**，能与酸及酸性氧化物反应，生成盐和水。例如：

$$NaOH+HCl \longrightarrow NaCl+H_2O$$
$$2NaOH+H_2S \longrightarrow Na_2S+2H_2O$$
$$2NaOH+CO_2 \longrightarrow Na_2CO_3+H_2O$$
$$2NaOH+2NO_2 \longrightarrow NaNO_3+NaNO_2+H_2O$$

根据这一性质，可用NaOH去除混合气体中的 H_2S、CO_2 及 NO_2。

固体NaOH吸湿性很强，在空气中易潮解，故常用其做干燥剂。NaOH还易与 CO_2 反应生成碳酸盐，所以要密封保存。但NaOH难免要接触到空气，使其表面带有一些Na_2CO_3，如果在化学分析中需要不含Na_2CO_3的NaOH溶液，可先配制NaOH的饱和溶液，因Na_2CO_3不溶于饱和的NaOH溶液而沉淀析出。接下来，取上层清液，用煮沸后冷却的新鲜水稀释到所需的浓度即可。

NaOH能与玻璃中的二氧化硅（SiO_2）反应，生成有黏性的硅酸钠（Na_2SiO_3），会把玻璃瓶塞黏住而不易打开。所以NaOH不宜存放在玻璃瓶中，而应存放于塑料瓶中。

$$2NaOH+SiO_2 \longrightarrow Na_2SiO_3+H_2O$$

NaOH广泛用于轻工纺织、化工、石油等行业，是肥皂制备、洗涤剂合成及一些药物合成的重要原料。

（2）碳酸钠和碳酸氢钠

碳酸钠（Na_2CO_3）俗称**苏打**或**纯碱**，是易溶于水的白色粉末（含结晶水的碳酸钠$Na_2CO_3 \cdot 10H_2O$是白色晶体）。碳酸钠的水溶液因水解而呈较强的碱性，在实验室可当碱使用，来调节溶液的pH值。

碳酸氢钠（$NaHCO_3$）俗称**小苏打**，白色晶体，能溶于水，但比碳酸钠的溶解度小。碳酸氢钠的水溶液呈弱碱性。

二者均与酸反应放出CO_2气体：

$$Na_2CO_3+2HCl \longrightarrow 2NaCl+H_2O+CO_2 \uparrow$$
$$NaHCO_3+HCl \longrightarrow NaCl+H_2O+CO_2 \uparrow$$

【演示实验8.3】如图8.5实验装置，内外试管中分别加入固体Na_2CO_3、$NaHCO_3$，加热，观察澄清石灰水a、b的现象。

实验现象：烧杯a没有变化，烧杯b变浑浊。

这是因为Na_2CO_3比较稳定，不易分解。而$NaHCO_3$不稳定，受热容易分解。利用此性质可以鉴别Na_2CO_3和$NaHCO_3$。

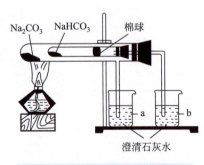

图8.5　鉴别碳酸钠与碳酸氢钠

$$2NaHCO_3 \xrightarrow{\triangle} Na_2CO_3+H_2O+CO_2 \uparrow$$

其实，在一定条件下，Na_2CO_3也可转化为$NaHCO_3$。

【演示实验8.4】在一个大试管中加入三分之一容积的水，再边加入Na_2CO_3边振荡，直至加入的Na_2CO_3不再溶解为止，由此得到Na_2CO_3的饱和溶液。静置片刻，把上层清液倒入另一大试管，然后慢慢通入CO_2气体。

实验现象：清液逐渐变浑浊。

这是因为在碳酸钠的水溶液中通入CO_2后发生了如下反应：

$$Na_2CO_3+H_2O+CO_2 \rightleftharpoons 2NaHCO_3$$

形成的碳酸氢钠在水中的溶解性较弱，故溶液变浑浊。

碳酸钠是一种基本化工原料，在玻璃、造纸、纺织、印刷、冶金、肥皂、医药、食品等工业有广泛应用。碳酸氢钠常用在泡沫灭火器中，也可用于医药、食品工业，是焙制糕点时所用发酵粉的主要成分之一，临床上可用$NaHCO_3$注射液纠正代谢性和呼吸性酸中毒。

 链接

化学名人堂——侯德榜与侯氏联合制碱法

人们常把H_2SO_4、HCl、HNO_3、Na_2CO_3、NaOH称为"三酸二碱"，是化学工业的基本原料。谈到我国的化学工业，不能不提其奠基人——侯德榜（见图8.6）。

侯德榜先生于1890年8月9日生于福建省闽侯县一个普通农家。曾就读于福州英华书院和沪皖两省路矿学堂，1911年考入清华留美预备学堂，1913年赴美留学，先后在美国麻省理工学院、哥伦比亚大学等校学习深造，获得工程学学士、硕士及哲学博士学位。1921年侯德榜接受爱国实业家、永利制碱公司总经理范旭东的邀请，离美回国，承担起续建碱厂的技术重任，由此也开启了他为我国化学工业做贡献的精彩人生。

制碱工业可追溯到十八世纪。1791年法国医生路布兰开创了以食盐为原料制取碳酸钠的"路布兰制碱法"，1861年意大利人索尔维发明了以食盐、石灰石和氨为原料制取碳酸钠的"索尔维制碱法"（又称氨碱法）。索尔维制碱法以其能连续生产、食盐利用率得到提高（达70%）、产品质量纯净（碳酸钠俗称"纯碱"的由来）及成本低廉等优点，

图8.6 著名化学家、我国化学工业奠基人侯德榜

逐渐取代了"路布兰制碱法"。从此，英国、法国、德国、美国等国相继建立了大规模生产纯碱的工厂，并发起组织索尔维公会，对会员国以外的国家实行技术封锁，垄断市场。

1921年侯德榜先生受邀回国，开始全身心地扑在制碱工艺的研究上，掌握了氨碱法制碱技术的奥妙，主持建成亚洲第一座纯碱厂，生产的"红三角"牌纯碱获1926年万国博览会金质奖章。产品不但畅销国内，而且远销日本和东南亚。

紧接着，侯德榜先生领导建立了我国第一座兼产合成NH_3、HNO_3、H_2SO_4和$(NH_4)_2SO_4$的联合企业，奠定了我国基本化学工业的基础，培养了一大批化工科技人才。后来，为了进一步提高食盐的利用率、改进索尔维制碱法在生产中形成大量$CaCl_2$废弃物这一不足，侯德榜先生继续潜心研究和探索，于1939年提出了新的联合制碱工艺，形成了"侯氏联合制碱法"，使纯碱工业和氮肥工业得到长足发展。

侯氏联合制碱法，是在饱和NaCl溶液中首先通入NH_3使溶液显碱性，再通入CO_2，会发生下列反应：

$$NH_3 + CO_2 + H_2O \longrightarrow NH_4HCO_3$$

$$NH_4HCO_3 + NaCl \longrightarrow NaHCO_3 + NH_4Cl$$

由于NaCl溶液饱和，生成的$NaHCO_3$溶解度小于NaCl，$NaHCO_3$会以沉淀析出。析出的$NaHCO_3$加热，会发生下列反应：

$$2NaHCO_3 \longrightarrow Na_2CO_3 + H_2O + CO_2 \uparrow \quad (CO_2可循环使用)$$

根据NH_4Cl在常温时的溶解度比NaCl大，而在低温下却比NaCl溶解度小的原理，在278～283K（5～10℃）时，向母液中加入食盐细粉，而使NH_4Cl单独结晶析出供做氮肥。

侯氏联合制碱法是把氨厂和碱厂建在一起，联合生产。这个新工艺使食盐的利用率从70%提高到了96%，也使索尔维制碱法中的$CaCl_2$转化成氮肥NH_4Cl，解决了$CaCl_2$占地毁田、污染环境的问题。

思考与练习

填空题

8.1 碱金属元素包括（元素名称/符号）＿＿＿、＿＿＿、＿＿＿、＿＿＿、＿＿＿、＿＿＿，其中＿＿＿为放射性元素。它们位于周期表第＿＿＿族，原子最外层电子数为＿＿＿个，是典型的＿＿＿元素。

8.2 在化学反应中，金属原子容易＿＿＿电子转变成＿＿＿，因而发生了＿＿＿反应。金属单质的金属性越强，越易＿＿＿电子，表现出强的＿＿＿性。

8.3 金属Na、K应保存在＿＿＿中，这是因为＿＿＿；金属Li应保存在＿＿＿中，这是因为＿＿＿。

8.4 纯碱是指＿＿＿，化学式为＿＿＿；烧碱是指＿＿＿，化学式为＿＿＿；小苏打是指＿＿＿，化学式为＿＿＿。

8.5 金属Na与O_2反应可以生成＿＿＿、＿＿＿或二者的混合物，说明反应条件会直接影响化学反应的＿＿＿。

选择题

8.6 下列金属中还原性最强的是（　　）。
　　a.K　　　b.Li　　　c.Na　　　d.Mg

8.7 在自然界能以游离态存在的金属元素是（　　）。
　　a.Cs　　　b.Na　　　c.Cu　　　d.Li

8.8 在烘焙糕点时常常使用的盐（　　）。
　　a.$NaHCO_3$　　　　b.Na_2SO_4
　　c.$NaNO_3$　　　　d.NaCl

8.9 完成并配平下列反应方程式，属于氧化还原反应的，指出氧化剂、还原剂。

（1）Na+O_2 $\xrightarrow{\triangle}$

（2）Na+H_2O ⟶

（3）Na_2O+H_2O ⟶

（4）Na_2O_2+H_2O ⟶

（5）Na_2O_2+CO_2 ⟶

（6）NaOH+H_2S ⟶

（7）NaOH+CO$_2$ ⟶

（8）NaOH+NO$_2$ ⟶

（9）Na$_2$CO$_3$+HCl ⟶

（10）NaHCO$_3$ $\xrightarrow{\triangle}$

8.10 如果把少许金属Na长时间放在空气中，最终产物会是什么？写出相关的化学反应式。

8.11 试描述食用碱的作用原理，并写出其离子反应方程式。

学习目标

- 能够理解碱土金属的通性及其递变规律，掌握镁单质及其钙、镁重要化合物的主要性质及应用。

8.2 碱土金属

元素周期表第ⅡA族元素称为碱土金属元素，包括铍（Be）、镁（Mg）、钙（Ca）、锶（Sr）、钡（Ba）及镭（Ra）。其中，铍为稀有元素且性质特殊，镭为放射性元素。碱土金属元素的基本性质见表8.3。

表8.3 碱土金属元素的基本性质

元素名称/符号	铍/Be	镁/Mg	钙/Ca	锶/Sr	钡/Ba
原子序数	4	12	20	38	56
原子量	9.012	24.31	40.08	87.62	137.3
主要化合价	+2	+2	+2	+2	+2
原子半径/pm	89	136	174	191	198
离子半径/pm	31	65	99	113	135
主要氧化物	BeO	MgO	CaO	SrO	BaO
氧化物对应的水化物	Be(OH)$_2$	Mg(OH)$_2$	Ca(OH)$_2$	Sr(OH)$_2$	Ba(OH)$_2$

8.2.1 碱土金属的通性

碱土金属除Be呈钢灰色之外，其余金属都有银白色金属光泽。它们的密度、熔点及硬度比相应的碱金属高，但与过渡金属（比如铁）相比，熔点较低，属于较轻、软的金属。

碱土金属虽比同周期的碱金属活性弱，但依然属于活泼金属，在自然界均以化合态存在。

碱土金属的主要性质如下：

- 都是金属；
- 都是热和电的良导体；
- 形成的化合物大都呈白色或无色（除非其阴离子为有色离子）；
- 形成化合物时的化合价为+2；
- 化合物大都为离子型（除少数铍的化合物外）；
- 易与酸反应，形成盐和氢气。

$$\underrightarrow{\text{Be} \quad \text{Mg} \quad \text{Ca} \quad \text{Sr} \quad \text{Ba}}$$

原子半径逐渐增大；
原子核对最外层电子的吸引力逐渐减弱；
金属的还原性逐渐增强。

8.2.2　镁、钙及其化合物

Mg、Ca因其典型的金属性，常用作还原剂。纯镁的强度小，但镁合金是良好的轻型结构材料，广泛用于空间技术、航空、汽车和仪表等。钙元素在自然界分布很广，其化合物广泛用于建筑及医疗行业。

（1）Mg与O_2的反应

【演示实验8.5】 取5～7cm的镁条，用砂纸摩擦打去其表面的氧化物薄膜后，用坩埚钳夹住镁条的一端，另一端在酒精灯上点燃。观察实验现象。

实验现象：镁条迅速燃烧并发出耀眼的白光（见图8.7）。

图8.7　镁条在空气中燃烧形成耀眼白光

Mg不如Na活泼，在室温下与空气中的O_2缓慢反应，形成致密的氧化膜：

$$2Mg+O_2 \longrightarrow 2MgO$$

这层MgO薄膜对内部的Mg有保护作用，Mg可以保存在干燥的空气里。

当Mg在空气中点燃时，会与空气中的O_2发生剧烈反应，发出炫目的白光，放出大量的热：

$$2Mg+O_2 \xrightarrow{\text{点燃}} 2MgO$$

同时，Mg会与空气中的N_2发生反应，生成氮化镁：

$$3Mg+N_2 \xrightarrow{\text{点燃}} Mg_3N_2$$

上网查阅

碱土金属单质及化合物用途广泛。通过上网查阅，列举各物质的用途（见图8.8～图8.10）。

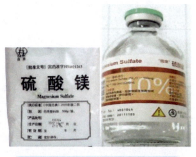

图8.8　$MgSO_4$口服制剂用于导泻，$MgSO_4$注射剂用于治疗惊厥等

图8.9　不同的钙制剂用于预防和治疗钙缺乏症

图8.10　不溶于水也不溶于酸的$BaSO_4$，能强烈吸收X射线，用作肠胃造影的"钡餐"

一些烟花、照明弹中含有镁粉，正是利用Mg在空气中燃烧发出耀眼白光的性质。

（2）Mg与CO_2的反应

Mg作为还原剂，不仅可与O_2发生氧化还原反应，而且可与CO_2反应生成MgO和C：

$$2Mg+CO_2 \xrightarrow{点燃} 2MgO+C$$

由于Mg可以在CO_2中燃烧，所以Mg着火时不能使用泡沫灭火器灭火。

（3）Mg与H_2O的反应

Mg与冷水的反应非常缓慢，但与沸水会迅速反应：

$$Mg+2H_2O \xrightarrow{\triangle} Mg(OH)_2\downarrow + H_2\uparrow$$

当在Mg中通入水蒸气时会发生如下反应：

$$Mg+H_2O（气）\xrightarrow{高温} MgO+H_2$$

从Mg与H_2O的反应可以看出，当反应条件不同时，化学反应的快慢甚至产物会完全不同。由此也说明，我们在做化学实验时，控制反应条件非常重要。

（4）镁、钙的氢氧化物

碱土金属位于元素周期表第ⅡA族，是典型的金属元素，其氢氧化物是典型的碱。碱土金属元素的金属性比同周期的碱金属元素弱，所以对应的氢氧化物的碱性也会弱些。具体见表8.4。

表8.4　碱金属和碱土金属氢氧化物的碱性和溶解度

性质	LiOH	NaOH	KOH	RbOH	CsOH
溶解度/(288K)/(mol/L)	5.3	26.4	19.1	17.9	25.8
碱性	中强碱	强碱	强碱	强碱	强碱
性质	$Be(OH)_2$	$Mg(OH)_2$	$Ca(OH)_2$	$Sr(OH)_2$	$Ba(OH)_2$
溶解度/(293K)/(mol/L)	8×10^{-6}	5×10^{-4}	1.8×10^{-2}	6.7×10^{-2}	2×10^{-1}
碱性	两性	中强碱	强碱	强碱	强碱

由表可知，从LiOH到CsOH，从$Be(OH)_2$到$Ba(OH)_2$，它们的碱性逐渐增强；当然，同一周期，比如，从NaOH到$Mg(OH)_2$，碱性会减弱。另外，碱金属的氢氧化物中除LiOH的溶解度稍小外，其余都易溶于水。碱土金

属氢氧化物的溶解度则比碱金属氢氧化物小得多，其中溶解度最大的Ba(OH)$_2$也仅为微溶，比碱金属氢氧化物中溶解度最小的LiOH还小。

利用Mg(OH)$_2$碱性不是很强及在水中溶解度小的性质，将其制成的悬浊液称为氢氧化镁乳剂（简称镁乳），用于治疗胃酸分泌过多及习惯性或老年体弱者的便秘。Mg(OH)$_2$还可作为牙膏的成分，用于中和口腔中的酸性物质，以防龋齿。其化学反应可表示为：

$$Mg(OH)_2 + 2H^+ \longrightarrow Mg^{2+} + 2H_2O$$

Ca(OH)$_2$是白色粉末状固体，俗称熟石灰、消石灰，常用作建筑材料、化工原料和杀菌剂等。在Ca(OH)$_2$固体粉末中加入水，经搅拌放置后，呈上下两层，上层水溶液称为澄清石灰水，下层悬浊液称为石灰乳或石灰浆。澄清石灰水就是Ca(OH)$_2$水溶液，通入CO$_2$时会发生下列反应：

$$Ca(OH)_2 + CO_2 \longrightarrow CaCO_3\downarrow + H_2O$$

反应生成的难溶于水的白色CaCO$_3$使澄清石灰水变浑浊，以此来鉴别CO$_2$气体。

Ca(OH)$_2$还可作为土壤的改良剂，降低土壤的酸性，促进农作物的生长：

$$Ca(OH)_2 + 2H^+ \longrightarrow Ca^{2+} + 2H_2O$$

（5）几种常见的盐

① **碳酸钙（CaCO$_3$）** CaCO$_3$是地球上常见的物质，是石灰石、大理石、方解石、白垩、钟乳石、动物骨骼及外壳的主要成分，因此又有石灰石、灰石、石粉及大理石等俗名（见图8.11）。

CaCO$_3$是难溶于水的白色固体，与稀酸反应放出CO$_2$：

$$CaCO_3 + 2HCl \longrightarrow CaCl_2 + CO_2\uparrow + H_2O$$

实验室用此法制备CO$_2$气体。

CaCO$_3$加热到900℃会分解成生石灰（CaO）和CO$_2$：

$$CaCO_3 \xrightarrow{\text{高温}} CaO + CO_2\uparrow$$

工业上用此法来制备CaO和CO$_2$。

在含有CaCO$_3$的水溶液中通入过量CO$_2$，原来浑浊的溶液就会逐渐变澄清，原因是难溶的CaCO$_3$转化成了

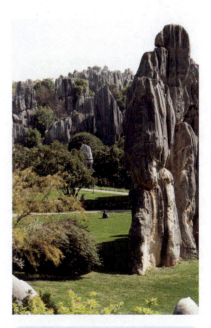

图8.11 云南石林是石灰岩分布区

图8.12 云南九乡的溶洞

可溶的 $Ca(HCO_3)_2$：

$$CaCO_3 + CO_2 + H_2O \longrightarrow Ca(HCO_3)_2$$

在一定条件下，$Ca(HCO_3)_2$ 又分解为 $CaCO_3$：

$$Ca(HCO_3)_2 \longrightarrow CaCO_3 + CO_2\uparrow + H_2O$$

$CaCO_3$ 与 $Ca(HCO_3)_2$ 在自然界中不断转化，就形成了让人叹为观止的喀斯特地貌（见图8.12）。

钙是维持人体神经、肌肉、骨骼系统、细胞膜和毛细血管通透性正常功能的必需元素。$CaCO_3$ 可制成片剂、颗粒剂及泡腾片等不同剂型的药品或保健品，用于治疗和预防钙缺乏症。

② **硫酸镁（$MgSO_4$）** 大多数碱土金属的硫酸盐、碳酸盐是难溶盐，但硫酸镁是易溶于水的白色固体。

$MgSO_4$ 可用多种方法制取，比如，用 $MgCO_3$ 或 $Mg(OH)_2$ 与 H_2SO_4 反应：

$$Mg(OH)_2 + H_2SO_4 \longrightarrow MgSO_4 + 2H_2O$$
$$MgCO_3 + H_2SO_4 \longrightarrow MgSO_4 + CO_2\uparrow + H_2O$$

很多碱土金属的盐带有结晶水，比如 $MgSO_4 \cdot 7H_2O$、$CaCl_2 \cdot 6H_2O$、$CaSO_4 \cdot 2H_2O$，不带结晶水的盐称为无水盐。碱土金属的无水盐具有较强的吸水性，所以常用作干燥剂，比如无水 $MgSO_4$、$CaCl_2$ 就是工业及实验室中常用的干燥剂。

硫酸镁在医药领域有广泛用途。硫酸镁注射剂常用于治疗惊厥、子痫、尿毒症、破伤风及高血压脑病等。口服硫酸镁制剂在肠道吸收很少，当其到达肠腔后，具有一定渗透压，使肠内水分不被肠壁吸收。肠内保有大量水分，机械地刺激肠的蠕动而排便。基于硫酸镁这种良好的导泻功能，硫酸镁又叫泻盐（见图8.8）。

焰色反应

碱金属和碱土金属的离子均为无色，所以它们的盐也大都为无色或白色（阴离子本身有颜色的除外）。但它们的盐或金属单质在无色火焰中灼烧时，呈现特殊的颜色，称为焰色反应。一些常见金属或金属离子的焰色如下：

锂	钠	钾	铷	钙	锶	钡
紫红	黄色	紫色	紫色	砖红	洋红	黄绿

利用焰色反应，可以初步鉴别金属离子的存在，也可依此设计制造五颜六色的焰火。

链接

化学与环境——硬水与软水

软水是指不含或含较少可溶性钙、镁化合物的水，而硬水则是指含有较多可溶性钙、镁化合物的水。硬水又分为暂时硬水和永久硬水。暂时硬水是指水中 Ca^{2+}、Mg^{2+} 主要以酸式碳酸盐，即 $Ca(HCO_3)_2$、$Mg(HCO_3)_2$ 的形式存在，这些盐在水中被煮沸时分解，变成碱式碳酸盐沉淀析出而除去；永久硬水是指 Ca^{2+}、Mg^{2+} 主要以硫酸盐、硝酸盐及氯化物等形式存在，这些盐的性质比较稳定，不能经煮沸去除。

常用水的硬度来表示水的软硬。水的硬度是指水中 Ca^{2+}、Mg^{2+} 的总量。我国测定饮水硬度是将水中溶解的 Ca^{2+}、Mg^{2+} 换算成 $CaCO_3$，以每升水中 $CaCO_3$ 含量为计量单位，当水中 $CaCO_3$ 的含量低于150mg/L时称为软水，达到150～450mg/L时为硬水，450～714mg/L时为高硬水，高于714mg/L为特硬水。

硬水不仅口感苦涩，而且会给生活带来很多麻烦。比如，用水器具上结水垢、洗护用品的洗涤效率降低等。在工业上，硬水会带来更大的危害。硬水会使工业锅炉积垢而传热不良，浪费能源，也容易带来系统运行故障，甚至因传热不均而引起爆炸等。所以说，硬度是水质的一个重要监测指标，常常通过化学分析、仪器分析等手段测定水的硬度，由此判断其是否可以用于工业生产和日常生活。

思考与练习

填空题

8.12 碱土金属元素包括（元素名称/符号）_____、_____、_____、_____、_____、_____，其中_____为放射性元素。它们位于元素周期表第_____族，原子最外层电子数为_____个，是典型的_____元素。

8.13 碱土金属中，从Be到Ba，元素原子核电荷数逐渐_____，核外电子层数逐渐_____，原子半径逐渐_____，原子核对最外层电子的引力逐渐_____，因此元素的金属性逐渐_____，金属单质的还原性逐渐_____。

8.14 熟石灰是指_____，化学式为_____；生石灰是指_____，化学式为_____；石灰石是指_____，化学式为_____。

8.15 金属Mg可以在CO_2中发生燃烧反应，其化学反应方程式为：_____，其中，_____为氧化剂，_____为还原剂。由此可知，Mg燃烧时_____用泡沫灭火器灭火。

选择题

8.16 以下哪种物质适用于治疗胃酸分泌过多？
a. NaOH　　　　　　　b. $Mg(OH)_2$
c. NaCl　　　　　　　　d. $Ca(OH)_2$

8.17 以下哪种物质适用于中和酸性土壤？
a. $(NH_4)_2SO_4$　　　　b. $Mg(OH)_2$
c. NaCl　　　　　　　　d. $Ca(OH)_2$

8.18 以下哪种物质适合作干燥剂？
a. NaCl　　　　　　　　b. HCl
c. $CaCl_2$　　　　　　　d. $CaCl_2 \cdot 6H_2O$

8.19 完成下列化学反应方程式，属于离子反应的，同时写出其离子方程式。
（1）澄清石灰水中通入适量二氧化碳
（2）澄清石灰水中通入过量二氧化碳
（3）碳酸钙中加入稀盐酸
（4）煅烧石灰石
（5）镁在空气中燃烧
（6）氢氧化镁中加入稀硫酸

8.20 回答以下问题：
（1）碱土金属单质与O_2反应时，从Be到Ba，其反应活性会呈现怎样的递变规律？为什么？
（2）Sr具有第ⅡA族金属的典型性质，写出下列各反应的产物A、B、C、D。

$$Sr \xrightarrow{H_2O} \boxed{溶液A} + \boxed{气体B}$$
$$\downarrow CO_2$$
$$SrCO_3 \downarrow \xrightarrow{\triangle} \boxed{固体C} + \boxed{气体D}$$

8.21 我国石灰的年产量达2.4亿吨。$Ca(OH)_2$称为熟石灰，广泛用于工农业生产。
（1）熟石灰由石灰石制得，写出其化学反应方程式。

（2）Ca(OH)$_2$是离子型化合物：

a. 试画出Ca^{2+}的核外电子排布示意图

b. 1mol Ca(OH)$_2$中有多少mol离子

c. 1mol OH$^-$中有多少mol电子

d. 画出Ca(OH)$_2$的电子结构式

（3）除了实验室用作检验CO$_2$之外，Ca(OH)$_2$还有哪些用途？

8.3 铝和铁

8.3.1 铝及其化合物

铝（Al）元素原子序数为13，根据其原子核外电子的排布，它应该在元素周期表的什么位置呢？是的，铝元素位于第三周期ⅢA族。

铝在地壳中的含量仅次于氧和硅，位居第三位。由于其活泼性，铝元素在自然界均以化合态形式存在于硅铝酸盐（如长石）及铝土矿中。也因为其活泼性，在19世纪以前把化合态的铝变为游离态的铝即金属铝，花费很大且产量很低，以至于其价格远高于金（Au）和银（Ag）。

（1）金属铝

Al是银白色的轻金属，密度为2.7g/cm^3。质轻是Al的重要性质，由此Al及其合金广泛用于制造飞机、卫星及宇宙飞船等的外壳。Al的导热、导电性及延展性也很好，可作导线、散热器，可压制成片、膜，制成的铝箔广泛用于药品片剂、胶囊剂的包装。

Al是活泼的两性金属，能与非金属、酸、碱及氧化物等作用。

① **与非金属反应** Al一接触空气，表面立即氧化，生成一层致密的氧化膜：$4Al+3O_2 \longrightarrow 2Al_2O_3$

这一层Al$_2$O$_3$膜可阻止Al进一步被氧化，Al$_2$O$_3$也不溶于水和酸，因此Al在空气中很稳定。只有当这一层Al$_2$O$_3$保护膜被破坏时，Al的活性才又表现出来。

如果在氧气中点燃铝箔，Al与O$_2$发生剧烈反应，放出大量的热和炫目的白光，生成Al$_2$O$_3$。

● 能掌握铝、铁单质及其重要化合物的主要性质及应用。

在加热时，Al还会与其他非金属反应。比如：

$$2Al+3Cl_2 \xrightarrow{高温} 2AlCl_3$$

$$2Al+3S \xrightarrow{高温} Al_2S_3$$

② **与Fe_2O_3的反应** Al的还原性还表现在它能夺取化合物中的氧，比如Al粉与Fe_2O_3粉的反应：

$$2Al+Fe_2O_3 \xrightarrow{点燃} 2Fe+Al_2O_3$$

此反应非常剧烈，放出的热使温度高达3273K以上，可使Fe熔化。因此这个反应又称为铝热反应，其原理广泛应用于焊接及难熔金属的冶炼。

③ **与酸、碱的反应**

【演示实验8.6】取2段4～5cm的铝条，用砂纸摩擦打去其表面的氧化物薄膜后，分别放入2个试管中。然后在2个试管中分别加入6mol/L的NaOH溶液和HCl溶液。观察实验现象。

实验现象：2个试管均发生反应，放出气体。

Al是典型的两性金属，既能与酸反应，又能与强碱反应：

$$2Al+6HCl \longrightarrow 2AlCl_3+3H_2\uparrow$$

$$2Al+2OH^-+6H_2O \longrightarrow 2Al[(OH)_4]^-+3H_2\uparrow$$

Al还能与热的浓硫酸发生反应：

$$2Al+6H_2SO_4（浓、热）\longrightarrow Al_2(SO_4)_3+3SO_2\uparrow+6H_2O$$

Al遇到冷的浓H_2SO_4、浓HNO_3会产生钝化现象，在Al的表面反应生成一层氧化物保护膜，使得反应不能继续下去，所以常用铝桶装运浓H_2SO_4和浓HNO_3。

（2）铝的重要化合物

① **氢氧化铝[Al(OH)$_3$]**

【演示实验8.7】在$Al_2(SO_4)_3$溶液中滴入氨水（$NH_3 \cdot H_2O$）会有什么现象？

实验现象：有白色胶状沉淀产生。

这是因为二者发生了如下反应：

$$Al_2(SO_4)_3+6NH_3 \cdot H_2O \longrightarrow 2Al(OH)_3\downarrow+3(NH_4)_2SO_4$$

【演示实验8.8】将上述产生的白色胶状Al(OH)$_3$悬浊液分装在2个试管中，分别向这2个试管逐滴加入NaOH溶液和HCl溶液至过量，又会有什么现象？

实验现象：白色沉淀消失。

这是因为 $Al(OH)_3$ 具有两性，分别与强酸、强碱反应生成了铝盐（$AlCl_3$）和铝酸盐（$Na[Al(OH)_4]$）：

$$Al(OH)_3 + 3HCl \longrightarrow AlCl_3 + 3H_2O$$

$$Al(OH)_3 + NaOH \longrightarrow Na[Al(OH)_4]$$

$Al(OH)_3$ 在溶液中存在两种电离平衡：

$$Al^{3+} + 3OH^- \rightleftharpoons Al(OH)_3 \underset{-H_2O}{\overset{+H_2O}{\rightleftharpoons}} H^+ + Al[(OH)_4]^-$$

碱式电离　　　　　　　　　　　酸式电离

$Al(OH)_3$ 是不溶于水的白色胶状物质，具有较弱的碱性，临床上内服用于中和部分胃酸，常制成 $Al(OH)_3$ 凝胶剂或 $Al(OH)_3$ 片剂，作用缓慢而持久（见图 8.13）。

图 8.13　氢氧化铝是有效的抗酸药

② **明矾 $[KAl(SO_4)_2·12H_2O]$**　硫酸铝 $[Al_2(SO_4)_3]$ 与碱金属（锂除外）及铵的硫酸盐可形成溶解度相对较小的复盐，称为**矾**。例如，明矾 $[KAl(SO_4)_2·12H_2O]$。$Al_2(SO_4)_3$ 与 $KAl(SO_4)_2·12H_2O$ 均易溶于水并水解：

$$Al^{3+} + 3H_2O \rightleftharpoons Al(OH)_3 + 3H^+$$

游泳池里用 $KAl(SO_4)_2·12H_2O$ 作净水剂，就是利用其水解产物发挥作用：水解产生的 $Al(OH)_3$ 呈胶状，有强的吸附能力，可以吸附水里的杂质，并形成沉淀，从而使水澄清（见图 8.14）。同理，$KAl(SO_4)_2·12H_2O$ 还用作媒染剂。

图 8.14　$KAl(SO_4)_2·12H_2O$ 晶体可用于净化水，也可作食品添加剂增加其韧性

8.3.2　铁及其化合物

图 8.15　铁原子结构示意图

铁（Fe）元素位于元素周期表第四周期Ⅷ族，属于过渡元素，其原子结构示意图见图 8.15。不同于主族元素，铁原子次外层电子未达到饱和，铁原子成键时，可以失去最外层的 2 个电子形成 +2 价的 Fe^{2+}，或者失去最外层的 2 个电子和次外层的 1 个电子形成 +3 价的 Fe^{3+}。

（1）金属铁

金属铁（Fe）是地壳含量第二高的金属元素。在自然界中，纯净的金属 Fe 很少，只有从天上掉下来的铁陨石才几乎是纯净的 Fe（含有少许镍），绝大部分铁是以化合态存在的（见图 8.16～图 8.18）。与主族金属元素不同，过渡金属元素常常表现出可变化合价，比如化合态

图 8.16　磁铁矿，铁主要以 Fe_3O_4（即 $FeO·Fe_2O_3$）的形式存在

的铁的常见化合价为+2和+3价。

Fe属于中等活泼金属，具有活泼金属的典型性质。

① **与非金属反应**　Fe是活泼金属，能与许多非金属反应。比如：

$$2Fe+3Cl_2 \xrightarrow{\triangle} 2FeCl_3$$

$$3Fe+2O_2 \xrightarrow{点燃} Fe_3O_4$$

图8.17　菱铁矿，铁主要以 $FeCO_3$ 的形式存在

② **与 H_2O 反应**　常温下，Fe与 H_2O 不反应。高温时，红热的Fe与水蒸气反应：

$$3Fe+4H_2O（气）\xrightarrow{高温} Fe_3O_4+4H_2$$

③ **与酸反应**　Fe与非氧化性稀酸反应时，生成亚铁离子 Fe^{2+}，放出 H_2；与氧化性稀酸反应时，生成铁离子 Fe^{3+}。

$$Fe+2HCl \longrightarrow FeCl_2+H_2\uparrow$$

$$Fe+H_2SO_4（稀）\longrightarrow FeSO_4+H_2\uparrow$$

$$Fe+4HNO_3（稀）\longrightarrow Fe(NO_3)_3+NO\uparrow+2H_2O$$

图8.18　赤铁矿，铁主要以 Fe_2O 的形式存在

类似于Al，Fe遇到冷的浓 H_2SO_4 和浓 HNO_3 时，表面会形成一层致密的氧化膜，保护内部金属不再继续与酸反应，所以可用铁制容器储运浓 H_2SO_4 和浓 HNO_3。

（2）铁盐与亚铁盐

① **和碱反应**　铁在化合物中一般显+2价或+3价。铁为+2价的盐称为亚铁盐，+3价的盐称为铁盐（见图8.19和图8.20）。它们的硝酸盐、硫酸盐、氯化物和高氯酸盐等都易溶于水，碳酸盐、磷酸盐及硫化物等弱酸盐都难溶于水。

图8.19　$Fe_2(SO_4)_3$ 或 $FeCl_3$ 能促进血液凝固，用于伤口止血

【**演示实验8.9**】在2个试管中分别注入硫酸铁 $[Fe_2(SO_4)_3]$ 溶液和新制备的硫酸亚铁（$FeSO_4$）溶液，用胶头滴管吸取NaOH溶液，分别注入这2个试管中。在 $FeSO_4$ 溶液中加入NaOH溶液时，要把滴管头伸到试管底部后慢慢加入。观察实验现象。

实验现象：在 $Fe_2(SO_4)_3$ 溶液的试管中有红褐色沉淀产生；在 $FeSO_4$ 溶液试管中，先有白色沉淀产生，随后很快变为灰绿色，进而又成为红褐色沉淀。

在 $Fe_2(SO_4)_3$ 溶液的试管中，发生了如下反应：

$$Fe_2(SO_4)_3+6NaOH \longrightarrow 2Fe(OH)_3\downarrow+3Na_2SO_4$$

在 $FeSO_4$ 溶液的试管中，首先生成了白色 $Fe(OH)_2$

图8.20　$FeSO_4$ 复方制剂中加入维生素C，可抑制 Fe^{2+} 转化为 Fe^{3+}，促进铁的吸收利用

沉淀，$Fe(OH)_2$极易被空气中的O_2氧化成红褐色的胶状$Fe(OH)_3$沉淀：

$$FeSO_4 + 2NaOH \longrightarrow Fe(OH)_2 \downarrow + Na_2SO_4$$

$$4Fe(OH)_2 + O_2 + 2H_2O \longrightarrow 4Fe(OH)_3$$

② **水解**　铁盐和亚铁盐在水溶液中都会水解，但前者水解程度相对更强些。比如，$FeCl_3$水溶液中Fe^{3+}的会发生如下水解反应：

$$Fe^{3+} + 3H_2O \rightleftharpoons Fe(OH)_3 \downarrow + 3H^+$$

$FeCl_3$水解形成胶状物$Fe(OH)_3$，可与悬浮在水中带负电荷的泥沙等杂质一起聚沉，再加上有吸附作用，因此$FeCl_3$常作饮水的净水剂和废水处理净化的沉淀剂。

$FeCl_3$易水解，所以在配制$FeCl_3$溶液时，一定要先加入适量浓HCl，以抑制Fe^{3+}的水解。

③ **Fe^{3+}的检验**

【演示实验8.10】在2个试管中分别注入$FeCl_3$溶液和$FeCl_2$溶液，滴入硫氰化钾（KSCN）或硫氰化铵（NH_4SCN）溶液。观察实验现象。

实验现象：$FeCl_2$溶液没变化，$FeCl_3$溶液显血红色。

高浓度的Fe^{2+}溶液呈浅绿色，Fe^{3+}的溶液呈棕黄色，二者容易区别。当浓度低时，可借助KSCN试剂来区分。

Fe^{3+}遇到无色的硫氰化钾（KSCN）或硫氰化铵（NH_4SCN）溶液时，立即呈现血红色，反应非常灵敏，即使溶液中有少量的Fe^{3+}，也可显色。这是鉴定Fe^{3+}的灵敏方法之一，也常用于Fe^{3+}的比色分析。

$$\underset{\text{无色}}{Fe^{3+} + 3SCN^-} \longrightarrow \underset{\text{血红色}}{[Fe(SCN)_3]}$$

④ **铁盐与亚铁盐的相互转化**　Fe^{2+}有还原性，Fe^{3+}有氧化性。在一定条件下，二者可以相互转化。

在演示实验8.9中，为什么要用新制备的$FeSO_4$溶液呢？这是因为亚铁盐在空气中易被氧化。

$FeSO_4$在中性溶液中能被溶于其中的少量O_2氧化，析出棕黄色的碱式硫酸铁（见图8.21）：

$$FeSO_4 + 2H_2O + O_2 \longrightarrow 4Fe(OH)SO_4 \downarrow$$

如果在碱性介质中，Fe^{2+}更易被氧化为Fe^{3+}。在酸性

图8.21　绿矾（$FeSO_4 \cdot 7H_2O$）被空气中O_2氧化，表面上形成了棕黄色的$Fe(OH)SO_4$

介质中，Fe^{2+} 比较稳定。因而保存 Fe^{2+} 盐溶液应加足够浓度的酸。

硫酸亚铁可与硫酸铵形成复盐——硫酸亚铁铵 $FeSO_4 \cdot (NH_4)_2SO_4 \cdot 6H_2O$，俗称摩尔盐，该复盐比 $FeSO_4 \cdot 7H_2O$（俗称绿矾）稳定得多，不易被空气氧化，常用作分析化学中的还原剂：

$$6FeSO_4+K_2Cr_2O_7+7H_2SO_4 \longrightarrow 3Fe_2(SO_4)_3+Cr_2(SO_4)_3+K_2SO_4+7H_2O$$

$$10FeSO_4+2KMnO_4+8H_2SO_4 \longrightarrow 5Fe_2(SO_4)_3+2MnSO_4+K_2SO_4+8H_2O$$

Fe^{2+} 还可被 Cl_2 氧化：

$$2FeCl_2+Cl_2 \longrightarrow 2FeCl_3$$

相反，在强还原剂作用下，$FeCl_3$ 也可转化为 $FeCl_2$：

$$2FeCl_3+Fe \longrightarrow 3FeCl_2$$

利用该反应原理，实验室在配制 Fe^{2+} 盐溶液时，不仅加入足量的酸，而且会加入少量铁粉或铁钉，防止 Fe^{2+} 氧化成 Fe^{3+}。

链接

化学与健康——铁与人体健康

铁是人体含量最丰富的过渡金属元素，是人体必需微量元素之一。一般成年人体内含铁 3～5g，平均 4.5g 左右。女性体内含铁量稍低，这与其生理特点带来的铁流失有关。人体内 70% 左右的铁存在于血红蛋白、肌红蛋白、血红素酶类以及运铁蛋白中，称为功能性铁，其余 30% 的铁以铁蛋白和含铁血黄素等形式存在于肝脏、脾脏、肠和骨髓的网状内皮层系统中，称为储备铁。

铁在人体内的生理功能非常丰富。作为血红蛋白的重要成分，使血红蛋白成为 O_2 的载体，在体内进行 O_2 的转运、交换及呼吸过程；作为肌红蛋白的重要成分，使肌红蛋白完成了在肌肉组织中 O_2 的转运和储存；作为血红素酶类的活性成分，在细胞生物氧化过程及能量代谢中发挥了重要作用，而缺铁会直接导致免疫功能下降；作为转铁蛋白和铁蛋白的重要成分，不仅在体内缺铁时参与造血及其他含铁物质的合成，还与基因表达密切相关。

人体铁的来源除了红细胞衰老或破坏被释放的血红蛋白铁被再利用之外，就靠饮食来提供。含铁量较高的食物有动物的肝、肾、肉类、血制品以及蛋黄、海带、紫菜、黑木耳、豆类、绿叶蔬菜等；其中以动物性食物中的铁含量较多且易被人体吸收，因此长期素食的人容易缺铁。缺铁性贫血常导致人疲乏、注意力不集中、失眠、食欲不振、皮肤及毛发干燥、抵抗力下降及易患感染等。

思考与练习

填空题

8.22 铝元素原子序数为13，其原子结构示意图为_____。铝位于元素周期表第_____周期，第_____族，常见化合价为_____。金属铝既可与_____反应，又可与_____反应，属于活泼的_____金属。

8.23 铁在元素周期表的第_____族，属于_____金属元素。铁的常见化合价为_____和_____。在配制亚铁盐溶液时，常常会加入_____和_____，以抑制_____转化为_____。

8.24 明矾中含有阳离子_____、_____及阴离子_____；绿矾中含有阳离子_____及阴离子_____；摩尔盐中含有阳离子_____、_____及阴离子_____。

8.25 铁制、铝制容器均能储运浓硫酸、浓硝酸，这是因为_____。

选择题

8.26 下列物质中适用于治疗胃酸分泌过多的是（　　）。
 a.NaOH　　　　　　b.Al(OH)$_3$
 c.NaCl　　　　　　d.FeSO$_4$

8.27 下列物质中不适合作净水剂的是（　　）。
 a.KAl(SO$_4$)$_2$　　　　b.Al(OH)$_3$
 c.FeCl$_3$　　　　　　d.Ca(OH)$_2$

307

8.28 实验室配制$FeCl_3$溶液时应加入适量（　　）。

a.Fe　　　　　　　　b.HCl

c.NaOH　　　　　　d.Cl_2

应用题

8.29 写出铝与下列物质在一定条件下发生反应的化学方程式。

（1）氧气

（2）氧化铁

（3）氢氧化钠溶液

（4）盐酸

8.30 写出铁与下列物质在一定条件下发生反应的化学方程式。

（1）水蒸气

（2）稀硝酸

（3）硫酸铜溶液

（4）氯气

8.31 完成下列反应的离子方程式。

（1）硫酸铝溶液中滴入氨水

（2）氢氧化铝絮状沉淀中加入氢氧化钠溶液

（3）稀硫酸中加入少量铁屑

（4）硫酸亚铁溶液中滴加重铬酸钾溶液

8.32 写出下列各步实验的实验现象和化学反应方程式。

（1）在盛有铁粉（过量）的大试管中加入适量稀盐酸

（2）取大试管上层清液，分装至3个试管中，各加入少量硫氰化钾溶液后，分别加入双氧水（H_2O_2，是一种氧化剂，被还原成H_2O）、Cl_2及鼓入空气

（3）再分别在3个试管中加入铁粉和铜粉。

8.33 称取铁丝0.1658g，加稀硫酸溶解后处理成Fe^{2+}溶液。滴加$KMnO_4$溶液至反应完全，消耗$KMnO_4$溶液27.05mL。试计算$KMnO_4$溶液的浓度。

8.4　卤族元素

卤族元素指元素周期表ⅦA族元素，包括氟（F）、氯（Cl）、溴（Br）、碘（I）、砹（At）、鿬（Ts），简称

学习目标

● 能理解卤族元素的基本性质及递变规律，掌握卤素单质及其主要化合物的重要性质及应用。

卤素。其中，砹和鿬是放射性元素，氟元素因其原子体积很小、核外电子密度很大而具有一些特殊性质，本节都不作介绍。

卤素的希腊文原意是"成盐元素"，在中文里，"卤"的原意是盐碱地。的确，卤族元素是典型的非金属元素，性质很活泼，极易成盐，在自然界它们都以典型的盐类存在。卤族元素的基本性质见表8.5。

表8.5 卤族元素的基本性质

元素名称/符号	氟/F	氯/Cl	溴/Br	碘/I
原子序数	9	17	35	53
原子量	18.99	35.45	79.90	126.90
常见化合价	–1	–1, 1, 3, 5, 7	–1, 1, 3, 5, 7	–1, 1, 3, 5, 7
原子半径/pm	64	99	114.2	133.3
X⁻离子半径/pm	133	181	196	220
电负性	3.98	3.16	2.96	2.66

由于卤素原子的最外层都有7个电子（见图8.22），它们很容易得到一个电子或与别的原子共享彼此的一个电子，形成稳定的八隅体结构，表现出强的非金属性。

8.4.1 卤素单质

卤素单质都是非极性的双原子分子，分子内原子间以共价键相结合，分子式分别为F_2、Cl_2、Br_2、I_2。

从F_2到I_2，随着分子间色散力的逐渐增加，其密度、熔点、沸点等依次递增。在常温下，F_2和Cl_2是气体，Br_2是易挥发的液体，I_2是固体（见图8.23）。

从F_2到I_2，颜色逐渐加深。F_2为浅黄绿色，Cl_2为黄绿色，液体Br_2为深红色、易挥发呈红棕色的气体，固体I_2为具有光泽的紫黑色，可升华为紫色气体。

卤素单质易溶于一些有机溶剂，比如用于皮肤消毒和治疗皮肤感染的碘酊是将碘（I_2）与碘化钾（KI）溶于乙醇制得的（见图8.24）。需要注意的是，当Br_2、I_2溶于有机溶剂时，因为其浓度不同或溶剂不同，呈现出的颜色会有差异。

所有卤素单质都具有刺激性气味，强烈刺激眼、耳、

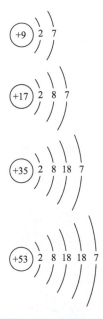

图8.22 卤素原子结构示意图

图8.23 常温下的卤素单质，从左至右依次为I_2（固）、Br_2（液）、Cl_2（气）

鼻、气管等黏膜，吸入较多会导致中毒甚至死亡，使用时应特别小心，注意防护。

（1）与金属反应

卤素单质（X_2）的氧化性是其主要化学性质。Cl_2能与多数金属直接化合，加热时可与所有金属化合，形成氯化物。Br_2、I_2能与较活泼的金属直接反应，与其他金属反应则需要在加热的条件下进行。

Na在Cl_2中剧烈燃烧：$2Na+Cl_2 \longrightarrow 2NaCl$

红热铜丝在Cl_2中剧烈燃烧：$Cu+Cl_2 \longrightarrow CuCl_2$

（2）与非金属反应

卤素单质（X_2）都可与H_2化合，生成卤化氢（HX），只是反应条件不同。F_2遇H_2即发生爆炸反应，Cl_2与H_2的混合气体点燃或光照会发生爆炸反应，Br_2、I_2与H_2在加热下可发生缓慢反应。

Cl_2与H_2发生爆炸反应是因为反应时会放出大量的热。但当点燃的H_2放入Cl_2中时，H_2只与Cl_2在管口发生反应，放出的热量较少，因此能安静地燃烧：

$$H_2+Cl_2 \xrightarrow{\text{点燃}} 2HCl$$

反应产生苍白色火焰，同时在瓶口会形成白色烟雾（氯化氢极易溶于水形成盐酸）。工业上利用此法制备盐酸（HCl）。

X_2还能与多种非金属反应，比如Cl_2能与白磷（P_4）发生反应：

$$P_4（过量）+6Cl_2 \xrightarrow{\text{点燃}} 4PCl_3$$

$$P_4+10Cl_2（过量） \xrightarrow{\text{点燃}} 4PCl_5$$

（3）与H_2O反应

常温下，1体积的H_2O可溶解2体积的Cl_2，形成黄绿色的氯水。氯水中溶解的部分Cl_2与H_2O发生歧化反应生成盐酸（HCl）和次氯酸（HClO）：

$$Cl_2+H_2O \rightleftharpoons HCl+HClO$$

HClO是强氧化剂，具有杀菌和漂白功能（见图8.25）。自来水常用Cl_2消毒，一般1L水中通入Cl_2约0.0002g，Cl_2与H_2O反应生成的HClO能杀灭水中的病菌。那么，为什么不直接用HClO作为自来水的消毒剂

图8.24　外用消毒杀菌的碘酊，其组成为I_2、KI、CH_3CH_2OH及H_2O

图8.25　84消毒液是一种以NaClO为主的高效消毒剂，广泛用于宾馆、医院及家庭的卫生消毒

 上网查阅

漂白粉应用广泛。通过上网查阅，列举漂白粉的应用及其使用注意事项。

呢？这是因为一方面HClO易分解难保存，成本高，毒性较大。HClO易发生如下分解反应，光照会加速反应的进行：

$$2HClO \xrightarrow{\text{光}} 2HCl+O_2\uparrow$$

另一方面，Cl_2与H_2O的这一歧化反应是可逆反应，用氯气消毒可使水中HClO的溶解、分解、合成达到平衡，浓度适宜，水中残余毒性物质较少。

其他卤素单质也会发生相同的歧化可逆反应，生成氢卤酸（HX）和次卤酸（HXO）：

$$X_2+H_2O \rightleftharpoons HX+HXO$$

25℃时，卤素饱和水溶液的溶解度及平衡浓度见表8.6。由表中数据可知，在饱和氯水中次氯酸（HClO）的浓度不高，在饱和溴水中次溴酸（HBrO）的浓度也不高，在饱和碘水中次碘酸（HIO）的浓度则更低。但是，当溶液pH值增大时，平衡向右移动，会有更多的X_2发生歧化反应形成次卤酸盐：

$$X_2+2OH^- \rightleftharpoons X^-+XO^-+H_2O$$

表8.6　卤素饱和水溶液的溶解度及平衡浓度（298K）

X_2	溶解度/(mol/L)	X_2(aq)浓度/(mol/L)	HXO浓度/(mol/L)	K
Cl_2	0.0921	0.062	0.030	4.2×10^{-4}
Br_2	0.214	0.210	1.1×10^{-3}	7.2×10^{-9}
I_2	0.0013	0.0013	6.4×10^{-6}	2.0×10^{-13}

比如，$Cl_2+2NaOH \rightleftharpoons NaCl+NaClO+H_2O$

$2Cl_2+2Ca(OH)_2 \rightleftharpoons CaCl_2+Ca(ClO)_2+2H_2O$

前者用于制备消毒液，后者用于制备工业用漂白粉（见图8.26）。漂白粉是$Ca(OH)_2$、$CaCl_2$及$Ca(ClO)_2$的混合物，其有效成分是$Ca(ClO)_2$。当漂白粉放入水中时，$Ca(ClO)_2$会与H_2O中的CO_2发生如下反应：

$$Ca(ClO)_2+CO_2+H_2O \rightleftharpoons 2HClO+CaCO_3\downarrow$$

生成的HClO具有漂白作用。

$Ca(ClO)_2$虽比HClO稳定，易于保存，但也要注意密封干燥，避免阳光直射。

图8.26　将Cl_2通入含有少量游离水的消石灰可制得漂白粉。漂白粉价格低廉，杀菌力强，不仅用于漂白，且广泛用于消毒杀菌

> **上网查阅**
>
> 碘是人体重要的微量元素。通过上网查阅，了解碘与人体健康的关系。

（4）X_2 活动性比较

从以上 X_2 与金属、非金属的反应范围及反应条件，能判断出 X_2 的氧化性即活动性按 Cl_2、Br_2、I_2 的次序依次减弱，接下来通过它们的一些置换反应，再来比较一下其活泼性。

【演示实验8.11】 在2个试管中分别注入 NaBr 溶液和 KI 溶液。滴入适量新制的氯水，振摇。再分别加入环己烷（C_6H_{12}），振摇。观察实验现象。

实验现象：无色 NaBr 溶液中加入氯水后显黄色（如果含量低，则近无色），再加入环己烷后溶液分层且上层呈红棕色；无色 NaI 溶液中加入氯水后呈棕黄色（如果含量低，则色浅或几近无色），再加入环己烷后溶液分层且上层呈紫红色。

氯水中的 Cl_2 与 NaBr、NaI 分别发生如下置换反应：

$$2NaBr+Cl_2 \longrightarrow 2NaCl+Br_2$$

$$2NaI+Cl_2 \longrightarrow 2NaCl+I_2$$

生成的 Br_2、I_2 在水中的溶解度较小，分别呈黄色、棕黄色，在有机溶剂环己烷中溶解度较大，分别呈红棕色、紫红色。

类似地，溴水会与 NaI 发生如下反应：

$$2NaI+Br_2 \longrightarrow 2NaBr+I_2$$

以上置换反应说明，在三种 X_2 单质中氧化性最强的是 Cl_2，最弱的是 I_2。

卤素单质的化学性质既相似又有差别。其性质的相似源于结构的相似，即卤素原子最外层都有7个电子，易得到1个电子而表现出非金属性；其性质的差别也源于结构的差别，即卤素原子核外电子层数不同，从而造成其吸引电子能力的不同。

$$\underrightarrow{\quad Cl_2 \quad Br_2 \quad I_2 \quad}$$

原子半径逐渐增大
反应活性逐渐降低
氧化性逐渐减弱

另外，I_2 遇淀粉显蓝色，该反应非常灵敏，因此常用淀粉溶液检测水中微量的 I_2。

8.4.2 卤化氢和氢卤酸

习惯上把纯的无水的 HX 称为卤化氢,把它们的水溶液叫作氢卤酸,HCl 的水溶液常称为盐酸。

卤化氢(HX)都是无色有刺激性臭味的气体,与空气中的水结合产生烟雾。卤化氢按 HCl、HBr、HI 顺序,分子间作用力逐渐增强,其熔点、沸点依次升高。氟原子体积小,电负性大,HF 分子间有氢键,由此带来很多特殊性质,在此不作讨论(见图 8.27)。

(1) 氢卤酸的酸性

卤化氢(HX)是强极性共价分子,极易溶于水形成氢卤酸。在氢卤酸(HX)中,除氢氟酸(HX)为弱酸之外,氢氯酸(即盐酸 HCl)、氢溴酸(HBr)、氢碘酸(HI)均为强酸,在水中解离为氢离子和卤离子。比如,

$$HCl + H_2O \longrightarrow H_3O^+ + Cl^-$$

氢卤酸具有酸的通性,其酸性按 HF、HCl、HBr、HI 顺序依次增强。

(2) 卤化氢和氢卤酸的还原性

卤化氢和氢卤酸的还原性按 HF、HCl、HBr、HI 顺序依次增强。HF 一般不能被氧化,HCl 只能被强氧化剂氧化,而 HBr、HI 则较易被氧化,比如空气中的 O_2 及浓 H_2SO_4 等就能将它们氧化。正因为此,实验室中,HCl 气体可用固体 NaCl 与浓 H_2SO_4 反应制得:

$$NaCl + H_2SO_4 (浓) \xrightarrow{\triangle} NaHSO_4 + HCl \uparrow$$

但此法不适于制备 HBr、HI,因为浓 H_2SO_4 可与 HBr、HI 进一步发生反应:

$$2HBr + H_2SO_4 (浓) \longrightarrow Br_2 + SO_2 \uparrow + 2H_2O$$
$$8HI + H_2SO_4 (浓) \longrightarrow 4I_2 + H_2S \uparrow + 4H_2O$$

如果用非氧化性、非挥发性的 H_3PO_4 与 NaBr、NaI 作用,可得到 HBr、HI:

$$NaBr + H_3PO_4 \xrightarrow{\triangle} NaH_2PO_4 + HBr \uparrow$$
$$NaI + H_3PO_4 \xrightarrow{\triangle} NaH_2PO_4 + HI \uparrow$$

(3) 卤化氢的热稳定性

卤化氢的热稳定性按 HF、HCl、HBr、HI 顺序依次减弱。

图 8.27 不粘锅内衬的主要材料聚四氟乙烯属于 3 类致癌物,在高温时会产生有害物质并积聚于体内

它们的分解温度如下：

| HF | HCl | HBr | HI |
| 2000℃不分解 | 1000℃以上 | 500℃ | 300℃ |

8.4.3 金属卤化物

（1）卤离子的检验

【演示实验8.12】 在3个试管中分别注入NaCl、NaBr及KI溶液，滴加AgNO$_3$溶液，振荡。再分别加入稀HNO$_3$，振荡。观察实验现象。

实验现象：在盛有NaCl、NaBr及KI的试管中分别有白色沉淀、浅黄色沉淀和黄色沉淀生成，加入稀HNO$_3$沉淀均不溶解。

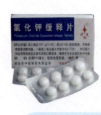

图8.28　KCl是临床常用的电解质平衡调节药，广泛用于治疗和预防各种原因引起的低钾血症

NaCl、NaBr及KI溶液与AgNO$_3$溶液分别发生如下反应，生成白色AgCl沉淀、浅黄色AgBr沉淀及黄色AgI沉淀。

$$NaCl+AgNO_3 \longrightarrow NaNO_3+AgCl\downarrow$$
$$NaBr+AgNO_3 \longrightarrow NaNO_3+AgBr\downarrow$$
$$KI+AgNO_3 \longrightarrow KNO_3+AgI\downarrow$$

实验室常用AgNO$_3$和稀HNO$_3$来检验Cl$^-$、Br$^-$及I$^-$。

（2）几种常见的金属卤化物

① 氯化钠（NaCl）　无色或白色晶体，是食盐的主要成分。NaCl主要来源于海水和盐湖。易溶于水、甘油，微溶于乙醇、液氨。

工业上，通过电解熔融NaCl制取金属Na；通过电解饱和食盐水制取Cl$_2$，同时得到NaOH（烧碱）和H$_2$。

$$2NaCl（熔融）\xrightarrow{电解} 2Na+Cl_2\uparrow$$
$$2NaCl+2H_2O \xrightarrow{电解} H_2\uparrow+Cl_2\uparrow+2NaOH$$

实验室，用NaCl与浓H$_2$SO$_4$反应来制取HCl气体：

$$2NaCl+H_2SO_4（浓）\xrightarrow{\triangle} 2HCl\uparrow+Na_2SO_4$$

如果浓H$_2$SO$_4$过量，则发生如下反应：

$$NaCl+H_2SO_4（浓）\xrightarrow{\triangle} HCl\uparrow+NaHSO_4$$

NaCl是人们日常饮食中不可缺少的物质，也是人体体液的重要组成部分。临床使用的生理盐水就是浓度为9‰的NaCl溶液（即100mL溶液中含NaCl 0.9g），常用于治疗及预防脱水，以及洗涤伤口和灌肠等。

② **碘化钾（KI）** KI是无色或白色晶体，易溶于水，溶于乙醇、甲醇、丙酮及甘油等。KI有一定的吸湿性，在空气中久置会析出游离碘而变黄，并能进一步形成微量碘酸盐（KIO_3）。

在实验室可用碘化物与浓H_2SO_4的混合物（代替HI）与MnO_2反应来制备I_2：

$$2KI+3H_2SO_4（浓）+MnO_2 \longrightarrow 2KHSO_4+MnSO_4+2H_2O+I_2$$

以上反应也是自海藻灰中提取I_2的主要反应。

I_2在水中的溶解度很小，但当溶液中加入I^-（如KI）后I_2的溶解度大大增加，这是由于与发生了如下反应：

$$I_2+I^- \rightleftharpoons I_3^-$$

KI在日常生活及医药领域有广泛用途（见图8.24）。碘是人体必需微量元素，是甲状腺素的组成部分。食品工业常把KI作为碘强化剂，我们常吃的加碘食用盐就是在普通食盐（NaCl）中按二万分之一的比例加入KI或KIO_3，KIO_3比KI稳定，所以在碘盐中用得更广泛。在医药上，KI用于防治地方性甲状腺肿、祛痰、抗真菌等（图8.28）。KI还可作为饲料添加剂用于缺碘的家畜，促进家畜的生长、增加其产蛋率、产奶率、繁殖率以及提高饲料的利用率。

化学与健康——氟与龋齿

氟在自然界中主要以萤石（CaF_2）、冰晶石[$Na_3(AlF_6)$]以及氟磷灰石[$Ca_{10}(PO_4)_6F_2$]存在。

由于氟在地壳及地面水中分布不匀的特点，以及氟作为人体必需微量元素的安全范围很窄，造成了很多国家的很多地区人群中发生缺氟或氟过多。

早在十九世纪初期，科学家就发现氟与牙齿的结构有关。后来证明食物及饮水中缺氟会导致龋齿。20世纪30年代，科学家又发现食物及饮水中氟化物过多能形成斑齿，即牙釉质出现不透明或黄色斑点、牙质脆弱。也就是说，氟缺乏和氟过多都会给牙齿带来危害。

氟对牙齿和骨骼的形成和结构，以及钙、磷的代谢，均有重要作用。适量的氟（0.5～1μg/mL）能被牙釉质中的羟磷灰石吸附，形成坚硬致密的氟磷灰石表面保护层，从而有效地抗酸性腐蚀、抑制嗜酸细菌的活性、拮抗一些酶对牙齿的不利影响，发挥防龋作用。缺氟后，由于不能或较少形成釉质中的氟磷灰石，而羟磷灰石的结构又不太致密，易被口腔中的微生物、有机酸及酶等损坏，从而发生龋齿。另外，适量的氟有利于钙、磷的利用及在骨骼中沉积，可加速骨骼的形成，增加骨骼的硬度；氟还与生长发育、甲状腺功能及血液系统的正常生理活动密切相关。

虽然缺氟会导致龋齿、骨骼发育等疾病，但氟过多带来的慢性氟中毒也不可小觑。人体的含氟量受环境尤其是饮水含氟量、食物含氟量、摄入量、年龄及其他金属（如钙、镁、铝会干扰氟的吸收）含量的影响。一般海产品、土壤含氟量高的地区水源中以及由于某些工业（磷肥、炼铝、炼钢、玻璃、陶瓷）造成氟污染地区出产的农作物，含氟量都比较高。长期摄食上述食物及水、生活在污染工厂周围时，会导致体内含氟量增加，进而造成慢性氟中毒。

思考与练习

填空题

8.34 卤素包括（元素名称/符号）_____、_____、_____、_____、_____、_____，其中_____及_____为放射性元素。它们位于周期表第_____族，原子最外层电子数为_____个，是典型的_____元素。

8.35 在化学反应中，非金属原子容易_____电子转变成_____，因而发生了_____反应。卤素单质Cl_2、Br_2、I_2中，氧化性最强的是_____。

8.36 Br_2的电子结构式为_____，Br^-的电子结构式为_____。

8.37 氯气溶于水形成氯水,有消毒漂白作用,原因是氯水中有_____。

选择题

8.38 下列物质中属于纯净物的是(   )。
a. 氯水   b. 氯化氢
c. 漂白粉   d. 生理盐水

8.39 以下卤化氢中热稳定性最强的是(   )。
a. HF   b. HCl
c. HBr   d. HI

8.40 以下氢卤酸中还原性最强的是(   )。
a. HF   b. HCl
c. HBr   d. HI

8.41 下列各组溶液中不能发生化学反应的是(   )。
a. 氯水与溴化钠   b. 氯水与碘化钠
c. 溴水与氯化钠   d. 溴水与碘化钠

8.42 能使淀粉碘化钾溶液变蓝的是(   )。
a. 溴化钠   b. 碘化钠
c. 氯气   d. 氯化钠

8.43 随着卤素原子序数的递增,下列说法正确的是(   )。
a. 单质的熔点、沸点逐渐降低
b. 卤离子(X^-)的还原性逐渐增强
c. 卤化氢的稳定性逐渐增强
d. 氢卤酸的酸性逐渐减弱

应用题

8.44 写出下列反应的化学方程式。
(1) 钠在氯气中燃烧
(2) 电解熔融氯化钠
(3) 电解饱和食盐水溶液
(4) 氯气通入消石灰
(5) 次氯酸在光照或加热下分解
(6) 溴化氢通入浓硫酸

8.45 实验室如何用氯化钠与酸反应制备氯化氢、溴化氢及碘化氢?写出其化学反应方程式。

8.46 硝酸银溶液可以检验卤离子。一名学生用氯化镁做实验。氯化镁试剂瓶标签显示为$MgCl_2 \cdot 6H_2O$。该学生将少量$MgCl_2 \cdot 6H_2O$溶于水后，加入硝酸银溶液。

（1）$MgCl_2 \cdot 6H_2O$的摩尔质量是多少？

（2）加入硝酸银时会有什么现象？写出其离子反应方程式。

（3）硝酸银溶液可用来检验Cl^-、Br^-、I^-。实验用水为蒸馏水，如果改用经氯消毒的自来水会有什么结果？

8.47 实验室用二氧化锰（MnO_2）与浓盐酸反应制备氯气。

$$4HCl + MnO_2 \longrightarrow Cl_2 \uparrow + MnCl_2 + 2H_2O$$

如果用50.0 mL浓度为12.0 mol/L的HCl与过量的MnO_2反应。

（1）试计算用了多少摩尔的盐酸。

（2）如果1 mol氯气的体积为24 L，那么生成氯气的体积为多少？

（3）该反应中，何者为氧化剂？何者为还原剂？

（4）如果把该反应制得的氯气分别通入碘化钠、溴化钠溶液，并加入有机溶剂（如环己烷），振摇，会产生什么现象？写出其化学反应方程式。

学习目标

- 能够理解氧族元素的性质递变规律，掌握氧、硫单质及其重要化合物的主要性质及应用。

8.5 氧族元素

氧族元素指元素周期表中ⅥA族元素，包括氧（O）、硫（S）、硒（Se）、碲（Te）、钋（Po）、鿫（Lv）。其中，氧、硫是典型的非金属，硒、碲是准金属，钋、鿫为典型的金属元素。

氧是地球表面含量最大的元素，它既以单质O_2分子形式存在，又以氧化物、含氧酸盐等化合态的形式存在，构成大气质量的23%、岩石质量的46%以及水层质量的85%以上。

除氧外，本族其余元素主要以化合态形式存在于自然界，而且它们的单质在常温常压下均为固体。硫在自然界中的分布极广，在地壳中元素含量位居第16位，但富矿较少。火山多发地区常含有单质硫，煤和石油中往往含有少量硫。硫还是一些蛋白质的组成元素，是生物生长所必需的元素。硒、碲是稀有元素，钋、镭为放射性元素，本节不作介绍。

氧族元素的基本性质见表8.7。

表8.7 氧族元素的基本性质

元素名称/符号	氧/O	硫/S	硒/Se	碲/Te
原子序数	8	16	34	52
原子量	15.99	32.06	78.96	127.60
常见化合价	−2，−1	−2，2，4，6	−2，2，4，6	−2，2，4，6
原子半径/pm	66	104	117	137
X^{2-}离子半径/pm	140	184	198	221
电负性	3.44	2.58	2.55	2.10

8.5.1 氧及其化合物

8.5.1.1 氧气（O_2）

O_2是一种无色无味的气体，在水中的溶解度不大（20℃时，100mL水中可溶解标准状态的O_2 3.08mL），但在许多有机溶剂（如乙醚、四氯化碳、丙酮及苯）中的溶解度比在水中的大10倍左右。因此，使用这类溶剂处理对氧敏感的物质或反应时应仔细除气。

O_2的化学性质很活泼，在室温或较高温度下，可直接剧烈地氧化除Ag、Hg、Au等少数几种不活泼金属及稀有气体以外的其他金属或非金属单质，还易与一些无机物及有机物发生化学反应。

知识链接

试用元素周期律知识解释氧族元素非金属性递变规律。

（1）与金属反应

O_2能与多种金属发生剧烈反应，比如前面学过，Mg在空气中剧烈燃烧发出耀眼的白光，红热的Fe在O_2燃烧火星四溅。紫红色的铜丝加热后表面会生成一层黑色物质CuO：

$$2Cu+O_2 \longrightarrow 2CuO$$

（2）与非金属反应

O_2具有强的氧化性，能与许多非金属发生剧烈反应。比如，与氢反应

$$2H_2+O_2 \xrightarrow{\triangle} 2H_2O$$

该反应放出大量的热（氢燃烧的热值高居各种燃料之冠），产物是对环境没有任何污染的H_2O，因此H_2是最为洁净的能源。但要注意，空气里如果混有H_2的体积达到总体积的4%～74.2%，点燃时会发生爆炸。

与碳反应：$C+O_2 \xrightarrow{\triangle} CO_2$

与硫反应：$S+O_2 \xrightarrow{\triangle} SO_2$

该反应是硫黄作为生产硫酸原料的第一步反应。

与白磷反应：$P_4+3O_2 \longrightarrow P_4O_6$

白磷在潮湿的空气中发生缓慢氧化，部分的反应能量以光能的形式放出，故在暗处可看到白磷发光。当缓慢氧化积累的能量达到燃点（313K）时，便发生自燃。因此，白磷通常要保存在水中，以隔绝空气。

（3）与化合物反应

类似地，O_2可与多种化合物发生反应。比如，

与一氧化碳反应：$2CO+O_2 \xrightarrow{\triangle} 2CO_2$

该反应放出大量的热，因此CO（源于人工煤气）是很好的气体燃料。汽车尾气处理也发生此反应（见图8.29）。

与一氧化碳反应：$2NO+O_2 \longrightarrow 2NO_2$

该反应是工业制硝酸的中间反应。

O_2还能与绝大多数有机物燃烧反应，生成CO_2和H_2O。比如，$CH_4+2O_2 \xrightarrow{\triangle} CO_2+2H_2O$

8.5.1.2 臭氧（O_3）

O_3是O_2的同分异构体，在常温下，是一种有特殊臭味的淡蓝色气体。O_3是地球大气中的一种微量气体，主要存在于离地面20～35km同温层下部的臭氧层中，能够吸收紫外线，使地球表面的生物免受紫外线侵害。

O_3很不稳定，在常温下缓慢分解为O_2，在高温下则

图8.29 汽车尾气处理用陶瓷催化转化器催化了汽车尾气中的氮氧化物分解为N_2和O_2的反应，以及CO和碳氢化合物与O_2反应形成CO_2及H_2O，降低有毒有害气体及黑烟的排放

会迅速分解。O_3具有很强的氧化性和腐蚀性，广泛用于水处理（见图8.30）、医疗保健、食品加工保鲜及农业领域。但O_3属于有毒有害气体，使用时要注意严格遵守操作规程。空气中低浓度的O_3可消毒，一般森林地区O_3浓度即可达到0.1ppm（即10^{-6}），但超标的O_3则是个无形杀手，所以我们要密切注意和防范空气中的O_3污染。

8.5.1.3 过氧化氢（H_2O_2）

纯过氧化氢是淡蓝色的黏稠液体，可任意比例与水混溶。其水溶液俗称双氧水，为无色透明液体，适用于漂白、医用和食品的消毒杀菌。

（1）不稳定性

一般情况下，H_2O_2会非常缓慢地分解为H_2O和O_2，但当接触Pt、Ag等金属表面、MnO_2、极少量的碱或当溶液中含有Fe^{2+}、Mn^{2+}、Cu^{2+}、Cr^{3+}等重金属离子时，其分解速率会大大加快，即这些物质都可以催化H_2O_2的分解。另外，320～380nm的光也会加快H_2O_2的分解，因此常保存在棕色瓶或塑料容器中，并放置阴凉处。

$$2H_2O_2 \xrightarrow{MnO_2} 2H_2O + O_2$$

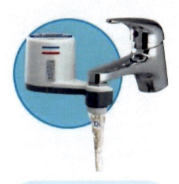

图8.30 用O_3处理饮用水时，要注意如果原水溴化物含量比较高的话，溴化物会转化为潜在致癌物溴酸盐

（2）氧化还原性

H_2O_2中氧的化合价为-1价，既可做氧化剂被还原成H_2O或氢氧化物，又可做还原剂被氧化成O_2。例如：

$$H_2O_2 + 2I^- + 2H^+ \longrightarrow I_2 \downarrow + 2H_2O$$
$$4H_2O_2 + PbS \longrightarrow PbSO_4 \downarrow + 4H_2O$$
$$Cl_2 + H_2O_2 \longrightarrow 2HCl + O_2 \uparrow$$
$$2KMnO_4 + 5H_2O_2 + 3H_2SO_4 \longrightarrow 2MnSO_4 + K_2SO_4 + 8H_2O + 5O_2 \uparrow$$

在酸性介质中，H_2O_2呈现出较强的氧化性，只有遇到$KMnO_4$及Cl_2等强氧化剂，才表现出还原性。

在生化分析中，常利用$KMnO_4$与H_2O_2的反应来间接测定过氧化氢酶的活性。即在血液样品中加入一定量的H_2O_2，由于过氧化氢酶能使H_2O_2分解，接下来，在酸性条件下用$KMnO_4$标准溶液滴定剩余的H_2O_2，依据所测的H_2O_2的量，即可了解过氧化氢酶的活性。

（3）弱酸性

H_2O_2是一种弱酸，在298K时，其第一级电离常数与

H_3PO_4 的第三级电离常数相当。

$$H_2O_2 + H_2O \rightleftharpoons H_3O^+ + OOH^-$$

8.5.2 硫及其氢化物和氧化物

8.5.2.1 硫单质（S）

图8.31 升华硫（S_8）用于配制硫软膏，外用治疗疥疮、真菌感染等

图8.32 硫华为硫升华后遇冷凝结成的淡黄色结晶，常出现在火山区和高温水热活动区的喷气孔内壁和口垣上

纯净的硫是淡黄色晶体，俗称硫黄。不同于氧单质，硫在形成单质时硫原子间以单键而非双键成键，硫原子间易聚集成较大的分子，在室温下呈固态（见图8.31）。

硫有多种同分异构体，最常见的是晶状的斜方硫（或正交硫）和单斜硫，它们都是由8个S原子组成S_8环状分子（见图8.32）。硫单质难溶于水，微溶于乙醇，易溶于二硫化碳。

硫是活泼的非金属，能与许多金属直接化合，形成硫化物。例如：

$$Fe + S \xrightarrow{\triangle} FeS$$
$$Hg + S \longrightarrow HgS$$

正是基于硫与汞的反应，常用硫黄粉处理不慎洒落出来的汞（Hg）。

硫还能与O_2、H_2等发生反应：

$$S + O_2 \xrightarrow{点燃} SO_2$$
$$S + H_2 \xrightarrow{\triangle} H_2S$$

8.5.2.2 硫化氢（H_2S）

H_2S是无色、有恶臭的气体，比空气略重，能溶于水，易溶于醇、石油溶剂和原油，是一种重要的化工原料。H_2S有毒，会刺激人的眼睛和呼吸道，并引起头痛，当空气中H_2S的含量达到1mg/L时，会造成人的呼吸麻痹而死亡。

（1）可燃性

完全干燥的H_2S在室温下不与空气中的O_2发生反应，但点火时能在空气中燃烧产生蓝色火焰，生成有毒的SO_2气体：

$$2H_2S + 3O_2 \xrightarrow{点燃} 2SO_2 + 2H_2O$$

如果空气不足或温度较低时，会不完全燃烧生成S：

$$2H_2S+O_2 \xrightarrow{点燃} 2S\downarrow +2H_2O$$

H_2S为易燃危险化学品，与空气以一定比例混合会发生爆炸。因此，在含有H_2S气体的作业现场应配备H_2S监测仪。

（2）还原性

H_2S具有强还原性，除了与O_2发生氧化还原反应外，还易与卤素单质、$KMnO_4$及浓H_2SO_4等反应：

$$H_2S+4Cl_2+4H_2O \longrightarrow H_2SO_4+8HCl$$
$$5H_2S+2KMnO_4+3H_2SO_4 \longrightarrow K_2SO_4+2MnSO_4+5S\downarrow +8H_2O$$
$$H_2S+H_2SO_4（浓）\longrightarrow SO_2\uparrow +2H_2O+S\downarrow$$

（3）水溶性

在20℃时，1体积H_2O能溶解2.6体积的H_2S，形成的水溶液称为氢硫酸（H_2S）。氢硫酸是二元弱酸，其还原性比硫化氢气体强。比如，硫化氢的水溶液在空气中放置时会逐渐变浑浊，是因为其中的H_2S被氧化成S的缘故。

另外，由于很多金属硫化物难溶于水，所以常用H_2S作沉淀剂，即将H_2S气体通入一些盐溶液，使其与溶液中的金属离子作用生成金属硫化物沉淀。

8.5.2.3 二氧化硫（SO_2）

SO_2是一种无色、有刺激性气味的有毒气体，大气主要污染物之一。火山爆发时会喷出SO_2气体，在许多工业过程中也会产生SO_2。由于煤和石油通常都含有S元素，因此燃烧时会生成SO_2，造成对大气的污染。含有SO_2的空气不仅对人类及动植物有害（见图8.33），而且会腐蚀建筑物、金属制品以及损坏涂料颜料、织物和皮革。减少SO_2的排放、降低其危害已成为我们全人类的共识。

（1）氧化还原性

SO_2中硫的化合价为+4价，处于中间态，既可以作氧化剂，又可以作还原剂。

潮湿的SO_2与H_2S气体反应析出S：

$$SO_2+2H_2S \longrightarrow 3S\downarrow +2H_2O$$

SO_2能使$KMnO_4$褪色：

$$5SO_2+2KMnO_4+2H_2O \longrightarrow K_2SO_4+2MnSO_4+2H_2SO_4$$

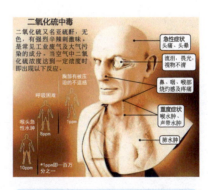

图8.33 SO_2中毒症状表现

练一练

试解释浓硫酸是否可以用于干燥溴化氢、硫化氢。为什么？

在 Pt 或 V_2O_5 催化下，SO_2 与 O_2 反应生成 SO_3，这是工业制 H_2SO_4 的一步重要反应：

$$2SO_2 + O_2 \xrightleftharpoons{V_2O_5} 2SO_3$$

（2）水溶性

SO_2 易溶于水，常温下 1 体积 H_2O 大约能溶解 40 体积的 SO_2。SO_2 溶于 H_2O 后，与 H_2O 化合生成二元弱酸亚硫酸（H_2SO_3）。

$$SO_2 + H_2O \rightleftharpoons H_2SO_3 \rightleftharpoons H^+ + HSO_3^-$$
$$HSO_3^- \rightleftharpoons H^+ + SO_3^{2-}$$

以上反应为可逆反应，加碱使平衡向右移动，形成酸式盐或正盐：

$$SO_2 + NaOH \longrightarrow NaHSO_3$$
$$SO_2 + 2NaOH \longrightarrow Na_2SO_3 + H_2O$$

因此，NaOH 溶液常用于吸收 SO_2 尾气。

（3）漂白性

【演示实验 8.13】 在盛有品红溶液的试管中通入 SO_2，观察溶液颜色的变化。然后加热试管，再观察溶液颜色的变化。

实验现象：通入时品红溶液颜色逐渐褪去，当再加热时，溶液又恢复了原有的颜色。

以上实验说明，SO_2 可以使品红溶液褪色，具有漂白性。加热后颜色还原，说明其漂白具有暂时性。这是因为 SO_2 与有色物质发生反应，形成的无色物质不稳定，加热时该无色物质分解又回到了原来的有色物质。

8.5.3 硫酸及其盐

8.5.3.1 硫酸（H_2SO_4）

H_2SO_4 是最重要的化工原料之一，具有较高的沸点，用浓 H_2SO_4 能制得盐酸、硝酸等。

$$NaCl + H_2SO_4(浓) \xrightarrow{微热} NaHSO_4 + HCl \uparrow$$
$$NaNO_3 + H_2SO_4(浓) \xrightarrow{微热} NaHSO_4 + HNO_3 \uparrow$$

H_2SO_4、HCl 和 HNO_3 是常见的三大强酸。

纯硫酸是无色油状液体，283.4K 时凝固。可与水任意比例混合，形成的稀硫酸是二元强酸，具有酸的通性。

$$H_2SO_4 \longrightarrow 2H^+ + SO_4^{2-}$$

质量分数为96%～98%的硫酸为浓硫酸，其密度为1.84g/mL。浓硫酸具有如下特性：

（1）吸水性

浓H_2SO_4遇水，以氢键形成系列水合物，表现出强烈的吸水性。因此，在工业上及实验室常用浓H_2SO_4作干燥剂，比如干燥一些中性或酸性气体Cl_2、H_2及CO_2等（见图8.34）。

浓H_2SO_4遇水形成系列水合物的同时，会放出大量的热。因此，浓H_2SO_4稀释时，不能把水倒入浓H_2SO_4中，而应将浓H_2SO_4沿容器壁或玻璃棒缓慢倒入水中，并不断搅拌。这是因为浓H_2SO_4的密度比水大得多，直接将水加入浓H_2SO_4会使水浮在表面，稀释时放出大量的热会使局部溶液温度迅速升高而使水暴沸，夹带H_2SO_4飞溅，造成事故。如果将浓H_2SO_4倒入水中，则在H_2SO_4下沉的过程中逐步稀释放热，加之不停地搅拌，不会产生危险。稀释大量浓H_2SO_4时应分次进行。

（2）脱水性

浓H_2SO_4不仅吸收游离态的水，而且可吸收某些化合物中的水，表现出强的脱水性，比如吸收$CuSO_4 \cdot 5H_2O$中的结晶水，而使蓝色的$CuSO_4 \cdot 5H_2O$变成白色的无水$CuSO_4$。

浓H_2SO_4还能从有机物中夺取与水分子组成相同的氢和氧，使有机物碳化。比如，将少量浓H_2SO_4滴加到蔗糖（$C_{12}H_{22}O_{11}$）中时，蔗糖会逐渐转变为黑色的碳（见图8.35）。

$$C_{12}H_{22}O_{11} \xrightarrow{\text{浓}H_2SO_4} 12C + 11H_2O$$

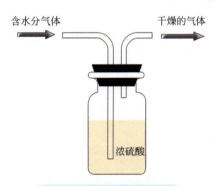

图8.34 浓H_2SO_4洗气实验装置示意图。一些不与浓硫酸发生反应、含少量水分的气体，通过浓硫酸后其水分被浓硫酸吸收

图8.35 浓H_2SO_4与蔗糖反应实验装置示意图

【演示实验8.14】在150mm的培养皿中注入蒸馏水至其容积的1/3，再加入少许品红试液；取10g蔗糖于100mL烧杯中，加入1mL水，搅拌均匀后，放在培养皿中；在烧杯中再加入10mL浓H_2SO_4，迅速搅拌，待反应开始冒泡，马上盖上500mL烧杯，使产生的气体与品红溶液充分接触。最后再往表面皿中加入浓NaOH溶液至表面皿的2/3体积处。观察实验现象。

实验现象：① 小烧杯中白色的蔗糖转化为体积膨大的黑色物质；② 品红溶液颜色逐渐褪去。

思考：为什么最后要加入浓NaOH溶液？发生了什么反应？

浓H_2SO_4的这种强脱水性，会严重地破坏动植物的组织，溅到衣物上会使纤维脱水烧坏，溅到皮肤上会造成灼伤，使用时一定要注意规范、安全操作。万一不慎溅到皮肤上，应迅速用大量水冲洗（切忌摩擦），如有必要再涂抹2%～5%的$NaHCO_3$溶液或肥皂水，再用水冲洗。

（3）氧化性

浓H_2SO_4具有强氧化性，加热时氧化性更强。由于与其反应的还原剂的量、种类不同，浓H_2SO_4可能被还原为SO_2、S或H_2S。例如，

$$3H_2S+H_2SO_4(浓) \xrightarrow{\triangle} 4S\downarrow +4H_2O$$

$$2HBr+H_2SO_4(浓) \xrightarrow{\triangle} Br_2+SO_2\uparrow +2H_2O$$

$$8HI(过量)+H_2SO_4(浓) \longrightarrow 4I_2\downarrow +H_2S\uparrow +4H_2O$$

$$C+2H_2SO_4(浓) \xrightarrow{\triangle} CO_2\uparrow +2SO_2\uparrow +2H_2O$$

$$Cu+2H_2SO_4(浓) \xrightarrow{\triangle} CuSO_4+SO_2\uparrow +2H_2O$$

加热时，浓H_2SO_4能与大多数金属反应，生成相应的硫酸盐、二氧化硫和水。常温下，浓H_2SO_4能使Fe、Al、Cr等金属钝化。即浓H_2SO_4与这些金属接触时，会在其表面形成致密的氧化物保护膜，从而阻止金属与浓H_2SO_4进一步发生反应。

8.5.3.2　几种常见的硫酸盐

H_2SO_4是二元酸，能形成正盐和酸式盐。大多数硫酸盐易溶于水，少数硫酸盐，比如，硫酸钡、硫酸铅不溶于水，硫酸钙微溶于水，硫酸银、硫酸亚汞及硫酸汞等略溶于水。硫酸盐种类很多，以下介绍几种重要的硫酸盐。

（1）硫酸钠（Na_2SO_4）

硫酸钠是白色、无臭、有苦味的白色晶体或粉末，极易溶于水。高纯度、颗粒细的无水硫酸钠，其中药名称为元明粉。元明粉有吸湿性，在空气中暴露时

易吸水形成含不同结晶水的硫酸钠,其十水合硫酸钠($Na_2SO_4 \cdot 10H_2O$)又名芒硝(见图8.36)。Na_2SO_4在医药上用作缓泻剂和钡盐中毒的解毒剂,也是实验室有机合成常用的干燥剂,还广泛用于制造玻璃、纸浆及陶瓷等。另外,由于$Na_2SO_4 \cdot 10H_2O$有很大的熔化热(253kJ/kg),作为较好的相变储热材料用于太阳能热水器。它能在白天吸收太阳能熔融,夜间冷却结晶而释放出热能。

(2)硫酸钡($BaSO_4$)

天然硫酸钡又叫重晶石,是制取其他钡盐的原料(见图8.37)。$BaSO_4$不溶于水,也不溶于酸。利用这一性质及其不易被X射线透过的性质,医药上常用$BaSO_4$悬浊液作X射线透视肠胃的内服药剂,俗称"钡餐",由于肠胃内壁损伤处不利于$BaSO_4$的附着,因此可以透过X射线成像。此外,$BaSO_4$还可作白色涂料及橡胶、造纸业中的白色填料。

在实验室,利用$BaSO_4$不溶于水也不溶于酸的性质,来检验硫酸根离子(SO_4^{2-})的存在。

【演示实验8.15】在3支试管中,分别加入稀H_2SO_4、Na_2SO_4溶液和Na_2CO_3溶液,然后各滴入几滴$BaCl_2$溶液。观察实验现象。再加入少量盐酸振摇。

实验现象:① 加入$BaCl_2$溶液后,3支试管都有白色沉淀产生;② 再加入盐酸后,盛有Na_2CO_3溶液的试管中的白色沉淀消失,其他2支试管中的白色沉淀未发生变化。

通过以上实验可知,当SO_4^{2-}和CO_3^{2-}遇到Ba^{2+}时,能发生以下反应:

$$Ba^{2+} + SO_4^{2-} \longrightarrow BaSO_4 \downarrow$$
$$Ba^{2+} + CO_3^{2-} \longrightarrow BaCO_3 \downarrow$$

图8.36 芒硝($Na_2SO_4 \cdot 10H_2O$)晶体

图8.37 重晶石($BaSO_4$)

也就是说,能与Ba^{2+}反应生成白色沉淀的不一定是SO_4^{2-},CO_3^{2-}等也能与Ba^{2+}反应生成白色沉淀,但$BaCO_3$沉淀能与稀HCl反应,而$BaSO_4$沉淀既不溶于水,又不溶于稀HCl。因此,在实验室检验溶液中是否有SO_4^{2-}时,常常先用HCl把溶液酸化,以排除CO_3^{2-}等可能造成的干扰。再加入$BaCl_2$溶液,如果有白色沉淀出现,则说明溶液中肯定有SO_4^{2-}存在。

图8.38 石膏（$CaSO_4 \cdot 2H_2O$）

图8.39 胆矾（$CuSO_4 \cdot 5H_2O$）

（3）硫酸钙（$CaSO_4$）

$CaSO_4$为白色固体，在自然界以石膏矿形式存在。含2分子结晶水的硫酸钙（$CaSO_4 \cdot 2H_2O$）称为石膏或生石膏（见图8.38），加热到373K左右会部分脱水成熟石膏（$2CaSO_4 \cdot H_2O$），这个反应是可逆的：

$$2CaSO_4 \cdot 2H_2O \xrightleftharpoons{373K} 2CaSO_4 \cdot \frac{1}{2}H_2O + 3H_2O$$

熟石膏（$2CaSO_4 \cdot H_2O$）与水混合成糊状后放置一段时间会凝固成石膏（$CaSO_4 \cdot 2H_2O$）。利用这一性质，人们制作了各种石膏模型，医疗上用它来制作石膏绷带。石膏还作为水泥缓凝剂、建筑制品、医用食品添加剂、纸张及涂料填料等，广泛用于工农业生产和建筑行业。

（4）硫酸铜（$CuSO_4$）

无水硫酸铜（$CuSO_4$）是白色粉末，结合水后形成蓝色晶体。可以利用这一性质，来检验或除去乙醇、乙醚等有机溶剂中的少量水分。含有5分子结晶水的硫酸铜（$CuSO_4 \cdot 5H_2O$）是蓝色晶体，俗称胆矾（见图8.39）。胆矾加热后逐渐失去结晶水，变成无水硫酸铜。

$CuSO_4$水溶液由于水解而显酸性。为了抑制其水解，在配制$CuSO_4$水溶液时常加入相应的酸。

$CuSO_4$可以与碱反应，形成蓝色$Cu(OH)_2$沉淀。以下演示实验揭示了$CuSO_4$遇到氨水时的一些反应。

【演示实验8.16】 在盛有硫酸铜溶液的试管中，加入少量氨水（$NH_3 \cdot H_2O$），观察实验现象。继续加入氨水，振摇，再加入乙醇，会分别有什么现象。

实验现象：① 加入少量氨水后，有蓝色沉淀产生；② 继续加入氨水后，沉淀溶解，形成深蓝色溶液；③ 加入乙醇后，有深蓝色沉淀析出。

$CuSO_4$与少量$NH_3 \cdot H_2O$反应生成蓝色的碱式硫酸铜沉淀：

$$2CuSO_4 + 2NH_3 \cdot H_2O \longrightarrow (NH_4)_2SO_4 + Cu_2(OH)_2SO_4 \downarrow$$

$Cu_2(OH)_2SO_4$与足量的$NH_3 \cdot H_2O$反应生成深蓝色的四氨合铜配离子：

$$Cu_2(OH)_2SO_4 + 8NH_3 \longrightarrow 2[Cu(NH_3)_4]^{2+} + SO_4^{2-} + 2OH^-$$

在铜氨溶液中加入乙醇，即得到一水合硫酸四氨合铜深蓝色晶体([Cu(NH$_3$)$_4$]SO$_4$·H$_2$O)。铜氨溶液能够溶解纤维，在得到的纤维溶液中再加酸时，纤维又沉淀出来。工业上利用这种性质来制造人造丝。

硫酸铜在医药上用作收敛剂、防腐剂和催吐剂。在农业上，与石灰、水按CuSO$_4$·5H$_2$O：CaO：H$_2$O=1：1：100的比例混合制得波尔多液，用作果园、农作物的杀虫剂、杀菌剂。

链接

化学与环境——空气污染与酸雨

未被污染的雨水的pH值一般大于5.6而小于7，这是由于溶解了CO$_2$气体的缘故。如果有其他酸性污染物也溶于雨水中，雨水的pH值会明显下降。当雨水的pH值小于5.6时，就称其为"酸雨"。

酸雨的成因很复杂，根据化学分析知道，酸雨中含有硫酸、硝酸和其他一些有机酸。不同国家和地区，因为工业及生活主要燃料的不同，可能会以硫酸或硝酸为主，我国的酸雨是以硫酸为主。其主要成因是，空气中的SO$_2$溶于水生成亚硫酸（H$_2$SO$_3$），H$_2$SO$_3$被氧化生成H$_2$SO$_4$。空气中少量的SO$_2$在诸如烟尘中的金属氧化物等催化作用下，被氧化成SO$_3$，SO$_3$溶于水也形成H$_2$SO$_4$。空气中的SO$_2$主要来自含硫的煤及石油的燃烧。另外，雷雨闪电时会使大气中的少量N$_2$与O$_2$发生反应生成NO，石油的燃烧以及汽车尾气排放出的氮氧化物，是形成硝酸雨的主要原因。

酸雨会腐蚀水泥和大理石，会使钢铁生锈，建筑物、雕塑及古代遗迹受损；酸雨会使树叶遭受严重侵蚀，以致树木的生存受到威胁；酸雨会使土壤酸化，引起土壤营养元素的严重不足，从而使土壤变得贫瘠；酸雨还能诱发植物病虫害，以及抑制某些促进植物生长的土壤微生物，使农作物大幅减产；酸雨还会对人体健康带来危害，比如，使儿童免疫力下降、慢性咽炎及支气管哮喘发病率增加、老年人眼部及呼吸道患病率增加。

防治酸雨，必须控制空气中二氧化硫及氮氧化物等的含量。减少二氧化硫、氮氧化物排放量的主要措施有：优先使用低硫燃料，如低硫煤和天然气；对煤和石油进行脱硫或对它们燃烧后形成的烟气在排放之前除去硫的氧化物；改进煤燃烧技术、开发新能源及生物防治等。

思考与练习

填空题

8.48 氧族元素包括（元素名称/符号）_____、_____、_____、_____、_____、_____，其中_____和_____为放射性元素。它们位于周期表第_____族，原子最外层电子数为_____个。从氧到钋，元素的非金属性逐渐_____，金属性逐渐_____。

8.49 过氧化氢中氧的化合价为_____，它既可作_____被还原成_____，也可作_____被氧化成_____。

8.50 二氧化硫中硫的化合价为_____，它既可作_____，又可作_____，当遇到强氧化剂时被_____成硫的化合价为_____的化合物。

8.51 在实验室如果把浓硫酸敞口放置，其质量会增加，这是因为浓硫酸具有_____；浓硫酸可以使蔗糖碳化，这是因为浓硫酸具有_____；浓硫酸可以与铜等不活泼金属反应生成_____气体，这是因为浓硫酸具有_____。

选择题

8.52 常温下不能用于盛放浓硫酸的金属容器是（　　）。
   a. 铁　　b. 铝　　c. 铜　　d. 铬

8.53 实验室常用热的NaOH溶液洗去试管口附着的S，其反应为$6NaOH+3S \!=\! 2Na_2S+Na_2SO_3+3H_2O$。在此反应中硫表现的是（　　）。
   a. 氧化性
   b. 还原性
   c. 既有氧化性又有还原性
   d. 既无氧化性又无还原性

8.54 下列叙述正确的是（　　）。
   a. 硫单质为淡黄色的晶体，不溶于水，易溶于酒精
   b. 硫单质质脆易粉碎，易溶于二硫化碳，加热易熔化
   c. 只能以化合态存在于自然界中
   d. 硫是生物生长所需要的一种元素

应用题

8.55 写出下列反应的化学方程式。
   （1）炽热的铜丝在氧气中燃烧
   （2）高锰酸钾遇到过氧化氢水溶液时有气体产生
   （3）硫黄在空气中燃烧
   （4）硫化氢在空气中燃烧
   （5）用氢氧化钠吸收二氧化硫
   （6）胆矾水溶液中通入硫化氢气体

8.56 完成下列反应的离子方程式。
   （1）酸性条件下，过氧化氢使淀粉碘化钾溶液变蓝
   （2）过氧化氢使酸性高锰酸钾溶液褪色
   （3）酸性高锰酸钾溶液中通入硫化氢后出现浑浊
   （4）硫酸铜溶液中加入少量强碱形成蓝色絮状沉淀

8.57 硫酸具有酸的通性，分别写出稀硫酸与金属、金属氧化物、碱、盐反应的化学方程式。

8.58 油画放置久了会发暗发黑，常用双氧水修复。试用化学反应方程式表示其作用原理。

8.59 从影响 H_2O_2 稳定性的因素，分析说明 H_2O_2 的使用，尤其在化学分析中的使用注意事项。

8.60 如何证明酸雨的成分中有硫酸？

8.61 用氯化钠与浓硫酸反应可制得盐酸，但不能用类似的方法制得氢溴酸、氢碘酸。为什么？

8.62 试通过查阅资料，描述工业制硫酸的原理和方法。

8.6　氮族元素

氮族元素位于元素周期表第ⅤA族，包括氮（N）、磷（P）、砷（As）、锑（Sb）、铋（Bi）和镆（Mc）6种元素，其中镆是人工合成的放射性元素。氮、磷是典型的非金属元素；砷是非金属元素，但具有一些金属性；

学习目标

● 能够理解氮族元素的性质递变规律，掌握氮、磷单质及其重要化合物的主要性质及应用。

锑、铋和镆是金属元素，具有明显的金属性。根据元素周期律知识，我们知道，同一主族元素从上到下，金属性逐渐增强，非金属性逐渐减弱。氮族元素从上到下，由典型的非金属到金属，体现了同一主族元素性质的递变规律。

氮和磷在地壳中的含量分别为0.0025%和0.1%，砷、锑和铋3种元素的含量则更低。氮是大气中含量最多的元素，也是构成蛋白质的主要元素之一。自然界中，不存在单质磷，磷总是以磷酸盐的形式存在。磷还存在于生物体所有细胞中，是组成骨骼和牙齿的重要元素。砷和锑是中国古代书籍就有记载的元素，砷主要以硫化物和氧化物的形式存在，锑主要以硫化物矿的形式存在。本节主要介绍氮、磷两种元素。

8.6.1 氮及其化合物

8.6.1.1 氮气（N_2）

N_2是无色、无味、无臭的气体，难溶于水，在空气中约占78%。氮原子最外层有5个电子，2个氮原子共用3对电子形成N_2分子：

$$:N⋮⋮N:$$

N_2分子中的共价叁键很牢固，也就是说破坏其原子之间的共价键需要很大的能量，因此N_2比其他任何双原子分子都稳定，在常温下不与氧、水、酸、碱等化学试剂反应。正是基于N_2的化学惰性，及其液氮的极低温度，液氮常用来作冷冻治疗及保存活体组织等（见图8.40）。

在高温高压和催化剂存在的条件下，N_2可与H_2反应合成氨（NH_3）：

$$N_2 + 3H_2 \xrightleftharpoons[\text{催化剂}]{\text{高温、高压}} 2NH_3$$

雷雨天闪电时，空气中的N_2与O_2反应生成一氧化氮（NO），NO又被O_2氧化成NO_2，NO_2与H_2O反应生成硝酸。

$$N_2 + O_2 \xrightarrow{\text{放电}} 2NO$$

$$2NO + O_2 \longrightarrow 2NO_2$$

$$3NO_2 + H_2O \longrightarrow 2HNO_3 + NO$$

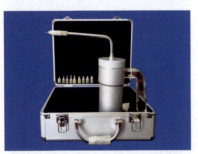

图8.40 液氮治疗仪。应用液氮产生的深度低温，作用于局部组织使其细胞变性坏死

以上反应也曾用于工业制硝酸，只是第一步反应是通过电弧实现放电的。由于耗电量很大，现已基本不用此法制硝酸。

8.6.1.2 氨（NH_3）

NH_3是氮的气态氢化物，具有制造化肥、炸药等广泛用途，同时具有腐蚀性等危险性质。NH_3分子中，N原子最外层的3个电子分别与3个H原子的1个核外电子形成共价键（见图8.41）。

NH_3是没有颜色、具有刺激性气味的气体，易于液化成液氨（见图8.42）。自然界中的NH_3主要由动植物体内的蛋白质腐败而产生；工业上，在高温高压及催化剂作用下由N_2与H_2反应而合成，是世界上产量最多的无机化合物之一。

（1）易溶于水，且与水反应

【演示实验8.17】 如图8.43所示，在圆底烧瓶里充满干燥的NH_3，烧杯中盛有含少量酚酞试液的水。挤压盛有少量水的胶头滴管，使少量水射入烧瓶。观察实验现象。

实验现象：烧杯中的水迅速冲入烧杯，形成"喷泉"现象。同时，进入烧杯中的水呈红色。

以上实验，在滴管中少量水挤入烧瓶中即产生"喷泉"现象，说明NH_3极易溶于水。在常温常压下，1体积水可溶解约700体积的NH_3。NH_3的水溶液叫氨水。在氨水中，少量的NH_3分子与H_2O分子会结合成一水合氨（$NH_3 \cdot H_2O$）：

$$NH_3 + H_2O \rightleftharpoons NH_3 \cdot H_2O$$

$NH_3 \cdot H_2O$又会部分电离出铵根离子（NH_4^+）和氢氧根离子（OH^-），从而使氨水呈弱碱性：

$$NH_3 \cdot H_2O \rightleftharpoons NH_4^+ + OH^-$$

（2）与O_2反应

通常情况下，NH_3与O_2不反应。但在加热及催化剂（如铂-铑合金）作用下，NH_3与O_2反应生成NO和H_2O，并放出热量。这一反应叫作氨的催化氧化，是工业制硝酸的基础。

$$4NH_3 + 5O_2 \xrightarrow[\triangle]{催化剂} 4NO + 6H_2O$$

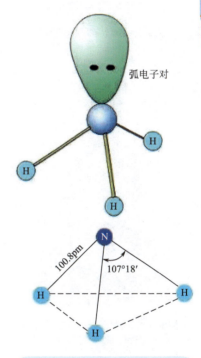

图8.41 氨分子的结构是三角锥形，N原子位于锥顶，3个H原子位于锥底

图8.42 氨很容易液化成液氨，液氨汽化时要吸收大量的热，使周围的温度骤降，因此常用作制冷剂

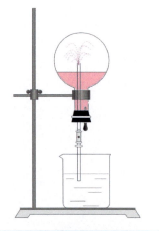

图8.43 NH₃的喷泉实验

图8.44 硝酸见光受热易分解，应保存在棕色试剂瓶中

（3）与酸反应

氨水作为一种化学肥料，在运输和输送中有诸多不便，所以人们常常利用其与酸反应的性质，将其制成铵盐。

【演示实验8.18】 拿一根玻璃棒在浓氨水里蘸一下，另一根玻璃棒在浓盐酸里蘸一下。然后将两根玻璃棒接近（不要接触），观察实验现象。

实验现象：冒白烟。

以上实验是NH_3与HCl反应生成了细微颗粒状的氯化铵（NH_4Cl）：

$$NH_3 + HCl \longrightarrow NH_4Cl$$

NH_3同样能与其他酸溶液反应，生成铵盐。例如：

$$2NH_3 + H_2SO_4 \longrightarrow (NH_4)_2SO_4$$

$$NH_3 + HNO_3 \longrightarrow NH_4NO_3$$

铵盐都是晶体，易溶于水，因此作为化肥时易被农作物吸收。因为铵盐在受热、遇碱时会发生化学反应，放出NH_3，所以铵盐在使用时应注意两点：一是低温保存，避免受热；二是不能与碱性物质混合使用或保存。实验室也利用铵盐的这一性质来制取NH_3和检验NH_4^+。

8.6.1.3 硝酸（HNO_3）

HNO_3是一种强酸，除了具有酸的通性之外，还有它本身的特性，即不稳定性和强氧化性、腐蚀性。

（1）不稳定性

稀HNO_3相对稳定，但浓HNO_3不稳定，遇光或热会分解放出NO_2：

$$4HNO_3 \xrightarrow{\text{光}} 4NO_2\uparrow + O_2\uparrow + 2H_2O$$

分解产生的NO_2溶于HNO_3，这就是久置的浓HNO_3呈浅黄色的原因（见图8.44）。

（2）强氧化性

由于HNO_3分子中的氮处于最高化合价（+5），以及HNO_3分子不稳定，易分解放出O_2和NO_2，所以HNO_3具有强氧化性，可以氧化除Au、Pt等以外的大部分金属及非金属。例如，

$3Cu+8HNO_3 \xrightarrow{\triangle} 3Cu(NO_3)_2+2NO\uparrow+4H_2O$

$Cu+4HNO_3(浓) \xrightarrow{\triangle} Cu(NO_3)_2+2NO_2\uparrow+2H_2O$

$3C+4HNO_3 \xrightarrow{\triangle} 4NO\uparrow+3CO_2\uparrow+2H_2O$

$C(红热)+4HNO_3(浓) \xrightarrow{\triangle} 4NO_2\uparrow+CO_2\uparrow+2H_2O$

HNO_3浓度不同，被还原的产物也会不同。一般来说，浓HNO_3（12～16mol/L）常常被还原为NO_2；稀HNO_3（6～8mol/L）常常被还原为NO；极稀硝酸（小于2mol/L）与活泼金属反应时，则常常被还原为N_2O或NH_4NO_3。

浓HNO_3与浓HCl按体积比1：3相混合，得到的混合液称王水。王水的氧化性更强，能与Au、Pt等不活泼金属反应。

某些金属（如Fe、Al等）能溶于稀HNO_3，但不溶于冷、浓HNO_3，这是因为这类金属表面被浓HNO_3氧化形成一层致密的氧化物保护膜，阻止了内部金属与HNO_3进一步作用，即产生"钝化"现象。

8.6.2 磷及其化合物

8.6.2.1 单质磷

单质磷至少有10种同素异形体，其中主要是白磷、红磷和黑磷。

纯白磷是无色透明晶体，遇光逐渐变黄，因而又叫黄磷。白磷有恶臭、剧毒，误食0.1g就会致死。皮肤若经常接触到白磷，也会引起吸收中毒。白磷不溶于水，易溶于二硫化碳。

白磷经放置或在250℃隔绝空气加热可转化为红磷。红磷是暗红色粉末，不溶于水、碱及二硫化碳，基本无毒，比白磷稳定。

黑磷是磷最稳定的一种同素异形体。在高压（约12000大气压）下，将白磷加热到200℃可转化为类似石墨的片层结构的黑磷。黑磷能导电，故有"金属磷"之称。黑磷不溶于有机溶剂，一般不易发生化学反应。

白磷晶体是由P_4分子组成的具有四面体构型的分子晶体（见图8.45）。白磷（P_4）的结构完全不同于N_2，其性质远比N_2活泼。在3种常见磷的同素异形体中，也是

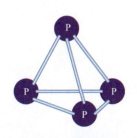

图8.45　白磷的结构示意图

图 8.46　白磷会在空气中自燃，应保存在水中以隔绝空气

白磷（P_4）最活泼。以下是 P_4 的主要化学性质。

（1）与 O_2 反应

白磷不仅可与 O_2 反应生成 P_4O_6，而且当 O_2 足量时，还可生成五氧化二磷（P_4O_{10}）。

$$P_4 + 5O_2 \longrightarrow P_4O_{10}$$

（2）与 Cl_2 等氧化剂反应

白磷能与许多氧化剂发生反应，比如，能在氯气中自燃，遇到液氯或溴会发生爆炸（见图 8.46）。

白磷能与冷浓 HNO_3 激烈反应，生成磷酸（H_3PO_4）：

$$3P + 5HNO_3 + 2H_2O \longrightarrow 3H_3PO_4 + 5NO \uparrow$$

（3）与一些盐反应

白磷还能把 Au、Ag、Cu、Pb 从它们的盐溶液中还原出来。例如：

$$2P + 5CuSO_4 + 8H_2O \xrightarrow{\triangle} 5Cu + 2H_3PO_4 + 5H_2SO_4$$

利用此反应，$CuSO_4$ 可作为白磷中毒的解毒剂。如果皮肤上不慎粘到白磷，可用 0.2mol/L $CuSO_4$ 溶液冲洗。

（4）与碱反应

白磷可溶解在热的浓碱中，歧化生成磷化氢（PH_3）和次磷酸盐：

$$P_4 + 3KOH + 3H_2O \longrightarrow PH_3 \uparrow + 3KH_2PO_2$$

8.6.2.2　磷酸

磷有多种含氧酸，其中正磷酸即磷酸（H_3PO_4）是三元中强酸。纯 H_3PO_4 是无色晶体，熔点 42℃，能与水以任何比例混合，市售磷酸是 85% H_3PO_4 的黏稠浓溶液。

在常温下，H_3PO_4 是一种无氧化性、不挥发的中强酸。作为三元酸，磷酸能形成三个系列的盐：正盐（M_3PO_4）、磷酸氢盐（M_2HPO_4）和磷酸二氢盐（MH_2PO_4）（M 是 +1 价离子）。所有的磷酸二氢盐都溶于水；而磷酸一氢盐和正盐中，除了 K^+、Na^+ 和 NH_4^+ 的盐以外，一般不溶于水。

磷酸盐（主要是钙盐和铵盐）是重要的无机肥料。但天然磷酸盐都不溶于水，不能被农作物吸收，需要经过化学处理。如用适量 H_2SO_4 处理 $Ca_3(PO_4)_2$，得到水溶性的 $Ca(H_2PO_4)_2$：

$$Ca_3(PO_4)_2 + 2H_2SO_4 \longrightarrow Ca(H_2PO_4)_2 + 2CaSO_4$$

所生成的 $Ca(H_2PO_4)_2$ 和 $CaSO_4$ 的混合物叫过磷酸钙，可直接用作肥料，其有效成分是 $Ca(H_2PO_4)_2$。

也可以用 H_3PO_4 处理 $Ca_3(PO_4)_2$，得到水溶性的 $Ca(H_2PO_4)_2$：

$$Ca_3(PO_4)_2 + 4H_3PO_4 \longrightarrow 3Ca(H_2PO_4)_2$$

链接

化学与环境——化学肥料

农作物生长需要从土壤中吸取多种养分，其中以氮、磷、钾三种元素最为重要，需要量也最大，称之为肥料三要素。

氮是植物体内氨基酸的组成部分、构成蛋白质的成分，也是植物进行光合作用起决定作用的叶绿素的组成部分。充足的氮肥能促进叶绿素的合成，使农作物枝繁叶茂，茁壮生长。氮肥包括氨态氮肥（如 NH_4HCO_3 和 NH_4NO_3 ）、硝态氮肥（如 KNO_3 和 NH_4NO_3 ）以及有机氮肥 [如尿素 $(NH_2)_2CO$]。

豆科植物的根部常附有小根瘤，其中含有固氮菌，能把空气中游离的氮变成氨（氨态氮肥）作为养分吸收，所以这些植物可以少施肥甚至不施肥。这种把大气中游离的氮转化为氮的化合物的过程称为固氮。目前，科学家正致力于研究豆科植物的固氮机理，争取用化学方法模拟根瘤菌的生物固氮，实现在温和条件下将空气中的氮气转化为氨。

磷在植物体内是细胞原生质的组分，对细胞的生长和增殖起重要作用，磷肥还能促进植物苗期根系的生长，使植物提早成熟。植物在结果时，大量磷转移到籽粒中，使得籽粒饱满。常用的磷肥是过磷酸钙，其中的有效成分——$Ca(H_2PO_4)_2$ 易溶于水而被植物吸收利用。

植物体内含钾一般占干物质重的 0.2%～4.1%，仅次于氮。钾在植物生长发育过程中，参与60种以上酶系统的活化、光合作用、碳水化合物的代谢和蛋白质的合成等过程。常用的钾肥有KCl、K₂SO₄、KNO₃及K₂CO₃等，它们都易溶于水，易被土壤吸收。给农作物适量施以钾肥，有助于其茎秆强壮，防止倒伏，促进开花结果，增强抗旱、抗寒、抗病虫害能力。

化学肥料对促进农作物的生长发育、增产增收起到了举足轻重的作用。但也要注意，我国是化学肥料的生产和消费大国，化学肥料的利用率较低一直是我国农业施肥中存在的一个问题。另外，化学肥料的生产和使用带来一系列环境问题，如土壤中重金属污染、微生物活性降低、硝酸盐累积、养分失调及酸化加剧等。

思考与练习

填空题

8.63 氮族元素包括（元素名称/符号）_____、_____、_____、_____、_____、_____，它们位于周期表第_____族，原子最外层电子数为_____个。其中，N、P_____为_____元素，Sb、Bi为_____元素。

8.64 硝酸中氮的化合价为_____，氨中氮的化合价为_____，二氧化氮中氮的化合价为_____。如果发生氧化还原反应，上述物质中只能作氧化剂的是_____，只能作还原剂的是_____，既可作氧化剂又可作还原剂的是_____。

8.65 氨气是无色有_____气味的气体，它_____溶于水。氨水呈_____性，能使无色酚酞变_____。

8.66 白磷是磷单质的一种_____，与红磷、黑磷相比，白磷的化学活动性更_____。白磷应保存在_____中，这是因为_____。

选择题

8.67 氮气的化学性质很不活泼，这是因为（ ）。
a. 氮元素的非金属性很弱
b. 氮原子结构很稳定
c. 氮气分子中有叁键

d. 氮气分子中有非极性共价键

8.68 硝酸与磷酸比较，性质相似的是（　　）。
a. 强氧化性　　　　　b. 水溶性
c. 稳定性　　　　　　d. 难挥发性

8.69 关于浓硫酸和浓硝酸，下列叙述不正确的是（　　）。
a. 常温下都可以用铁罐贮存
b. 都具有氧化性
c. 如果盛放容器敞口置于空气中，一段时间后会增重
d. 都会与碳发生反应

应用题

8.70 写出下列反应的化学方程式。
（1）浓硝酸在光照下分解
（2）铜与浓硝酸反应
（3）铜与稀硝酸反应
（4）红热的炭遇到浓硝酸
（5）工业固氮即合成氨的反应
（6）稀硝酸中通入氨气
（7）白磷在足量氧气中燃烧
（8）由磷酸钙制得过磷酸钙
（9）白磷在适量氯气中燃烧
（10）氢氧化钠溶液中加入硝酸铵

8.71 试用两种方法鉴别氯化铵和氯化钡溶液，并写出化学反应方程式。

8.72 试解释为什么不溶于水的磷酸氢钙撒入酸性土壤后变为可溶性的磷肥？

8.73 试分析使用铵盐类化学肥料会引起怎样的环境问题。

8.74 试通过查阅资料，描述固氮的原理和方法。

本章小结

8.1 碱金属

学习目标：能够理解碱金属的通性及其递变规律，掌握钠单质及其重要化合物的主要性质及应用。

碱金属是典型的金属元素，位于元素周期表ⅠA

族，包括 Li、Na、K、Rb、Cs、Fr。Na 是碱金属的代表元素，其单质的主要性质是还原性，是很活泼的金属，极易与 O_2、H_2O 等发生剧烈反应，以至于有特殊的贮存及使用要求，即应保存在煤油中，并在煤油中小心切割。NaOH 是实验室常用的一种碱，碱性很强，易与酸及酸性氧化物反应，比如，易与空气中的 CO_2 发生反应，所以实验室需要纯 NaOH 溶液时，常常需要去除其表面接触空气带来的 Na_2CO_3；NaOH 具有强腐蚀性，所以操作时应注意安全；固体 NaOH 吸湿性很强，在空气中易潮解，故常用其作干燥剂。Na_2CO_3 和 $NaHCO_3$ 是常用的钠盐，水解呈碱性，二者之间可以相互转化，前者比后者水溶性强。

8.2 碱土金属

学习目标：能够理解碱土金属的通性及其递变规律，掌握钙、镁单质及其重要化合物的主要性质及应用。

碱土金属是典型的金属元素，其金属性稍弱于同周期的碱金属。碱土金属位于元素周期表ⅡA族，包括 Be、Mg、Ca、Sr、Ba 及 Ra。金属 Mg 具有强还原性，在空气、CO_2 中剧烈燃烧，发出耀眼的白光，因此可用来制作烟幕弹、烟花等。碱土金属的氢氧化物水溶性差，具有碱的通性，可与酸及酸性氧化物反应，由此 $Mg(OH)_2$ 可作牙膏填料来防龋以及镁乳来治疗胃酸过多。澄清的 $Ca(OH)_2$ 水用来检验 CO_2 气体。很多碱土金属的盐带有结晶水，无水盐常常具有较强的吸水性，所以常用作干燥剂。大多数碱土金属的碳酸盐和硫酸盐难溶于水。在一定条件下，$CaCO_3$ 与 $Ca(HCO_3)_2$ 可以相互转化，这是石灰岩地区形成溶洞的化学反应原理。

8.3 铝和铁

学习目标：能掌握铝、铁单质及其重要化合物的主要性质及应用。

Al 和 Fe 是在日常生活及工业生产中广泛应用的

金属，分别位于周期表第三周期ⅢA族和第四周期Ⅷ族。Al是活泼的两性金属，既能与酸反应又能与强碱反应，还具有强的还原性——能与O_2、Fe_2O_3发生剧烈的放热反应。$Al(OH)_3$是典型的两性氢氧化物，既能与强酸反应，又能与强碱反应；利用其弱碱性及不溶于水的性质，可制成不同剂型的口服药来中和胃酸。Fe是中等活泼金属，能与水蒸气、许多非金属及酸反应。铁在化合物中一般显+2价或+3价，总体来说，+3价的化合物比+2价的稳定，+2价的盐及碱都具有强的还原性。铁盐比亚铁盐更易水解，所以在配制其溶液时要加入适量的酸，以抑制其水解。实验室常用KSCN或NH_4SCN来检验Fe^{3+}。

8.4 卤族元素

学习目标：能理解卤族元素的基本性质及其递变规律，掌握卤素单质及其重要化合物的主要性质及应用。

卤素是典型的非金属元素，位于元素周期表ⅦA族，包括F、Cl、Br、I、At、Ts。卤素单质的主要性质是氧化性，极易与金属、非金属及水等发生反应。卤素单质的活动性按F_2、Cl_2、Br_2、I_2的顺序依次减弱。Cl_2可与水发生歧化反应，生成具有杀菌和漂白功能的强氧化剂HClO，由此常用Cl_2消毒自来水，以及通过与碱反应制成消毒液和漂白粉。卤化氢气体溶于水即得氢卤酸，其酸性按HF、HCl、HBr、HI的顺序依次增强，其中HF为弱酸，其他的HX均为强酸。HCl具有强酸性、还原性及热的不稳定性。卤离子可用$AgNO_3$溶液来检验。

8.5 氧族元素

学习目标：能够理解氧族元素的基本性质及其递变规律，掌握氧、硫单质及其重要化合物的主要性质及应用。

氧族元素位于元素周期表ⅥA族，包括O、S、Se、Te、Po、Lv。氧有O_2及O_3两种单质。O_2的化学性质活泼，是典型的强氧化剂，易与多种金属、非金属及化合物发生反应。O_3 的氧化性比 O_2 更强，且有腐蚀性，广泛用于水处理、医疗保健、食品加工保鲜及农业领域。值得注意的是，O_3 属于有毒有害气体，使用时要严格遵守操作规程。H_2O_2 具有氧化还原性、不稳定性及弱酸性，是常用的清洁氧化剂。硫有多种同素异形体，最常见的是斜方硫和单斜硫，不同于 O_2 分子，这两种硫单质均以 S_8 形式存在。硫的化合物中，H_2S 具有还原性，SO_2 既有氧化性又有还原性，二者都能溶于水，分别形成氢硫酸和亚硫酸。H_2SO_4 是重要的三酸之一，稀 H_2SO_4 具有酸的通性，浓 H_2SO_4 具有吸水性、脱水性及氧化性。可用 $BaCl_2$ 溶液来检验 SO_4^{2-}。

8.6 氮族元素

学习目标：能够理解氮族元素的性质递变规律，掌握氮、磷单质及其重要化合物的主要性质及应用。

氮族元素位于元素周期表ⅤA族，包括 N、P、As、Sb、Bi、Mc。不同于前面所学的其他非金属单质，N_2 具有极其稳定的性质，不易与其他物质发生化学反应。把大气中游离的氮转化为氮的化合物的过程称为固氮，模拟生物固氮是目前化学界的重要研究课题。NH_3 是重要的化工原料，极易溶于水且与水反应形成弱碱 $NH_3 \cdot H_2O$，还易与酸反应形成铵盐。HNO_3 是重要的三酸之一，稀 HNO_3 不仅具有酸的通性，而且具有强的氧化性。浓 HNO_3 亦具有强氧化性，常被还原成 NO_2，而稀 HNO_3 则常被还原成 NO。HNO_3 见光受热易分解，所以应置于阴凉处并避光保存。磷有多种同素异形体，最常见的是白磷（又称黄磷）、红磷和黑磷。这三种磷的单质性质差异大。其中，白磷剧毒且化学性质活泼，可与 O_2、Cl_2、盐及浓碱等发生反应。H_3PO_4 是三元中强酸，具有酸的通性，可形成正盐、磷酸氢盐和磷酸二氢盐。

习题

Chapter 8 第8章 常见元素及其化合物

概念及应用题

8.75 下列物质既有氧化性又有还原性的是（　　）。
　　a.H_2O_2　　　　b.Na_2S
　　c.HNO_3　　　　d.H_2O

8.76 常温下能与水反应的是（　　）。
　　a.白磷　　　　b.铁
　　c.钠　　　　　d.硫黄粉

8.77 双氧水应避光保存，是因为其具有（　　）。
　　a.酸性　　　　b.氧化性
　　c.还原性　　　d.不稳定性

8.78 既有颜色又有毒性的气体是（　　）。
　　a.HCl　　　　b.NH_3
　　c.CO　　　　 d.Cl_2

8.79 下列金属中还原性最强的是（　　）。
　　a.钾　　　　　b.镁
　　c.钠　　　　　d.铝

8.80 能与冷、浓硫酸产生钝化现象的金属是（　　）。
　　a.Fe，Zn　　　b.Al，Fe
　　c.Fe，Cu　　　d.Mg，Al

8.81 熟石灰是（　　）。
　　a.$Mg(OH)_2$　　b.$CaCO_3$
　　c.CaO　　　　 d.$Ca(OH)_2$

8.82 在$Fe_2(SO_4)_3$、$CuSO_4$的混合溶液中加入铁屑将会生成（　　）。
　　a.Fe^{2+}、Cu　　　b.Fe^{2+}、Cu、H_2
　　c.Cu、H_2　　　　d.Fe^{2+}、H_2

8.83 在一无色溶液中加入氯化钡溶液时，有白色沉淀出现，再加稀硝酸后沉淀不消失。关于该溶液判断正确的是（　　）。
　　a.一定有SO_4^{2-}
　　b.一定有CO_3^{2-}
　　c.一定有Ag^+
　　d.可能有SO_4^{2-}或Ag^+

8.84 下列关于金属的叙述，正确的是（　　）。
a. 常温下都是固体
b. 都不与冷水反应
c. 其密度都比水的大
d. 大多是电和热的良导体

8.85 在空气中长期放置少量钠，最终产物是（　　）。
a. Na_2O　　　　　b. Na_2O_2
c. Na_2CO_3　　　d. $NaOH$

8.86 在下列溶液中通入硫化氢气体，不发生反应的是（　　）。
a. Na_2S　　　　　b. $FeCl_2$
c. $FeCl_3$　　　　d. $AgNO_3$

8.87 按氮、磷、砷元素顺序依次减弱的是（　　）。
a. 非金属性
b. 金属性
c. 单质的氧化性
d. 单质的还原性

8.88 无色无毒的气体是（　　）。
a. H_2S　　　　　b. O_3
c. NO_2　　　　　d. N_2

8.89 苛性钠是（　　）。
a. $NaOH$　　　　　b. Na_2CO_3
c. $NaHCO_3$　　　d. $NaNO_3$

8.90 下列物质中能溶于NaOH溶液的是（　　）。
a. $Al(OH)_3$　　　b. Cu
c. $CaCO_3$　　　　d. Fe_2O_3

8.91 金属钾应保存在（　　）。
a. 酒精中　　　　b. 液氨中
c. 煤油中　　　　d. 空气中

8.92 下列过程中有化学变化的是（　　）。
a. 氮气液化　　　　b. 溴挥发
c. 氯气通入水中　　d. 金块捶打成金箔

8.93 下列物质不具有氧化性的是（　　）。
a. I_2　　　　　　b. H_2SO_4
c. KI　　　　　　d. $HClO$

8.94 下列物质中只有还原性的是（　　）。

a.H_2O_2　　　　b.H_2S

c.SO_2　　　　　d.Br_2

8.95 鉴别硫酸铵、氯化铵、硫酸钠、氯化钠4种无色溶液的试剂是（　　）。

a.火碱　　　　b.氢氧化钡

c.硝酸银　　　d.氯化钡

8.96 下列元素中非金属性最强的是（　　）。

a.S　　　　　　b.P

c.As　　　　　d.Cl

8.97 能在自然界以游离态单质存在的金属是（　　）。

a.铝　　　　　b.钠

c.镁　　　　　d.铜

8.98 下列叙述正确的是（　　）。

a.HNO_3比H_3PO_4的酸性强

b.HNO_3比H_3PO_4的酸性弱

c.PH_3比NH_3更稳定

d.N_2比P更活泼

8.99 可以用来干燥氨气的干燥剂是（　　）。

a.浓硫酸　　　b.五氧化二磷

c.无水氯化钙　d.生石灰

8.100 以下物质：$KMnO_4$、浓H_2SO_4、H_2S、H_2、Cl_2、O_2及HNO_3。通常用作氧化剂的是_____，通常用作还原剂的是_____。

8.101 试用氧化还原反应发生的规律分析以下情况是否能发生反应。如能反应，请一并写出有关的离子方程式：

a.氯化钠溶液中滴入溴水_____。

b.碘化钠溶液中滴入溴水_____。

8.102 已知酸性高锰酸钾能氧化氯离子：

$10Cl^- + 2MnO_4^- + 16H^+ \longrightarrow 2Mn^{2+} + 5Cl_2\uparrow + 8H_2O$

试回答：

a.该反应的还原产物是_____，氧化产物是_____。

b. 从该反应来看，在酸性介质中 $KMnO_4$ 的氧化性比 Cl_2 的_____。

c. 如果生成 0.5mol Cl_2，则转移_____电子，消耗_____mol H^+。

8.103 下列各项分别体现了氮气的哪些性质？

a. 氮气用来代替稀有气体作焊接金属时的保护气

b. 用充氮包装技术保鲜水果等食品

c. 医学上用液氮保存待移植的活性器官

d. 用氮气生产氮肥

8.104 两支试管中分别盛有氯化钡和氯化铵溶液。试用两种方法加以鉴别。

8.105 在 30g 20% NaOH 溶液中，加入 30mL 未知浓度的 HCl 溶液恰好完全中和，求该 HCl 溶液的物质的量浓度。

拓展题

8.106 下列关于浓硫酸的叙述中，正确的是（ ）。

a. 浓硫酸是一种干燥剂，能够干燥 NH_3 及 H_2 等气体

b. 浓硫酸具有吸水性，因而能使蔗糖等有机物炭化

c. 浓硫酸在常温下能与铜迅速反应放出二氧化硫气体

d. 浓硫酸在常温下能够使铁、铝等形成氧化膜而钝化

8.107 下列物质中，既能与强酸又能与强碱作用生成盐和水的是（ ）。

a. Al_2O_3 b. Al

c. Na_2CO_3 d. $Al(OH)_3$

8.108 加热下列物质发生反应，反应中有 2 种元素发生氧化还原的是（ ）。

a. H_2SO_3 b. HNO_3

c. $NaHCO_3$ d. $CuSO_4 \cdot 5H_2O$

8.109 下列酸中酸性最强的是（　　）。

a.H_4SiO_4（正硅酸）

b.HNO_3

c.H_3AsO_4（砷酸）

d.H_3PO_4

8.110 下列金属与足量盐酸反应，如果在相同条件下得到相同体积的氢气，则所需金属质量最小的是（　　）。

a.Zn　　　　　　b.Fe

c.Al　　　　　　d.Mg

8.111 可以通过卤化钠与浓硫酸在蒸馏烧瓶中加热制得的HX气体是（　　）。

a.HF　　　　　　b.HCl

c.HBr　　　　　 d.HI

8.112 常温下，等体积的下列气体混合后，压强不发生变化的是（　　）。

a.H_2S与SO_2　　b.O_2与SO_2

c.NH_3与HCl　　 d.O_2与NO

8.113 实验室有3瓶试剂，分别是NaCl、NaBr和NaI溶液，试用2种方法鉴别它们，并写出化学反应方程式。

8.114 试从Fe^{2+}、Fe^{3+}的稳定性角度分析配制$FeSO_4$、$Fe_2(SO_4)_3$溶液时的注意事项。

8.115 如何去除NaOH溶液中的Na_2CO_3？

8.116 试设计实验来证明碳与浓硫酸加热反应的产物中有CO_2与SO_2。画出装置图，写出所用化学试剂及相关反应方程式。

8.117 把146g碳酸钠和碳酸氢钠的混合物加热到质量不再减少为止，称重为137g。试计算混合物中碳酸钠的质量分数。

附录
常见盐类的溶解情况表

	NH_4^+	Na^+	K^+	Mg^{2+}	Ca^{2+}	Sr^{2+}	Ba^{2+}	Al^{3+}	Pb^{2+}	Fe^{2+}	Fe^{3+}	Mn^{2+}	Cr^{3+}	Zn^{2+}	Hg_2^{2+}	Hg^{2+}	Cu^{2+}	Ag^+
氟化物 F^-	水	水	水	HCl	不溶	HCl	水略溶 HCl	水	水略溶 HNO_3	水略溶 HCl	水略溶 HCl	HCl	水	HCl	水	水	水略溶 HCl	水
氯化物 Cl^-	水	水	水	水	水	水	水	水	沸水	水	水	水	水	水	HNO_3	水	水	不溶
溴化物 Br^-	水	水	水	水	水	水	水	水	不溶	水	水	水	水	水	HNO_3	水	水	不溶
碘化物 I^-	水	水	水	水	水	水	水	水	水略溶 HNO_3	水	水	水	水	水	HNO_3	HCl	水略溶	不溶
硫酸盐 SO_4^{2-}	水	水	水	水	水微溶	不溶	不溶	水	不溶	水	水	水	水	水	水略溶	水略溶	水	水略溶
亚硫酸盐 SO_3^{2-}	水	水	水	水	HCl	HCl	HCl	HNO_3	HCl	—	HCl	HCl	HCl	HNO_3	HCl	HCl	HCl	HNO_3
硝酸盐 NO_3^-	水	水	水	水	水	水	水	水	水	水	水	水	水	水	水略溶 HNO_3	水	水	水
亚硝酸盐 NO_2^-	水	水	水	水	水	水	水	—	水	—	水	水	—	水	水	水	水	热水
磷酸盐 PO_4^{3-}	水	水	水	HCl	HCl	HCl	HCl	HNO_3	HCl	HCl	HCl	HCl	HNO_3	HCl	HCl	HCl	HCl	HNO_3
碳酸盐 CO_3^{2-}	水	水	水	水略溶 HCl	HCl	HCl	HCl	—	HCl	HNO_3	HCl	—	—	HCl	HCl	HCl	HCl	HNO_3
草酸盐 $C_2O_4^{2-}$	水	水	水	水	HCl	HCl	HCl	HNO_3	HCl	HCl	HCl	HCl	HNO_3	HCl	HCl	HCl	HCl	HNO_3
铬酸盐 CrO_4^{2-}	水	水	水	水	水	水略溶	HCl	—	HNO_3	—	水	水略溶 HCl	水	HCl	HCl	HCl	水	HNO_3
醋酸盐 CH_3COO^-	水	水	水	水	水	水	水	水	水	水	水	水	水	水	水	水	水	水略溶
硫化物 S^{2-}	水	水	水	水	水	水	水	水解 HCl	HNO_3	HCl	HCl	HCl	水解 HCl	HCl	王水	王水	HNO_3	HNO_3
氰化物 CN^-	水	水	水	水	水	水	水	水略溶 HCl	—	HNO_3	不溶	—	HCl	HCl	—	水	HCl	不溶
氧化物 O^{2-}	—	水	水	HCl	水略溶 HCl	HCl	HCl	HCl	HNO_3	HCl	HCl	HCl	HCl	HCl	HNO_3	HCl	HCl	HNO_3
氢氧化物 OH^-	水	水	水	HCl	水略溶	水略溶	水	HCl	HNO_3	HCl	HCl	HCl	HCl	HCl	—	—	HCl	HNO_3

[1] 常光萍.药用化学基础.北京:化学工业出版社,2009.

[2] 高级中学课本.化学.上海:上海科学技术出版社,2015.

[3] 曹忠良,王珍云.无机化学反应方程式手册.长沙:湖南科学技术出版社,1982.

[4] 贾换军.化学基础知识.北京:中央广播电视大学出版社,2008.

[5] 上海市教育委员会教学研究室.上海市高中化学学科教学基本要求.上海:华东师范大学出版社,2017.

[6] 刘景晖.化学(医药卫生类).北京:高等教育出版社,2009.

[7] 北京师范大学等无机化学教研室.无机化学(上,下册).北京:高等教育出版社,2002.

[8] Timberlake,Karin C. Chemistry:An Introduction to General,Organic,and biological Chemistry. New York:Pearson Education,Inc. 2012.

[9] 菲利普.科学发现者:化学概念与应用.王祖浩译.杭州:浙江教育出版社,2008.

[10] 帕迪利亚.科学探索者:化学反应.万学,郑琼,译.杭州:浙江教育出版社,2013.

元素周期表
Periodic Table of the Elements